Dreamweaver CS6 中文版标准实例教程

三维书屋工作室

胡仁喜　杨雪静 等编著

机 械 工 业 出 版 社

本书以理论与实践相结合的方式，循序渐进地讲解使用 Dreamweaver CS6 制作静、动态网页及创建网站的方法与技巧。全书分为 14 章，介绍了 Dreamweaver CS6 的特点、功能、使用方法和技巧。具体内容包括：网页制作基础知识、Dreamweaver CS6 简介、网站的构建与管理、处理文字与图形、制作超链接、HTML 与 CSS 基础、表格和 AP 元素、创建框架网页、应用表单、Dreamweaver 的内置行为、制作多媒体网页、统一网页风格、动态网页基础儿童教育网站设计综合实例等。

本书实例丰富、内容翔实、操作方法简单易学，不仅适合对网页制作和网站管理感兴趣的初、中级读者学习使用，也可供从事网站设计及相关工作的专业人士参考。

本书附有一张光盘，内容为教材综合实例部分所有网页文件的源代码和操作过程录屏讲解动画以及专为教师授课准备的 PPT 文件，供读者学习和教师授课使用。

图书在版编目（CIP）数据

Dreamweaver CS6 中文版标准实例教程/胡仁喜等编著. —2 版.
—北京：机械工业出版社，2012.12（2017.8 重印）
ISBN 978-7-111-40982-3

Ⅰ.①D… Ⅱ.①胡… Ⅲ.①网页制作工具—教材 Ⅳ.①TP393.092

中国版本图书馆 CIP 数据核字（2012）第 317609 号

机械工业出版社（北京市百万庄大街 22 号 邮政编码 100037）
策划编辑：曲彩云 责任编辑：曲彩云
责任印制：孙 炜
北京中兴印刷有限公司印刷
2017 年 8 月第 2 版第 3 次印刷
184mm×260mm · 18 印张 · 2 插页 · 446 千字
4 501—5 500 册
标准书号：ISBN 978-7-111-40982-3
ISBN 978-7-89433-748-1（光盘）
定价：39.00 元（含 1DVD）

凡购本书，如有缺页、倒页、脱页，由本社发行部调换
策划编辑：(010)88379782

电话服务 网络服务
社服务中心：(010)88361066 教材网：http://www.cmpedu.com
销售一部：(010)68326294 机工官网：http://www.cmpbook.com
销售二部：(010)88379649 机工官博：http://weibo.com/cmp1952
读者购书热线：(010)88379203 封面无防伪标均为盗版

前 言

随着宽带的普及，上网变得越来越方便，就连以前只有专业公司才能提供的Web服务，现在许多普通的宽带用户也能做到。您是否也有种冲动，想自己来制作网站，为自己在网上安个家？也许你会觉得网页制作很难，然而如果使用Dreamweaver CS6，即使制作一个功能强大的网站，也是件非常容易的事情。

被誉为“网页制作三剑客”之一的Dreamweaver CS6是著名影像处理软件公司Adobe最新推出的网页设计制作工具，是继Dreamweaver CS5之后的升级版本，是目前最完美的网站制作工具之一。Dreamweaver CS6是一种专业的HTML编辑器，用于对Web站点、Web页和Web应用程序进行设计、编码和开发。无论您喜欢直接编写HTML代码，还是偏爱“所见即所得”的工作环境，Dreamweaver CS6都会为您提供许多方便的工具，助您迅速高效地制作网站。

全书分为14章，介绍了Dreamweaver CS6的特点、功能、使用方法和技巧。具体内容包括：网页制作基础知识，Dreamweaver CS6简介、网站的构建与管理、处理文字与图形、制作超链接、HTML与CSS基础、表格和AP元素、创建框架网页、应用表单、Dreamweaver的内置行为、制作多媒体网页、统一网页风格、动态网页基础儿童教育网站设计综合实例等。

本书实例丰富、内容翔实、操作方法简单易学，不仅适合对网页制作和网站管理感兴趣的初、中级读者学习使用，也可供从事网站设计及相关工作的专业人士参考。

本书在结构上力求内容丰富、结构清晰、实例典型、讲解详尽、富于启发性；在风格上力求文字精炼、脉络清晰。另外，在文章内容中包括了大量的“注意”与“技巧”，它们能够提醒读者可能出现的问题、容易犯下的错误以及如何避免，还提供操作上的一些捷径，使读者在学习时能够事半功倍、技高一筹。

为了配合各学校师生利用此书进行教学的需要，随书配赠多媒体光盘，包含全书实例操作过程配音讲解录屏AVI文件和实例结果文件和素材文件，以及专为老师教学准备的Powerpoint多媒体电子教案。

本书由三维书屋工作室总策划，由胡仁喜、杨雪静、刘昌丽、康士廷、张日晶、孟培、万金环、闫聪聪、卢园、郑长松、张俊生、李瑞、董伟、王玉秋、王敏、王玮、王义发、王培合、辛文彤、路纯红、周冰、王艳池、王宏等编写。

书中主要内容来自于作者几年来使用Dreamweaver的经验总结，也有部分内容取自于国内外有关文献资料。虽然笔者几易其稿，但由于时间仓促，加之水平有限，书中纰漏与失误在所难免，恳请广大读者联系win760520@126.com提出宝贵的批评意见。欢迎登录www.sjzsanweishuwu.com进行讨论。

作 者

目　录

第1章 Dreamweaver CS6概述

本章导读

本章介绍 Dreamweaver CS6 中文版的基础知识，内容包括：Dreamweaver CS6 的新增功能和安装，简单介绍其用户界面以及创建与保存文件的方法等。Dreamweaver CS6 是著名影像处理软件公司 Adobe 推出的最新网页设计制作工具，是继 Dreamweaver CS6 之后的升级版本，是目前最完美的网站制作工具之一。

- Dreamweaver CS6 的新功能
- 工作界面
- 文件的打开、创建和存储

1.1 Dreamweaver CS6 的新功能

Adobe Dreamweaver CS6 提供众多功能强大的可视化设计工具、应用开发环境以及代码编辑支持，从对基于 CSS 的设计的领先支持到手工编码功能，Dreamweaver CS6 提供了一个集成、高效的创作平台。其功能强大，使得各个层次的开发人员和设计人员都能够快速创建界面吸引人的基于标准的网站和应用程序。

Dreamweaver CS6 的开发环境精简而高效。由于同新的 Adobe CS Live 在线服务 Adobe BrowserLab 集成，开发人员能以可视方式或直接在代码中进行设计，使用内容管理系统开发页面并实现精确的浏览器兼容性测试。使用 Dreamweaver CS6 及所选择的服务器技术，开发人员可以构建功能强大的 Internet 应用程序，从而使用户能连接到数据库、Web 服务和旧式系统。

下面简要介绍 Dreamweaver CS6 的主要新增功能和增强功能。

（1）jQuery Mobile 支持。使用更新的 jQuery Mobile 支持可以便捷地为 iOS 和 Android 平台建立本地应用程序。借助 jQuery 代码提示可以加入高级交互性功能，轻松地为网页添加互动内容，同时简化移动开发工作流程。

（2）PhoneGap 支持。更新的 Adobe PhoneGap™ 支持可轻松为 Android 和 iOS 建立和封装本地应用程序。在 Dreamweaver 中，借助 PhoneGap 框架，通过改编现有的 HTML 代码将现有的 HTML 转换为手机应用程序，并使用 PhoneGap 模拟器检查设计。启动此服务后，可以将 Web 应用程序发布到 PhoneGap Build，然后此联机服务针对多个本机应用程序环境（包括 Android、iOS、Blackberry 和 WebOS）打包并输出应用程序。

（3）多屏幕预览。利用更新的“多屏幕预览”面板可以检查智能手机、平板电脑和台式计算机所建立项目的显示画面。使用媒体查询支持，该增强型面板现在能够为各种不同设备设计样式并将呈现内容可视化，让用户检查 HTML5 内容呈现。

（4）CSS3/HTML5 支持。使用支持 CSS3 的 CSS 面板创建样式。设计视图支持媒体查询，可根据屏幕大小应用不同的样式。设计视图与代码提示支持 HTML5。

（5）Adobe Business Catalyst 集成。Dreamweaver CS6 集成了 Adobe Business Catalyst，使用 Adobe Business Catalyst® 平台（需单独购买）可以开发复杂的电子商务网站，无需编写任何服务器端编码；使用 Business Catalyst 面板连接并编辑利用 Adobe Business Catalyst 建立的网站；利用托管解决方案建立电子商务网站。

（6）W3C 验证。使用 W3C 联机验证服务，以确保标准网页设计的精确性。

（7）基于流体网格的 CSS 布局。在 Dreamweaver 中使用基于 CSS3 的流体网格布局（自适应网格版面）系统，可以创建能应对不同屏幕尺寸的跨平台和跨浏览器的流体（基于百分比）CSS 布局。在使用流体网格生成 Web 页时，布局及其内容会自动适应用户的查看装置（无论台式计算机、绘图板或智能手机）。

（8）CSS3 过渡效果。使用 CSS 过渡效果可将平滑属性变化应用于页面元素，以响应触发器事件。常见例子是当光标悬停在一个菜单栏项上时，该项会逐渐从一种颜色变成另一种颜色。将 CSS 属性变化制成动画转换效果，可以使网页设计得栩栩如生，在处理网页元素和创建优美效果时保持对网页设计的精准控制。

（9）多 CSS 类选区。现在可以将多个 CSS 类应用于单个元素。在应用多个类之后，Dreamweaver 会根据选择创建新的多类。然后，新的多类会在 CSS 选择的其他位置变得可用。

（10）嵌入网页字体。现在可以在 Dreamweaver 中使用有创造性的 Web 支持字体（如 Google 或 Typekit Web 字体）。将 Web 字体导入 Dreamweaver 站点后，Web 字体将在 Web 页中可用，为网页设计添加丰富的排版样式。

1.2 工作界面

启动 Dreamweaver CS6 的步骤如下：

（1）执行“开始”|“程序”|“Adobe”| “Adobe Dreamweaver CS6”命令，启动 Dreamweaver CS6 中文版。

（2）第一次打开 Dreamweaver CS6 时，会弹出“默认编辑器”对话框，如图 1-1 所示。可以按个人喜好将 Dreamweaver 设置为指定文件类型的默认编辑器。

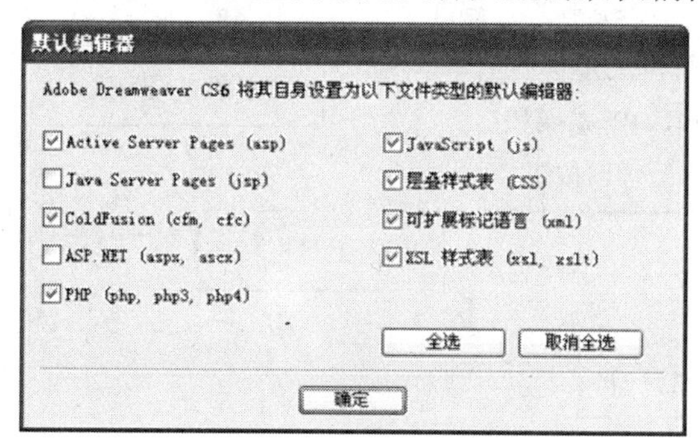

图 1-1 “默认编辑器”对话框

（3）本书采用默认设置，然后单击“确定”按钮进入 Dreamweaver CS6 的欢迎界面，如图 1-2 所示。

该界面用于打开最近使用过的文档或创建新文档，还可以从中通过产品介绍或教程了解关于 Dreamweaver 的更多信息。如果不希望每次启动时都打开这个界面，可以在“首选参数”中修改设置。有关“首选参数”对话框的设置可以参见本书第 11 章的介绍。

（4）执行“文件” | “新建”命令，打开“新建文档”对话框，如图 1-3 所示。

在 Dreamweaver CS6 中，使用预定义的页面布局和代码模板，可以快速地创建出比较专业的页面。Dreamweaver CS6 删除了以前版本布局中复杂的子代选择器，替换为更新的、简化的 CSS 起始布局。此外用户还可以创建自己的 CSS 布局，并将它们添加到配置文件夹中。

（5）在“新建文档”对话框中，选择“空白页”类别的 HTML 基本项，布局“无”，然后单击“创建”按钮进入 Dreamweaver CS6 中文版的工作界面，如图 1-4 所示。

从图中可以看出 Dreamweaver CS6 在界面外观和功能图标按钮上与上一版本没太大区别，采用了典型的 Adobe 界面风格，整体设计清新简洁。

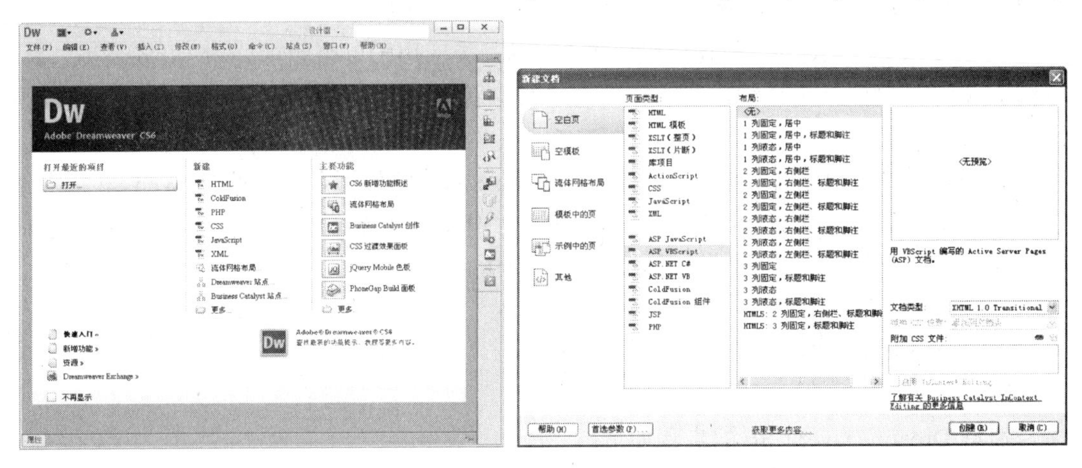

图 1-2　Dreamweaver CS6 界面　　　　图 1-3　“新建文档”对话框

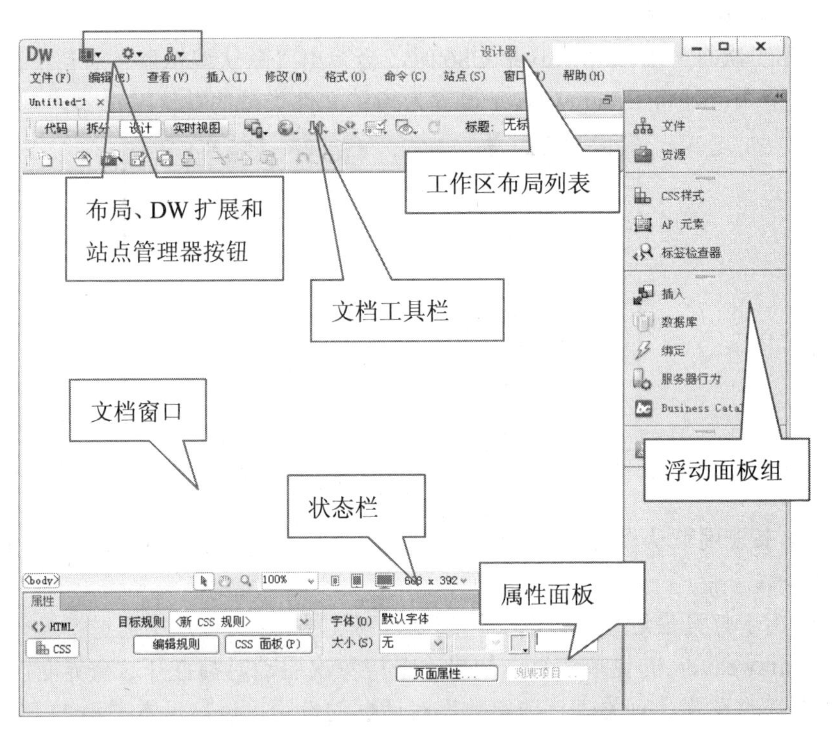

图 1-4　Dreamweaver CS6 的工作环境

单击“设计器”按钮 设计器 ▾，在弹出的下拉列表中可以看到 Dreamweaver CS6 推出的 11 种工作区外观模式：应用程序开发人员、应用程序开发人员（高级）、Business Catalyst、经典、编码器、编码人员（高级）、设计器、设计人员（紧凑）、双重屏幕、流体布局和移动应用程序。不同的工作区外观模式适用于不同层次、不同喜好的设计者。无论是一个程序员还是一个设计师，都可以在 Dreamweaver CS6 给出的工作区外观模式中找到合适的页面设计模式。

Business Catalyst、流体布局和移动应用程序是 Dreamweaver CS6 新增的设计模式。通过与 Adobe Business Catalyst® 平台（需单独购买）集成可以开发复杂的电子商务网站，建立并代管免费试用网站。登录到 Business Catalyst 站点之后，还可以直接在 Dreamweaver 的“Business Catalyst”面板中管理 Business Catalyst 模块。

使用基于 CSS3 的流体网格布局功能，用户可以创建能应对不同屏幕尺寸的跨平台和跨浏览器的兼容网页设计。

使用更新的 jQuery Mobile 支持可以方便地为 iOS 和 Android 平台建立本地应用程序，针对热门平板电脑和智能手机建立触及移动受众的应用程序，同时简化移动开发工作流程。在建立移动应用程序时，可利用 Adobe PhoneGap 的支持来缩短制作时间。

1.2.1 菜单栏

与其他多数软件类似，Dreamweaver CS6 的菜单栏位于工作环境最上方，如图 1-5 所示。

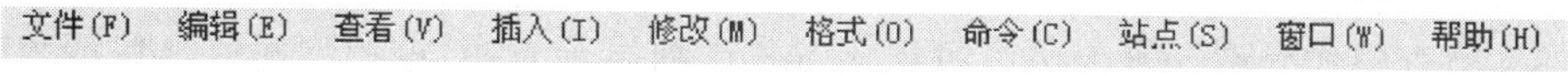

文件(F) 编辑(E) 查看(V) 插入(I) 修改(M) 格式(O) 命令(C) 站点(S) 窗口(W) 帮助(H)

图 1-5 菜单栏

1.2.2 工具栏

工具栏主要集中了一些可以在文档的不同视图之间快速切换的常用命令，以及一些与查看文档、在本地和远程站点间传输文档有关的常用命令和选项。Dreamweaver CS6 中的工具栏如图 1-6 所示。

代码 拆分 设计 实时视图 标题: 无标题文档

图 1-6 工具栏

在工具栏中包含了一些图标按钮和弹出菜单，可以用不同的方式来查看文档窗口或者预览设计效果，具体各个按钮图标的功能如下：

- 代码：显示代码视图。 
- 拆分：在同一屏幕中以水平对比的方式显示代码和设计视图。

Dreamweaver CS6 界面顶端的“布局”按钮，也用于设置页面的布局。他和工具栏中的 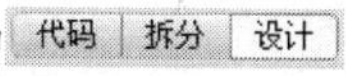 代码 拆分 设计 按钮功能相同。不同的是，使用“布局”按钮的下拉列表，可以垂直分割文档窗口，即代码视图和设计视图以垂直对比的方式呈现。

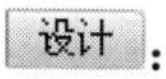

- 设计：显示设计视图。 
- 实时代码：单击该按钮，Dreamweaver 将以黄色突出显示浏览器为呈现该页面而执行的代码版本，此代码是不可编辑的。再次单击该按钮，即可返回到可编辑的“代码”视图。
-  实时视图：在“设计”视图或“拆分”视图下，单击该按钮可以在不打开浏览器的情况下实时预览页面的效果。再次单击该按钮，即可返回到可编辑的“设计”视图或“拆分”视图。如果在“代码”视图下单击该按钮，则 Dreamweaver 的工作界面自动转换为“拆分”视图。上半部分显示可编辑的代码，下半部分显示页面的实时预览效果。

“实时视图”可以使用户在 Dreamweaver 窗口中实时查看代码的效果，包括 JavaScript 特效。在“设计”视图中可以随时切换到“实时”视图，切换到“实时视图”之后，“设计”视图保持冻结，用户仍然可以在 Dreamweaver 中的任何其他传统视图（如“代码”/

“拆分”）之间进行切换。“代码”视图保持可编辑状态，因此可以更改代码，然后刷新“实时视图”以查看所进行的更改是否生效。也就是说，借助“实时视图”，用户可以直接在真实的浏览器环境中设计网页，同时仍可以直接访问代码。呈现的屏幕内容会立即反映出对代码所做的更改。

此外，“实时视图”的另一优势是能够冻结 JavaScript。例如，用户可以切换到“实时视图”并悬停在由于用户交互而更改颜色的基于 Spry 的表格行上。冻结 JavaScript 时，“实时视图”会将页面冻结在其当前状态。然后，用户可以编辑 CSS 或 JavaScript 并刷新页面以查看更改是否生效。该功能在查看并更改无法在传统“设计”视图中看到的弹出菜单或其他交互元素的不同状态时很有用。

- 检查：在“实时视图”中单击该按钮，可以打开 CSS 检查模式，以可视方式调整设计，实现期望的边距和内边距。

CSS 检查模式允许开发人员以可视化方式详细显示 CSS 框模型属性，包括填充、边框和边距，轻松切换 CSS 属性，且无需读取代码，或使用独立的第三方实用程序。CSS 检查模式在具有某些设置时最有用，如：CSS 样式面板以当前模式打开、启用拆分代码/实时视图、启用实时视图。如果没有这些设置中的任何一种，将在文档窗口顶部显示相关的提示信息。

- ：多屏幕预览。检查智能手机、平板电脑和台式计算机所建立项目的显示画面。该功能能够让用户检查 HTML5 内容呈现。
- ：在浏览器中预览/ 调试。利用该功能按钮的下拉菜单，可以在设定的浏览器中预览或调试文档。
- ：文件管理下拉菜单。
- ：使用 W3C 联机验证服务，以确保标准网页设计的精确性。
- ：跨浏览器兼容性检查的下拉菜单。
- ：可视化助理下拉菜单。可以使用不同的可视化助理来设计页面。
- ：刷新设计视图。
- “标题”：设置文档的标题（页面<title></title>标签之间的内容）。

1.2.3 “插入”面板

Dreamweaver 早期的“插入”栏以选项卡方式显示在标题栏下方。Dreamweaver CS6 将“插入”栏整合成了一个浮动面板，停靠在界面右侧的浮动面板组中。

单击文档窗口右侧浮动面板组中的“插入”按钮，即可弹出 “插入”面板，如图 1-7 所示。

“插入”面板的初始视图为“常用”面板。单击“插入”面板中“常用”面板右侧的倒三角形按钮，即可在弹出的下拉列表中选择需要的面板，从而在不同的面板之间切换，如图 1-8 所示。

“插入”面板有 10 组选项，每组中有不同类型的对象。使用“插入”菜单中的命令也可以插入各种对象，使用菜单还是使用“插入”面板根据用户的习惯决定。

默认状态下，“插入”面板中的对象图标以灰色显示，光标移动到图标上时显示为彩色。如果用户习惯于彩色图标，可以打开图 1-8 右图所示的下拉列表之后，单击“颜色图标”命令，即可以彩色显示对象图标。如果单击下拉列表中的“隐藏标签”命令，则只显示对象图标而不显示图标右侧的标签。

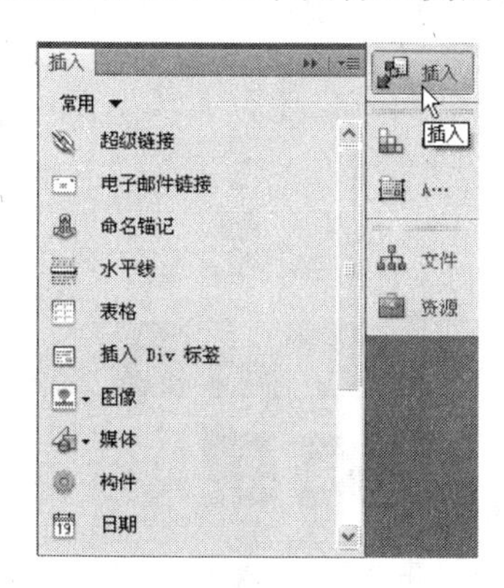

图 1-7 “插入”面板

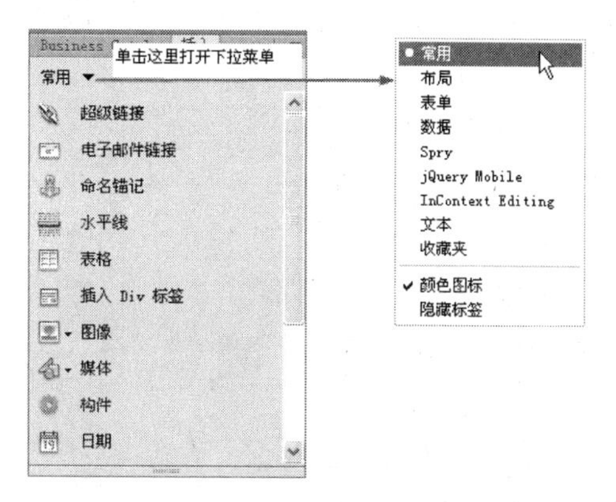

图 1-8 在不同面板之间进行切换

1.2.4 文档窗口

文档窗口用于显示当前创建或者编辑的文档，可以根据选择显示方式的不同而显示不同的内容。读者的操作结果都会在文档窗口中显示。不管是利用 Dreamweaver CS6 提供的工具或命令编写，还是直接在代码视图中编写，所进行的工作都在文档窗口中完成。在文档窗口中也包含了所编辑或创建文档的所有 HTML 代码。

单击工具栏中的 设计 按钮，切换到设计视图，文档窗口显示的内容与浏览器中显示的内容相同，如图 1-9 所示。使用 Dreamweaver CS6 提供的工具或命令，可以方便地进行创建、编辑文档的各种工作，即使完全不懂 HTML 代码的读者也可以制作出精美的网页。

单击工具栏中的 代码 按钮，切换到代码视图，在文档窗口中显示的是当前文档的代码，如图 1-10 所示。尽管在设计视图中可以完成绝大部分工作，但是有些工作还是必须运用代码编辑的，这就必须到代码视图中进行，比如编辑插入的脚本，对脚本进行检查、调试等。

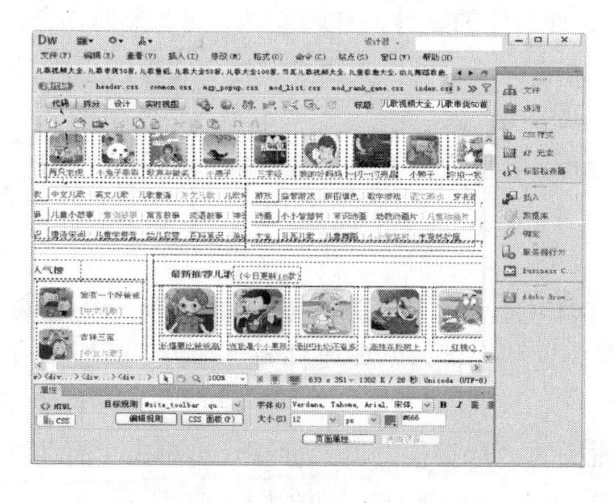

图 1-9 “设计”视图

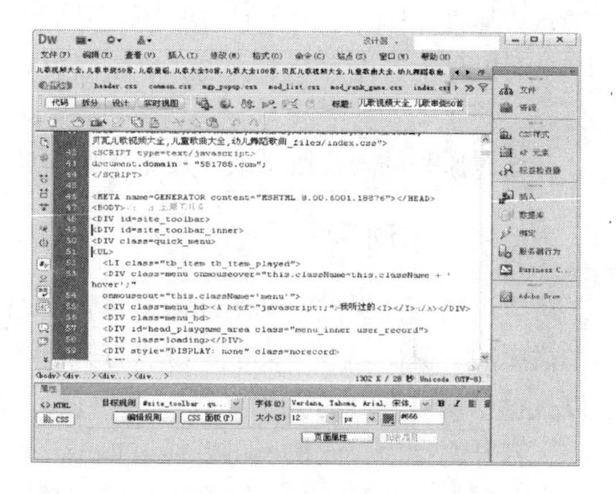

图 1-10 “代码”视图

在编写文档中，有时可能必须兼顾设计样式和实现代码，这时就需要代码与设计同屏显示。单击工具栏中的 拆分 按钮，就可以实现这个功能，如图 1-11 所示。此外，在 Dreamweaver CS6 的“拆分”模式下，单击界面左上角的按钮，在弹出的下拉菜单中选择“垂直拆分”选项，还可以垂直分隔文档窗口，如图 1-12 所示。

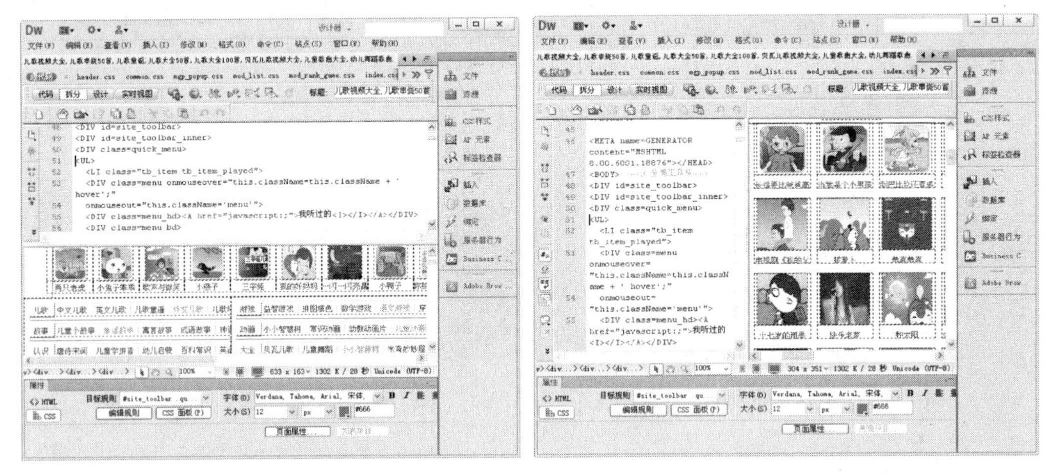

图 1-11 水平拆分代码/设计视图　　　图 1-12 垂直拆分代码/设计视图

这样，同一文档的两种视图可以在同一窗口中对照显示，并且当选中设计视图或者代码视图中的部分时，在另外的代码视图或者设计视图中也会选中相同的部分。

1.2.5 “属性”面板

选中某一对象后，“属性”面板可以显示被选中对象的属性，还可以在属性面板中修改被选对象的各项属性值。“属性”面板如图 1-13 所示。

图 1-13 “属性”面板

“属性”面板分成上下两部分。不同的对象有不同的属性，因此选中不同对象时，“属性”面板显示的内容是不同的。单击面板右下角的△按钮可以关闭“属性”面板的下面部分。

这时原来的△按钮变成▽按钮，单击此按钮可以重新打开“属性”面板的下面部分。

1.2.6 “浮动”面板

“浮动”面板位于 Dreamweaver CS6 工作环境右侧，包括面板如图 1-14 所示。在菜单栏中的“窗口”下拉菜单中可以打开或者关闭这些面板。例如要打开“行为”面板，可以执行“窗口”|“行为”命令。

打开“行为”面板还可以通过单击浮动面板的“标签检查器”标签，再单击“行为”子标签来打开。打开“行为”面板后的 Dreamweaver CS6 界面如图 1-15 所示。

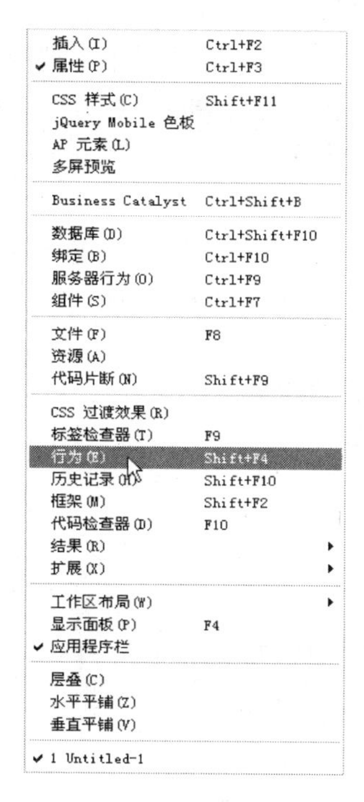

图 1-14 “窗口”菜单

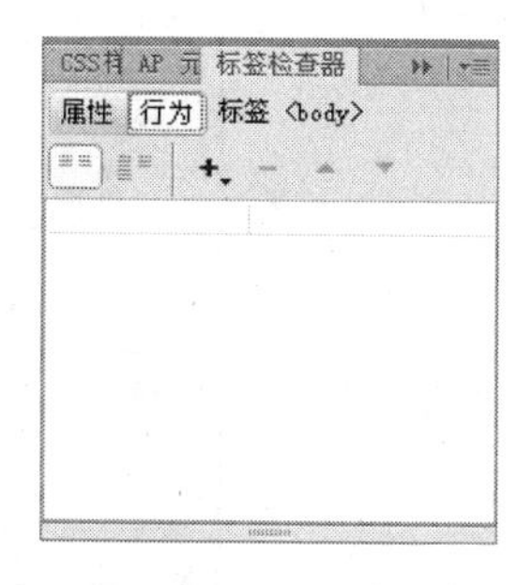

图 1-15 “行为”面板

1.3 对文件的操作

Dreamweaver CS6 的文件操作是制作网页最基本的操作，包括网页文件的打开、保存、关闭等。

1.3.1 打开文件

要编辑一个网页文件，必须先打开该文件。Dreamweaver CS6 可以打开多种格式的文件，例如 htm、html、shtml、asp、jsp、php、js、aspx、dwt、xml、lbi、as、css 等。

执行“文件”|“打开”命令，弹出“打开”对话框，如图 1-16 所示。

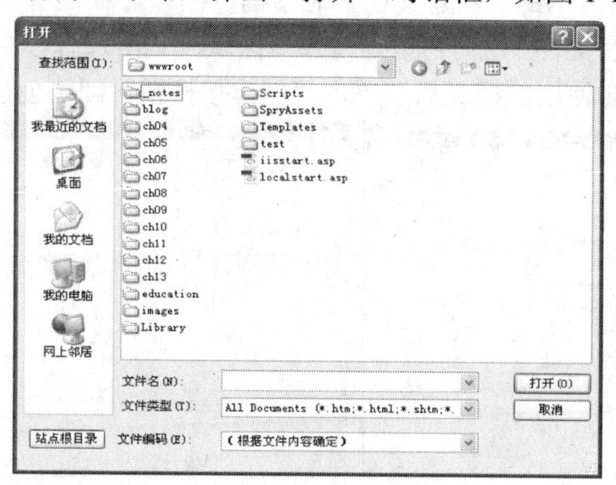

图 1-16 “打开”对话框

“打开”对话框与其他的 Windows 应用程序一样，可以在对话框中选中要打开的文件名，然后单击“打开”按钮即可打开该文件；也可通过在对话框中双击所需的文件打开。若 Dreamweaver CS6 还没有启动，也可以右键单击要打开的文件，在弹出菜单中执行“使用 Dreamweaver CS6 编辑”命令打开该文件。

如果已打开框架集文件，要打开框架集中的某一个框架页，可以先把光标定位在需要打开文件的框架内，然后执行“文件”|“在框架中打开”命令，弹出“选择 HTML 文件”对话框，如图 1-17 所示。

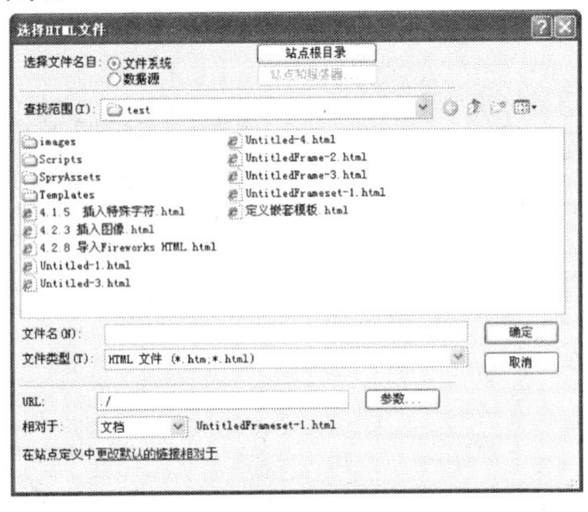

图 1-17 “选择 HTML 文件”对话框

1.3.2 创建文件

创建新的网页文件，有以下两种方法：

（1）在 Dreamweaver CS6 中，执行“文件”|“新建”命令，弹出“新建文档”对话框，如图 1-18 所示。选择要创建文件的类型和布局，然后单击“创建”按钮，即可创建新文件。

Dreamweaver CS6 支持 HTML5。在“文档类型”下拉列表框中选择“HTML5”，可创建 HTML5 页面。

（2）如果要基于模板创建文档，则先在“新建文档”对话框中单击“模板中的页”标签，切换到图 1-19 所示的“新建文档”对话框。在该对话框中单击选择模板的站点，然后再选择需要的模板文件。这时可以通过预览区域浏览所选择模板的样式，看是否符合自己的要求。选择需要使用的模板后，单击“创建”按钮，即可创建基于模板的新文件。

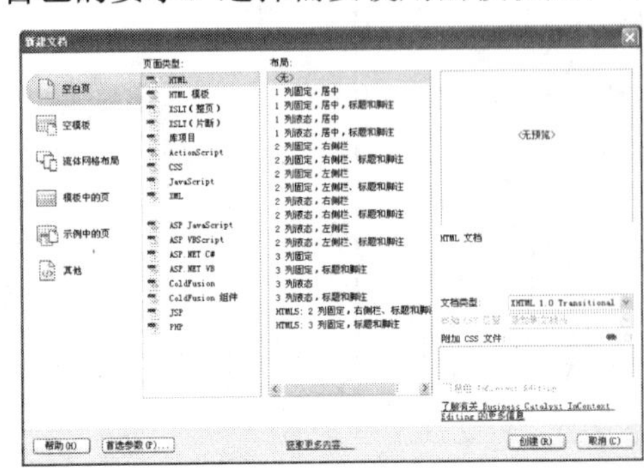

图 1-18 “新建文档”对话框

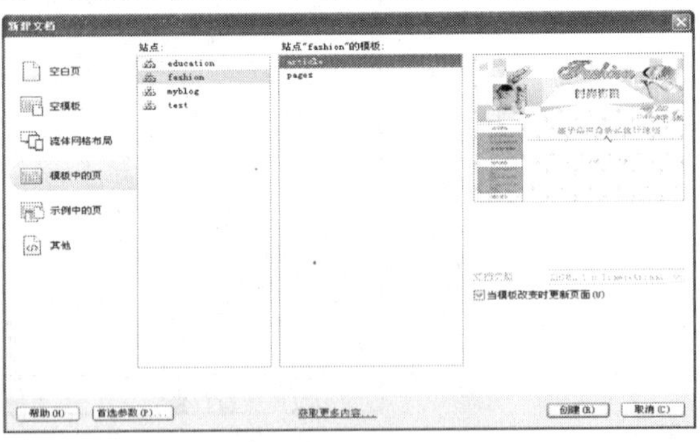

图 1-19 “新建文档”对话框

1.3.3 存储文件

保存网页文件的方法随保存文件的目的不同而不同。

如果同时打开了多个网页文件，则执行“文件”|“保存”或“文件”|“另存为”命令只保存当前编辑的页面。要保存打开的所有页面则执行“文件”|“保存全部”命令。若是第一次保存该文件，则执行“文件”|“保存”命令也会弹出“另存为”对话框，如图 1-20 所示。若文件已保存过，则执行“文件”|“保存”命令时，直接保存文件。

关于框架的文件保存比较特殊，具体方法将在后面的相关章节中进行详细的介绍。

如果希望将一个网页文档以模板的形式保存，先切换到要保存的文件所在的窗口，执行“文件”|“另存为模板”命令，则会打开“另存模板”对话框，如图 1-21 所示。在该对话框的“站点”下拉列表框中选择一个保存该模板文件的站点，然后在“另存为”后面的文本框中输入文件的名称，最后单击“保存”按钮完成文件的保存。

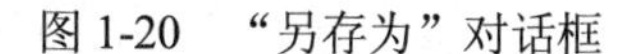
图 1-20 “另存为”对话框

图 1-21 “另存模板”对话框

1.4 动手练一练

1. 启动 Dreamweaver CS6 新建一个 html 空文件，注意观察 Dreamweaver CS6 中文版的工作界面。
2. 熟悉各菜单以及“插入”面板中各子面板的图标按钮。

1.5 思考题

1. 有哪些方法可以启动 Dreamweaver CS6？
2. “浮动”面板有哪些窗口，各有什么功能？

第2章 HTML与CSS基础

本章导读

本章将介绍 HTML 和 CSS 的基本知识及使用方法。内容包括：HTML 的概念；HTML 源文件的构成；各类常用 HTML 标记的功能及使用；CSS 样式表的作用；CSS 样式表的组成；样式表的层叠顺序以及样式表的部分常用属性和值。HTML 标记和 CSS 样式表是网页文件的基石。HTML 和 CSS 是网页制作的基础，读者应该认真掌握。

- HTML 源文件的构成
- 各种常用 HTML 标记的功能及使用方法
- CSS 样式表的组成及部分常用属性
- CSS 样式表的创建和使用方法

2.1 HTML 基础

在了解 Dreamweaver CS6 对源代码的控制特性之前，需要了解一些关于 HTML 的相关知识。

2.1.1 什么是 HTML

HTML 是 Hypertext Markup Language 的首字母缩写，通常称作超文本标记语言。它是 Internet 上用于编写网页的主要语言。

HTML 是纯文本类型的语言，使用 HTML 编写的网页文件也是标准的纯文本文件。您可以用任何文本编辑器，例如 Windows 的“记事本”程序打开它，查看其中的 HTML 源代码，也可以在使用浏览器打开网页时，通过“查看源文件”命令查看网页中的 HTML 代码。

HTML 语法非常简单，它采用简捷明了的语法命令，通过对各种标记、元素、属性、对象等的设置建立与图形、声音、视频等多媒体信息以及其他超文本的链接。

HTML 的发展与 Internet 上的 WWW 浏览操作的发展是分割不开的。WWW 是 World Wild Web 的简称，更方便的称呼是 3W 或 The Web，即“万维网”。它是一种建立在 Internet 上的全球性的、交互的、动态、多平台、分布式的图形信息系统。WWW 遵循 HTTP 协议（Hypertext Transfer Protocol，超文本传输协议），主要以“超文本”（Hypertext）或“超媒体”（Hypermedia）的形式提供信息。通常所称的浏览网页，就是指 WWW 操作。

查看网页内容必须使用网页浏览器.浏览器的主要作用就是解释超文本文件中的语言，将单调乏味的文字显示为丰富多彩的内容。目前最为流行的浏览器有 Microsoft Internet Explorer 以及 Netscape Communicator。

同其他语言（例如 C++）编译产生执行文件的机制不同，利用 HTML 编写的网页是解释型的，也就是说网页的效果是在用浏览器打开网页时动态生成的，而不是事先存储于网页中的。当用浏览器打开网页时，浏览器读取网页中的 HTML 代码，分析其语法结构，然后根据解释的结果显示网页内容。正因为如此，网页显示的速度同网页代码的质量有很大的关系，保持精简和高效的 HTML 源代码是非常重要的。

超文本标记语言（HTML）的开发到 1999 年的 HTML 4 就停止了。万维网联盟（W3C）把重点转向将 HTML 的底层语法从标准通用标记语言（SGML）改为可扩展标记语言（XML），以及可缩放向量图型（SVG）、XForms 和 MathML 这些全新的标记语言。浏览器厂商则把精力放到选项卡和富站点摘要（RSS）阅读器这类浏览器特性上。Web 设计人员开始学习使用异步 JavaScript XML（Ajax），在现有的框架下通过层叠样式表（CSS）和 JavaScript™ 语言建立自己的应用程序。但 HTML 本身没有任何变化。已经存在近十年的 HTML4 已经成为不断发展的 Web 开发领域的瓶颈。Web 开发人员从 1999 年就一直期待 HTML 的新版本（通常称为 HTML 5，也称为 Web Applications 1.0），现在它终于发布了。HTML 5 保持了 HTML 4 原来的特色，没有名称空间或模式，元素不必结束，浏览器会宽容地对待错误。

HTML 5 的设计原则就是在不支持它的浏览器中能够平稳地退化。也就是说，老式浏览器不认识新元素，则完全忽略它们，但是页面仍然会显示，内容仍然是完整的。浏览器现在有选项卡、CSS 和 XmlHttpRequest，但是它们的 HTML 显示引擎仍然停留在 1999 年的水平。HTML 5 考虑到了这一点。为了实现更好的灵活性和更强的互动性，以及创造令人兴奋而更具交互性的网站和应用程序，HTML5 引入和增强了更为强大的特性，包括控制、APIs、多媒体、结构和语义等，使建构网页变得更容易。

例如，在 HTML4 的页面中，大量使用 div 元素是因为缺少必要的语义元素以更具体地描述这些部分。由于缺少结构，即使是形式良好的 HTML 页面也比较难以处理，必须分析标题的级别，才能看出各个部分的划分方式。边栏、页脚、页眉、导航条、主内容区和各篇文章都由通用的 div 元素来表示。HTML5 通过引入一些更语义化的结构化代码标签来解决这个问题，而这些元素表示各个不同的部分。元素 header 表示一个部分的开头；元素 footer 表示所在章节的脚注；元素 aside 是为了关联周边参考内容，一般用作侧边栏；元素 section 表示文章或应用程序的通用部分，如一个章节；元素 article 表示文档，页面或站点的独立部分。通过确认页面各部分的目的，使用特定的章节元素和辅助技术能帮助用户更容易地浏览网页，如可以很容易地从导航栏跳读或快速地从一篇文章跳到下一篇而不需要作者提供切换链接。设计者也从中受益，由于采用几个显明的元素代替了文档中大量的 div 元素，从而使得源代码变得更清晰容易。

Adobe 在 Google I/O 大会的 Keynote 上演示了 Adobe CS6 对 HTML5 的多种支持，并且 Adobe Labs 放出了 Dreamweaver CS6 的 HTML5 扩展包。通过它 Dreamweaver CS6 将获得以下新特性：

* 多屏幕预览面板，适用于同时为不同设备开发 HTML 应用。
* 支持对 HTML 5 新增的标签库的代码提示。
* 支持对 CSS 3 代码提示。
* 增加 Video 和 Audio 标签的实时预览。
* 改进 CSS 3 实时预览效果。
* 改进设计视图下对 HTML 5 新增标签的渲染效果。

虽然现在已经普遍使用了 HTML4 和 CSS2.1，Web 设计师可以使用 HTML4 和 CSS2.1 完成一些很酷的东西。但相信 HTML5 和 CSS3 的使用将重组代码的结构，让页面代码更富有语义化特性，让网页设计提升到一个新高度！

2.1.2 统一资源定位符

要深入了解 HTML，还需要了解什么是 URL（Uniform Resource Locator，统一资源定位符），它在 Internet 中用于指定信息位置，可以看作是 Internet 上文件名称命名规范的一种扩展。换句话说，它是 Internet 上的地址。在进行 WWW 浏览时，通常要在浏览器的地址栏中输入地址，这个地址就是 URL 的一种形式。

URL 通常以“协议://文件路径/文件名称”的形式出现，采用 URL 可以描述以下一些文件属性：

◆ 文件名称。

◆ 文件在本地计算机上的位置，包括目录和文件名等。
◆ 文件在网络计算机上的位置，包括网络计算机名称、目录和文件名等。
◆ 访问该文件的协议。

提示： 在 URL 中的路径采用 UNIX 命名规范，表示目录的斜线是/，与基于 MS-DOS 和 Windows 的命名规范正好相反。

根据协议的不同，URL 分为多种形式，最常用的是以 HTTP 开头的网络地址形式和以 FILE 开头的文件地址形式。

采用 HTTP 开头的 URL 通常指向 WWW 服务器，主要用于网页浏览。这种 URL 通常被称作网址，它是 Internet 上应用最广泛的 URL 方式，下面是一些例子：

http://www.microsoft.com （指向某个网站的主页）

http:// www.microsoft.com /china/document.htm （指向某个网站的指定网页）

如果基于 HTTP 的 URL 末端没有文档的文件名称（如上面的第一个例子），则使用浏览器浏览该地址网页时会打开默认的网页（通常称作主页），其文件名多为 index.htm、index.html、index.jsp、index.asp 或 index.aspx 等。

如果希望指向一个 FTP 站点或本地计算机上的文件，通常可以用 FILE 作为 URL 的前缀，FTP（File Transfer Protocol—文件传输协议）主要用于文件传递。包括文件的上载（从本地计算机发送到 Internet 上的服务器）和下载（从 Internet 上的服务器接收到本地的计算机）。目前 Internet 上很多软件下载站点都采用这种 FTP 的方式。在很多提供主页免费存放空间的网站上，都要求用户通过 FTP 程序将他们自己编写的网页上传到服务器上。下面是一些例子：

file://index.html （指向当前目录下的文件）

file://C:/Winnt/System32/Blank.htm （指向某个绝对路径下的文件）

file://ftp.netease.com/pub （指向 FTP 服务器的目录）

file://ftp.netease.com/pub/readme.txt（指向 FTP 服务器上某目录下的某文件）

2.1.3 HTML 的语法特性

超文本标记语言的构成主要是通过各种标记（Tag）来表示和排列各种对象的。通常标记由符号“<”、“>”以及其中所包容的标记元素组成。例如希望在浏览器中显示一段加粗的文本，可以采用标记<b>和</b>：

```
<b>加粗的文本</b>
```

在用浏览器显示时，标记<b>和</b>不会被显示，浏览器在文档中发现了这对标记，就将其中包容的文字（这里是“加粗的文本”）以粗体形式显示。

一般来说，HTML 的语法有 3 种表达形式：

◆ <标记>对象</标记>
◆ <标记 属性 1=参数 1 属性 2=参数 2>对象</标记>

◆ <标记>

标记的书写是与大小写无关的。严格地说，标记和标记元素不同。标记元素是位于“<”和“>”符号之间的内容，而标记则包括了标记元素和“<”和“>”符号本身。但是，我们通常将标记元素和标记当作一种东西，因为脱离了“<”和“>”符号的标记元素毫无意义。在本书后面的章节里，如非必要，将不区分标记和标记元素，而统一称作“标记”。

下面分别对以上3种表达形式及标记的嵌套进行介绍。

1．<标记>对象</标记>

该语法示例显示了使用封闭类型标记的形式。大多数标记是封闭类型的，就是说它们成对出现。在对象内容的前面是一个标记，在对象内容的后面是另一个标记，第二个标记元素前带有反斜线，表明结束标记对对象的控制。

下面是一些示例：

<h1>这是标题1</h1> （浏览器以标题1格式显示标记间的文本）

<i>这段文字是斜体文字</i> （浏览器以斜体格式显示标记间的文本）

如果一个应该封闭的标记没有被封闭，则会产生意料不到的错误，随浏览器不同，出错的结果可能也不同。例如，如果忘记以</h1>标记封闭对文字格式的设置，可能后面所有的文字都会以标题1的格式出现。

2．<标记 属性1=参数1 属性2=参数2>对象</标记>

该语法示例显示了使用封闭类型标记的扩展形式。利用属性可以进一步设置对象某方面的内容，而参数则是设置的结果。

例如，在如下的语句中，设置了标记<a>的href属性。

<a href=”http://www.adobe.com/”>Adobe公司主页</a>

<a>和</a>是锚标记，用于在文档中创建超级链接，href是该标记的属性之一，用于设置超级链接所指向的地址，在“=”后面的就是href属性的参数，在这里是Adobe公司的网址。“Adobe公司主页”等文字是被<a>和</a>包容的对象。

一个标记的属性可能不止一个，可以在描述完一个属性后，输入一个空格，然后继续描述其他属性。

3．<标记>

该语法示例显示了使用非封闭类型标记的形式。在HTML语言中非封闭类型很少，但的确存在，最常用的是换行标记
。

例如希望使一行文字中间换行（但是仍然与上面的文字属于一个段落），则可以在文字要换行的地方添加标记
，例如：

这是一段完整的段落
中间被换行处理

在浏览器上会显示为两行，但它们仍然同属于一段。

4．标记嵌套

几乎所有的HTML代码都是上面三种形式的组合，标记之间可以相互嵌套，形成更为复杂的语法。例如希望将一行文本同时设置粗体和斜体格式，则可以采用下面的语句：

```
<b><i>这是一段既是粗体又是斜体的文本</i></b>
```

在嵌套标记时需要注意标记的嵌套顺序，如果标记的嵌套顺序发生混乱，则可能会出现不可预料的结果。例如对于上面的例子也可以这样写：

```
<i><b>这是一段既是粗体又是斜体的文本</b></i>
```

但是尽量不要写成如下的形式：

```
<b><i>这是一段既是粗体又是斜体的文本</b></i>
```

上面的语句中，标记嵌套发生了错误。幸运的是大多数浏览器对这个例子可以正确理解。但是对于其他的一些标记，如果嵌套发生错误的话，就不一定有这么好的运气了。为了保证文档有更好的兼容性，尽量避免标记嵌套顺序的错误。

2.2 常用 HTML 标记

在 Dreamweaver CS6 中创建了一个新文档后，如果这时候打开 HTML 源代码检视器，您会发现尽管新建文档的设计视图是空白的，但是其中已经有了不少源代码，在默认状态下，这些源代码如下（“<!主要内容将放在这里>”是笔者加上的）：

```
<!DOCTYPE html PUBLIC "-//W3C//DTD XHTML 1.0 Transitional//EN"
"http://www.w3.org/TR/xhtml1/DTD/xhtml1-transitional.dtd">
<html xmlns="http://www.w3.org/1999/xhtml">
<head>
<meta http-equiv="Content-Type" content="text/html; charset=utf-8" />
<title>无标题文档</title>
</head>
<body>
<!主要内容将放在这里>
</body>
</html>
```

学习 HTML 语言，从上述代码开始是最好的起步。需要先行说明的是，本节中所述的显示效果是指保存为 HTML 文件后在浏览器或在 Dreamweaver CS6 设计视图中浏览的效果。

如果利用 Dreamweaver CS6 的 HTML5 扩展包做网页，首先要声明并创建文档类型，可以这样写：

```
<!DOCTYPE html>
```

简单而明显，不区分大小写。它可以更容易向后兼容。

2.2.1 文档的结构标记

1. <html>标记

<html>…</html>标记是 HTML 文档的开始和结束标记，HTML 文档中所有的内容都应该在这两个标记之间。一个 HTML 文档非注释代码总是以<html>开始以</html>结束。

2．<head>标记

<head>…</head>标记一般位于文档的头部，用于包含当前文档的有关信息，例如标题和关键字等。通常将这两个标记之间的内容统称作 HTML 的“头部”。位于头部的内容一般不会在网页上直接显示，而是通过另外的方式起作用。例如，标题是在 HTML 的头部定义的，它不会显示在网页上，但是会出现在网页的标题栏上。

3．<title>标记

<title>…</title>标记用于设置 HTML 文档标题。在浏览网页时，标题文字出现在浏览器的标题栏上。<title>和</title>标记位于 HTML 文档的头部，即位于<head>和</head>标记之间。

4．<body>标记

<body>…</body>用于定义 HTML 文档的正文部分，通常在</head>标记之后，而在</html>标记之前。所有出现在网页上的正文内容都应该写在这两个标记之间。

<body>标记有 6 个常用的可选属性，主要用于控制文档的基本特征，如背景颜色等。各个属性介绍如下：

◆ background：该属性用于为文档指定一幅图像作为背景。
◆ text：该属性用于定义文档中文本的默认颜色，也即文本的前景色。
◆ link：该属性用于定义文档中一个未被访问过的超级链接的文本颜色。
◆ alink：该属性用于定义文档中一个正在打开的超级链接的文本颜色。其中 color 是颜色的数值。
◆ vlink：该属性用于定义文档中一个已经被访问过的超级链接的文本颜色。
◆ bgcolor：该属性定义文档的背景颜色。

例如，希望将文档的背景颜色设置为绿色，文本颜色设置为黑色，未访问超级链接的文本颜色设置为白色，已访问超级链接的文本颜色设置为黄色，正在访问的超级链接的文本颜色设置为紫红色，则可以使用如下的<body>标记：

<body bgcolor = "green" text = "black" link = "white" alink = "red" vlink = "yellow">

由于缺少结构，即使是形式良好的 HTML4 页面也比较难以处理。必须分析标题的级别，才能看出各个部分的划分方式。边栏、页脚、页眉、导航条、主内容区和各篇文章都由通用的 div 元素来表示。HTML 5 添加了一些新元素专门用来标识常见的结构：

◆ section：可以是书中的一章或一节，实际上是在 HTML 4 中有自己标题的任何东西。
◆ header：页面上显示的页眉；与 head 元素不一样。
◆ footer：页脚，可以显示电子邮件中的签名。
◆ nav：导航标签，指向其他页面的一组链接。
◆ article：blog、杂志、文章汇编等中的一篇文章。

2.2.2 注释标记

<!--…-->标记是注释标记，在这个标记内的文本都不会在浏览器窗口中显示出来。但如果是程序代码，即使在注释标记内也会被执行。

一般将客户端的脚本程序段放在此标记中。这样，对于不支持该脚本语言的浏览器也可隐藏程序代码。使用示例：

```
<!--今天天气真好！-->
```

2.2.3 文本格式标记

1．<b>标记

<b>…</b>标记将标记之间的文本设置成粗体。使用示例：

```
今天<b>天气</b>真好！
```

显示效果：

今天**天气**真好！

2．<big>标记

<big>…</big>标记将使用比当前页面使用的字体更大的字体显示标记之间的文本。使用示例：

```
<font size=2>今天<big>天气</big>真好！</font>
```

显示效果：

今天天气真好！

3．<em>标记

<em>…</em>标记用于强调标记之间的文字。不同的浏览器效果有所不同，通常会设置成斜体。使用示例：

```
<em>今天天气真好！</em>
```

显示效果：

今天天气真好！

4．<font>标记

<font > ... </font>标记用于设置文本字体格式，有3个可选属性分别介绍如下：

◆ face：用于设置文本字体名称，可以用逗号隔开的多个字体名称。
◆ Size：用于设置文本字体大小，取值范围在－7～7之间，数字越大字体越大。
◆ Color：用于设置文本颜色，可以用red、white和green等助记符，也可以用16进制数表示，如红色为“#FF0000”。使用示例：

```
<font face= "隶书" size= "5 " color= "black">隶书 5 号字体、黑色</font>
```

显示效果：

隶书5号字体、黑色

5．<h#>标记

<h#> ... </h#>（#=1, 2, 3, 4, 5, 6）标记用于设标题字体（Header），有 1 到 6 级标题，数字越大字体越小。标题将显示为黑体字。<h#>---</h#>标记自动插入一个空行，不必用<p>标记再加空行。与<title>标记不一样，<h#>标记里的文本显示在浏览器中。使用示例：

```
<h1>这是一级标题</h1>
<h2>这是二级标题</h2>
<h3>这是三级标题</h3>
<h4>这是四级标题</h4>
<h5>这是五级标题</h5>
<h6>这是六级标题</h6>
```

显示效果如图 2-1 所示。

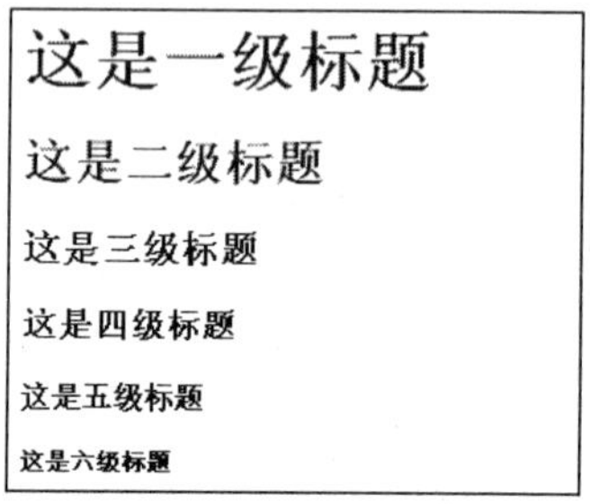

这是一级标题

这是二级标题

这是三级标题

这是四级标题

这是五级标题

这是六级标题

图 2-1　显示效果

6．<i>标记

<i>…</i>标记将标记之间的文本设置成斜体。使用示例：

```
<i>今天天气真好！</i>
```

显示效果：

今天天气真好！

7．<s>标记

<s>…</s>标记为标记之间的文本加删除线（即在文本中间加一条横线）。使用示例：

```
<s>今天天气真好！</s>
```

显示效果：

~~今天天气真好~~！

8．<small>标记

<small>…</small>标记将使用比当前页面使用的字体更小的字体显示标记之间的文本。使用示例：

```
今天< small >天气</ small >真好！
```

显示效果：

今天天气真好！

9．<u>标记

<u>…</u>标记为标记之间的文本加下划线。使用示例：

<u>今天天气真好！</u>

显示效果：

今天天气真好！

2.2.4 排版标记

1．
标记

标记用于添加一个换行符，它不需成对使用。使用示例：

```
今天<br>天气真好！
```

显示效果：

今天
天气真好！

2．<hr>标记

<hr>标记用于在页面添加一条水平线。使用示例：

```
今天<hr>天气真好！
```

显示效果：

今天

天气真好！

3．<center>标记

<center>…</center>标记将标记之间的文本等元素居中显示。使用示例：

```
<center>今天天气真好！ </center>
```

显示效果：

今天天气真好！

4．<left>标记

<left>…</left>标记将标记之间的文本等元素居左显示。使用示例：

```
<left>今天天气真好！</left>
```

显示效果：

今天天气真好！

5．<p>标记

<p>…</p>标记用来分隔文档的多个段落。可选属性“align”有 3 个取值：

- left：段落左对齐。
- center：段落居中对齐。
- right：段落右对齐。

使用示例：

```
< p align=center>今天天气真好！</ p>
```

显示效果：

今天天气真好！

6．<right>标记

<right>…</right>标记将标记之间的文本等元素居右显示。

使用示例：

< right >今天天气真好！ </ right >

显示效果：

今天天气真好！

7．<sub>标记

_…标记将标记之间的文本设置成下标。使用示例：

今天_{天气}真好！

显示效果：

今天$_{\text{天气}}$真好！

8．<sup>标记

[…]标记将标记之间的文本设置成上标。使用示例：

今天^{天气}真好！

显示效果：

今天^{天气}真好！

2.2.5 列表标记

1．<ul>和<li>标记

<ul>…</ul>用来标记无序列表的开始和结束；<li>…</li>用来标记有序或无序列表的列表项目的开始和结束。使用示例：

```
<ul>
    <li>今天天气真好！</li>
    <li>今天天气真好！</li>
    <li>今天天气真好！</li>
</ul>
```

显示效果：

- 今天天气真好！
- 今天天气真好！
- 今天天气真好！

2．<ol>和<li>标记

<ol>…</ol>用来标记有序列表的开始和结束；<li>…</li>用来标记有序或无序列表的列表项目的开始和结束。有序列表有一个参数“type”，其值的功能介绍如下：

◆ type=1：表示用数字给列表项编号，这是默认设置。

◆ type=a：表示用小写字母给列表项编号。

◆ type=A：表示用大写字母给列表项编号。

◆ type=i：表示用小写罗马字母给列表项编号。

◆ type=I：表示用大写罗马字母给列表项编号。

使用示例：

```
<ol>
    <li>今天天气真好！</li>
    <li>今天天气真好！</li>
    <li>今天天气真好！</li>
</ol>
```

显示效果：

1. 今天天气真好！
2. 今天天气真好！
3. 今天天气真好！

2.2.6 表格标记

1．<table>标记

<table>…</table>用于标志表格的开始和结束。表格的常用参数分别介绍如下：

- align：设置表格与页面对齐方式，取值有 left、center 和 right。
- background：设置表格的背景图像。
- bgcolor：设置表格的背景颜色。
- border：设置表格的边框。
- width：设置表格的宽度，单位默认为像素，也可以使用百分比形式。
- height：设置表格的高度，单位默认为像素，也可以使用百分比形式。
- cellpadding：设置表格一个单元格内数据和单元格边框间的边距，以像素为单位。
- cellspacing：设置单元格之间的间距，以像素为单位。

2．<tr>标记

<tr>…</tr>标记用于标志表格一行的开始和结束。<tr>的常用参数分别介绍如下：

- align：设置行中文本在单元格内的对齐方式，取值有 left、center 和 right。
- background：设置行中单元格的背景图像。
- bgcolor：设置行中单元格的背景颜色。

3．<th>标记

<th>…</th>用于标志表格内表头的开始和结束。<th>的常用参数分别介绍如下：

- align：设置在单元格内各种内容的对齐方式，取值有 left、center 和 right。
- background：设置单元格的背景图像。
- bgcolor：设置单元格的背景颜色。
- width：设置单元格的宽度，单位为像素。
- height：设置单元格的高度，单位为像素。
- colspan：设置<th>…</th>内的内容应该跨越几列。
- rowspan：设置<th>…</th>内的内容应该跨越几行。

4．<td>标记

<td>…</td>用于标志表格内单元格的开始和结束。<td>标记应位于<tr>标记内部。<td>的常用参数分别介绍如下：

- align：设置行内容在单元格内的对齐方式，取值有 left、center 和 right。
- background：设置单元格的背景图像。
- bgcolor：设置单元格的背景颜色。
- width：设置单元格的宽度，单位为像素。
- height：设置单元格的高度，单位为像素。

表格使用示例：

```
<table border＝1>
    <tr><th>Food</th><th>Drink</th><th>Sweet</th>
    <tr><td>A</td><td>B</td><td>C</td>
</table>
```

显示效果：

Food	Drink	Sweet
A	B	C

2.2.7 框架标记

1．<frameset>标记

<frameset>...</frameset>标记用于标志页面中水平和垂直框架的数目，其参数介绍如下：

- rows：用于设置行的大小，行的大小为浏览显示器的百分比。
- cols：用于设置列的大小，列的大小为浏览显示器的百分比。
- frameborder：用于设置框架是否有边框，取值为 yes 或 no。
- border：用于设置框架边框的厚度。

2．<frame>标记

<frame> ... </frame>标记代表一个框架，必须在 frameset 标记内使用。其参数介绍如下：

- name：用于设置框架名称。
- scrolling：用于设置框架是否有滚动条，取值为 yes 有滚动条，取值为 no 则没有滚动条，取值为 auto 则根据需要自动设置，默认值是 auto。
- src：用于指定该框架的 HTML 等页面文件，若不设此参数则框架内没有内容。

3．<noframe>标记

<noframe>…</noframe>标记用于设置当浏览器不支持框架技术时显示的文本。通常的做法是在此标记之间放置提示用户浏览器不支持框架的信息。框架使用示例：

```
<frameset rows=30%,*>
<frame src="Acol.html" frameborder=1>
<frameset cols=30%,*>
```

```
        <frame src="Bcol.html" frameborder=0>
        <frame src="Ccol.html" frameborder=0>
         <noframe>对不起，您的浏览器不支持框架。</noframe>
    </frameset>
    </frameset>
```

显示效果如图 2-2 所示。

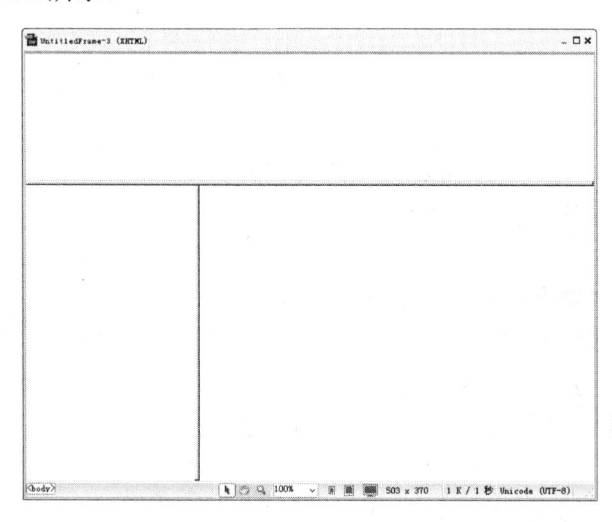

图 2-2　显示效果

2.2.8　表单标记

1．<form>标记

<form>...</form>标记用于表示一个表单的开始与结束，并且通知服务器处理表单的内容。其功能如下：

- ◆ name：用于指定表单的名称。
- ◆ action：用于指定提交表单后，将对表单进行外理的文件路径及名称（即 URL）。
- ◆ method：用于指定发送表单信息的方式，有 GET 方式（通过 URL 发送表单信息）和 POST 方式（通过 HTTP 发送表单信息）。

2．<input>标记

<input>标记用于在表单内放置表单对象。此标记不需成对使用。它有 type 等参数，对于不同的 type 参数有不同的属性。当 type=text（文本域表单对象，在文本框中显示文字）或 type=password（密码域表单对象，在文本框中显示*号代替输入的文字，起保密作用）时<input>标记参数介绍如下：

- ◆ name：用于指定表单文本/密码域对象的名称。
- ◆ size：文本框在浏览器的显示宽度，实际能输入的字符数由 maxlength 参数决定。
- ◆ maxlength：在文本框最多能输入的字符数。

当 type=submit（提交按钮，用于提交表单）或 type=reset（重置按钮，用于清空表单中用户已输入的内容）时<input>标记参数介绍如下：

- name：用于指定表单按钮对象的名称。
- value：在按钮上显示的标签。

当 type=radio（单选按钮）或 type=checkbox（复选按钮）时<input>标记参数介绍如下：

- name：用于指定表单单选按钮或复选按钮对象的名称。
- value：用于设定单选按钮或复选按钮的值。
- checked：可选参数，若带有该参数，则默认状态下该按钮是选中的。同一组 radio 单选按钮（name 属性相同）中最多只能有一个单选按钮带 checked 属性。复选按钮则无此限制。

当 type=image（图像）时<input>标记参数介绍如下：

- name：图像对象的名称。
- src：图像文件的名称。
- width：图像宽度。
- height：图像高度。
- alt：图像无法显示时的替代文本。
- align：图像对象的对齐方式，取值可以是 top、left、bottom、middle 和 right。

使用示例：

```
<form action=login_action.jsp method=POST>
    姓名: <input type=text name=姓名 size=16><br>
    密码: <input type=password name=密码 size=16><br>
    性别：<input name="radiobutton" type="radio" value="radiobutton">男
    <input name="radiobutton" type="radio" value="radiobutton">女<br>
    爱好：<input type="checkbox" name="checkbox" value="checkbox">运动
    <input type="checkbox" name="checkbox2" value="checkbox">音乐<br>
    图像：<input name="imageField" type="image" src="dd.gif" width="16" height="16"
border="0"><br>
    <input type=submit value="发送"><input type=reset value="重设">
</form>
```

显示效果如图 2-3 所示。

3．<select>和<option>标记

<select>…</select>标记用于在表单中插入一个列表框对象。它和<option></option>标记一起使用，<option>标记为列表框添加列表项。<select>标记的功能如下：

- name：指定列表框的名称。
- size：指定列表框中显示多少列表项（行），如果列表项数目大于 size 参数值，那么通过滚动条来滚动显示。
- multiple：指定列表框是否可以选中多项，默认下只能选择一项。

<option>标记的参数有两个可选参数，介绍如下：

- selected：用于设定在初始时本列表项是被默认选中的。

◆ value：用于设定本列表项的值，如果不设此项，则默认为标签后的内容。使用示例：

```
<form action=none.jsp method=POST>
<select name=fruits size=3 multiple>
        <option selected>足球
        <option selected>蓝球
        <option value=My_Favorite>乒乓球
        <option>羽毛球
</select><p>
<input type=submit><input type=reset>
</form>
```

显示效果如图 2-4 所示。

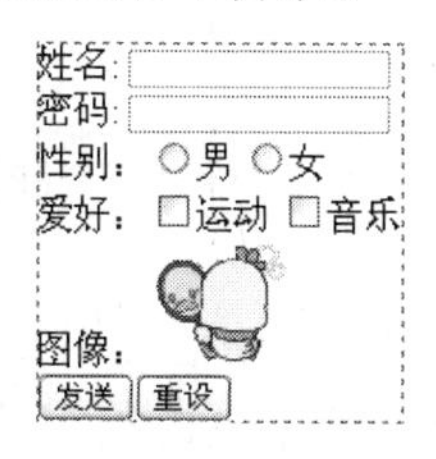

图 2-3　示例效果

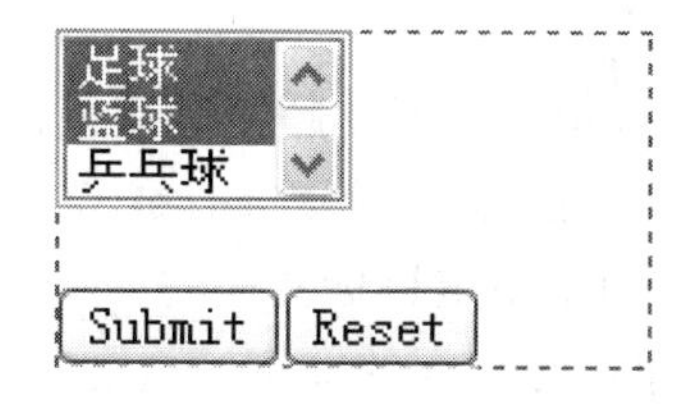

图 2-4　示例效果

4．<textarea>标记

<textarea>…</textarea>作用与<input>标记在 type=text 时的作用相似，不同之处在于<textarea>显示的是多行多列的文本区域，而<input>文本框只有一行。<textarea>和</textarea>之间的文本是文本区域的初始文本。<textarea>标记的参数有：

◆ name：指定文本区域的名称。
◆ rows：文本区域的行数。
◆ cols：文本区域的列数。
◆ wrap：用于设置是否自动换行，取值有 off（不换行，是默认设置）、soft（软换行）和 hard（硬换行）。使用示例：

```
<form action=/none.jsp method=POST>
    <textarea name=comment rows=5 cols=20>
    今天天气真好
    </textarea>
      <br>
    <input type=submit><input type=reset>
</form>
```

显示效果如图 2-5 所示。

图 2-5　示例效果

2.2.9 其他标记

1．<pre>标记

<pre>…</pre>标记用于设定浏览器在输出时，对标记内部的内容几乎不作修改地输出。使用示例：

```
<pre>
    今天        天气真好
</pre>
今天        天气真好
```

显示效果：

今天   天气真好

今天 天气真好

2．<a>标记

<a>…</a>标记用于建立超级链接或标识一个目标。<a>标记有两个不能同时使用的参数 href 和 name，此外还有参数 target 等，分别介绍如下：

- ◆ href：用于指定目标文件的 URL 地址或页内锚点。<a>标记使用此参数后，在浏览器单击标记间的文本，页面将跳转到指定的页面或本页内指定的锚点位置。
- ◆ name：用于标识一个目标（即锚点，用于页内链接）。
- ◆ target：用于设定打开新页面所在的目标窗口。取值有_self（将链接的文件载入一个未命名的新浏览器窗口中），_parent（将链接的文件载入含有该链接的框架的父框架集或父窗口中），_blank（将链接的文件载入该链接所在的同一框架或窗口中），_top（在整个浏览器窗口中载入所链接的文件，因而会删除所有框架）。若本页使用框架技术还可以把 target 设置为框架名。使用示例：

```
<a href="url">链接字符串</a><br>
<a name="name">text</a>
```

显示效果：

链接字符串

text

3．<img>标记

<img>标记用于在页面插入图像，其主要功能如下：

- ◆ src：用于指定要插入图像的地址。
- ◆ alt：用于设置当图像无法显示时的替换文本。
- ◆ align：用于设置图像和页面其他对象的对齐方式，取值可以是 top，middle 和 bottom。
- ◆ width：用于设置图像的宽度，以像素为单位。
- ◆ height：用于设置图像的高度，以像素为单位。
- ◆ border：用于设置图像的边框厚度，以像素为单位。
- ◆ vspace：用于设置图像的垂直边距，以像素为单位。

- hspace：用于设置图像的水平边距，以像素为单位。

使用示例：

```
<img src="new.gif" width="35" height="40">
<img src="new.gif" width="35" height="40" border="1">
```

显示效果如图 2-6 所示。

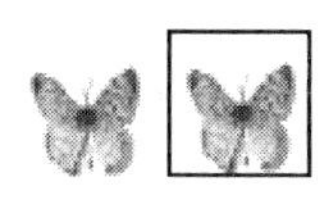

图 2-6　示例效果

4．<meta>标记

<meta>标记是实现元数据的主要标记，它能够提供文档的关键字、作者、描述等多种信息，在 HTML 的头部可以包括任意数量的<meta>标记。<meta>标记是非成对使用的标记，它的功能如下：

- name：用于定义一个元数据属性的名称。
- content：用于定义元数据的属性值。
- scheme：用于解释元数据属性值的机制。
- http-equiv：可以用于替代 name 属性，HTTP 服务器可以使用该属性来从 HTTP 响应头部收集信息。
- charset：用于定义文档的字符解码方式。使用示例：

```
<meta name = "keywords" content = "webmaster 制作">
<meta name = "description" content = "webmaster 制作">
<meta http-equiv="Content-Type" content="text/html; charset=gb2312">
```

5．<base>标记

<base>标记定义了文档的基础 URL 地址，在文档中所有相对地址形式的 URL 都是相对于这里定义的 URL 而言的。一篇文档中的<base>标记不能多于一个，必须放于头部，而且应该在任何包含 URL 地址的语句之前。<base>标记的功能如下：

- href：指定了文档的基础 URL 地址。该属性在<base>标记中是必须存在的。
- target：target 属性同框架一起使用，它定义了当文档中的链接被点击后，在哪一个框架集中展开页面。如果文档中超级链接没有明确指定展开页面的目标框架集，则使用这里定义的地址代替。使用示例：

```
<base href = "http://www.microsoft.com">
```

6．<link>标记

<link>标记定义了文档之间的包含。在 HTML 的头部可以包含任意数量的<link>标记。<link>标记带有很多参数，下面介绍的是一些常用的参数：

- href：用于设置链接资源所在的 URL。
- title：用于描述链接关系的字符串。
- rel：用于定义文档和所链接资源的链接关系，可能的取值有 Alternate，Stylesheet，Start，Next，Prev，Contents，Index，Glossary，Copyright，Chapter，Section，

Subsection，Appendix，Help，和 Bookmark 等。如果希望指定不止一个链接关系，可以在这些值之间用空格隔开。

◆ rev：用于定义文档和所链接资源之间的反向关系。其可能的取值同 rel 属性相同。

使用示例：

```
<link rel="stylesheet" type="text/css" href="./base.css">
```

2.3 CSS 基础

CSS 是 Cascading Style Sheets（层叠样式表单）的简称。更多的人把它称作样式表。顾名思义，它是一种设计网页样式的工具。借助 CSS 的强大功能，网页将在设计者丰富的想象力下千变万化。

2.3.1 CSS 概述

利用 CSS 样式，不仅可以控制一篇文档中的文本格式，而且采用外部链接的方式，可以控制多篇文档的文本格式。与 HTML 样式不同，对 CSS 样式的定义进行修改时，文档中所有应用该样式的文本格式也会自动发生改变。

CSS 样式通常用名称或是 HTML 标记来表示，HTML 文档中的 CSS 样式不仅可以控制大多数传统的文本格式属性，例如字体、字号和对齐方式，还可以定义一些特殊的 HTML 属性，例如定位、特别效果和鼠标轮替等。

CSS 样式的定义代码一般书写在 HTML 文档的头部，通常由一系列的样式定义组成。它可以应用到使用标准 HTML 标记所格式化的文本上；可以定义到通过 class 属性所定义范围的文本上；也可以应用到其他符合 CSS 标准规范的文本上。

Dreamweaver CS6 提供了对 CSS 样式创作的完美支持，无需编写代码即可实施 CSS 最佳做法。用户可以直接在“属性”面板中新建 CSS 规则，并在样式级联中清晰、简单地显示每个属性的相应位置，从而可以更方便地为元素控制和删除样式。新增的 CSS 检查模式允许开发人员以可视化方式详细显示 CSS 框模型属性，包括填充、边框和边距，轻松切换 CSS 属性，而无需读取代码使用独立的第三方实用程序。利用 CSS 启用/ 禁用功能，开发人员可以直接在 CSS 样式面板去掉注释或重新启用部分 CSS 属性，并可直接查看注释去掉特定属性和值之后页面上具有的效果，而不必直接在代码中做出更改。禁用 CSS 属性只会取消指定属性的注释，而不会实际删除该属性。Dreamweaver CS6 附带 16 个可供选择的不同 CSS 布局，每个布局模板中都有丰富的内联注释解释布局，初级和中级设计人员不需要了解 CSS 复杂烦琐的语法，就可以快速学会并自定义这些设计，创建出具有专业风格的 CSS 样式以满足自己的需要，并将它们添加到配置文件夹中。

Dreamweaver CS6 还能够识别现存文档中定义过的 CSS 样式，这更方便用户对现有文档进行修改。不仅如此，还可以通过 Dreamweaver CS6 的用户界面直接访问 Adobe CSS Advisor 网站。该网站包含有关最新 CSS 问题的信息，它可以方便地为用户提供建议和改进意见，或者方便地添加新的问题以使整个社区都能够从中受益。

在 Dreamweaver CS6 中，CSS 呈现功能有了显著改善，从而能够在大多数浏览器中呈现复杂的 CSS 布局。它完全支持高级 CSS 技术，如溢出、伪元素和表单元素。借助 HTML5 扩展包，Dreamweaver CS6 还可以支持对 CSS 3 代码提示，改进 CSS 3 实时预览效果。

2.3.2 CSS 样式表的组成

样式表由样式规则组成，告诉浏览器怎样去呈现一个文档。有很多将样式规则加入到 HTML 文档中的方法。但最简单的启动方法是使用 HTML 的 STYLE 组件，这个元素放置于文档的 HEAD 部分，包含网页的样式规则。CSS 样式表每个规则的组成包括一个选择符（通常是一个 HTML 的元素，例如 body、p 或 em）和该选择符所接受的样式。有很多的属性可用于定义一个元素，每个属性带一个值，共同描述选择符应该如何呈现。样式规则组成如下：

```
选择符 {属性 1: 值 1; 属性 2: 值 2}
```

单一选择符的复合样式声明应该用分号隔开。以下是一段定义了 H1 和 H2 元素的颜色和字体大小属性：

```
<HEAD>
<TITLE>第一个 CSS 例子</TITLE>
 <STYLE TYPE="text/css">
  H1 { font-size: x-large; color: red }
  H2 { font-size: large; color: blue }
 </STYLE>
</HEAD>
```

上述的样式表告诉浏览器用加大、红色字体去显示一级标题；用大、蓝色字体去显示二级标题。

为了减少样式表的重复声明，组合的选择符声明是允许的。例如，文档中所有的标题可以通过组合给出相同的声明：

```
H1, H2, H3, H4, H5, H6 { color: red; font-family: sans-serif }
```

下面分别绍样式表的各个组成部分：

1．选择符

任何 html 元素都可以是一个 CSS1 的选择符。选择符仅仅是指向特别样式的元素。根据声明的不同可把选择符分为 4 类：

◆ 标签：单个 html 元素作为选择符。例如：

```
P{text-indent: 3em}
```

其中选择符是 P。

◆ 类：为样式规则命名的选择符。一个 html 元素的选择符能有不同的 class （类），因而允许同一元素有不同样式。例如网页制作者希望文本在不同段落使用不同的颜色显示：

```
p.red { color: red }
p.green { color: green }
```

以上的例子建立了 red 和 green 两个类，供不同的段落使用。各标签的 class 属性用于在 html 中指明元素使用的样式类，例如：

<p class=red>段文本</p>

则段内文本使用 p.red 类样式。每个选择符在某一时刻只允许使用一个类。类的声明也可以无须相关元素，例如：

```
.cn01 { font-size: small }
```

在这个例子，名为 cn01 的类可以被用于任何元素。

◆ 复合内容：复合内容选择符只不过是一个用空格隔开的两个或更多的单一选择符组成的字符串。这些选择符可以指定一般属性，并且由于层叠顺序的规则，它们的优先权比单一的选择符大。例如：

```
p em { background: red }
```

这个例子中关联选择符是 p em。这个值表示段落中的强调文本会是红色背景；而标题的强调文本则不受影响。

◆ ID：ID 选择符个别地定义每个元素的成分。这种选择符应该尽量少用，因为它具有一定的局限。一个 ID 选择符的指定要有指示符"#"在名字前面。例如，ID 选择符可以指定如下：

```
#myid{ text-indent: 3em }
```

使用 ID 选择符的方式如下：

```
<p id=myid>文本缩进 3em</p>
```

2．属性

一个属性被指定到选择符是为了使用它的样式。属性包括颜色、边界和字体等。

3．值

值是一个属性接受的指定。例如，属性颜色能接受值 red。

4．注释

样式表里面的注释使用与 C 语言编程中一样的约定方法去指定。CSS1 注释的例子如以下格式：

```
/* COMMENTS CANNOT BE NESTED */
```

5．伪类和伪元素

伪类和伪元素是特殊的类和元素，能自动地被支持 CSS 的浏览器所识别。伪类区别开不同种类的元素，例如 visited links（已访问的连接）和 active links（可激活连接）描述了两个定位锚（anchors）的类型。伪元素指元素的一部分，例如段落的第一个字母。伪类或伪元素规则的形式如选择符：

```
伪类{ 属性: 值 }
伪元素{ 属性: 值 }
```

伪类和伪元素不应用 html 的 class 属性来指定。一般的类可以与伪类和伪元素一起使用，如下：

```
选择符.类: 伪类 { 属性: 值 }
选择符.类: 伪元素 { 属性: 值 }
```

常用的伪类和伪元素有：

◆ 定位锚伪类

伪类可以指定 A 元素以不同的方式显示连接（links）、已访问连接（visited links）和可激活连接（active links）。定位锚元素可给出伪类 link、visited 或 active。一个已访问连接可以定义为不同颜色的显示，甚至不同字体大小和风格。例如：

```
A:link { color: red }
A:active { color: blue; font-size: 125% }
A:visited { color: green; font-size: 85% }
```

◆ 首行伪元素

通常报纸上的文章在文本的首行都会以粗印体而且全部大写地展示。CSS1 包括了这个功能，将其作为一个伪元素。首行伪元素可以用于任何块级元素(例如 P、H1 等)。以下是一个首行伪元素的例子：

```
P:first-line{font-variant: small-caps;font-weight: bold}
```

◆ 首个字母伪元素

首个字母伪元素用于产生加大(drop caps)和其他效果。含有已指定值选择符的文本的首个字母会按照指定的值展示。一个首个字母伪元素可以用于任何块级元素。例如：

```
P:first-letter{font-size: 300%; float: left}
```

则段落中首字母会比普通字体加大 3 倍。

2.3.3 层叠顺序

“层叠”是指浏览器最终为网页上的特定元素显示样式的方式。三种不同的源决定了网页上显示的样式：由页面的作者创建的样式表、用户的自定义样式选择（如果有）和浏览器本身的默认样式。网页的最终外观是由所有这三种源的规则共同作用（或者“层叠”）的结果，最后以最佳方式呈现网页。

实际上，所有在选择符中嵌套的选择符都会继承外层选择符指定的属性值，除非另外更改。例如，一个 body 定义了的颜色值也会应用到段落的文本中。有些情况是内部选择符不继承周围选择符的值，但理论上这些都是特殊的。例如，上边界属性是不会继承的；直觉上，一个段落不会有和文档 body 一样的上边界值。

当使用了多个样式表，样式表需要争夺特定选择符的控制权。在这种情况下，总会有样式表的规则能获得控制权。以下的特性将决定互相竞争的样式表的结果。

1．!important 规则

规则可以用指定的!importan 特指为重要的。一个特指为重要的样式会凌驾于与之对立的其他相同权重的样式。同样地，当网页制作者和读者都指定了重要规则时，网页制作者的规则会超越读者的。以下是!important 声明的例子：

```
body{ background: white; background-repeat: repeat-x ! important }
```

网页制作者和读者都可以去指定样式表。当两者的规则发生冲突，网页制作者的规则会优先于读者的其他相同权重的规则。而网页制作者和读者的样式表都优先于浏览器的内置样式表。网页制作者应该小心地使用!important 规则，因为它们会超越用户任何的!important 规则。例如，一个用户由于视觉关系，会要求大字体或指定的颜色，而且这样的用户会有可能声明确定的样式规则为!important，因为这些样式对于用户阅读网页是极为重要的。任何的!important 规则会超越一般的规则，所以建议网页制作者使用一般的规则以确保有特殊样式需要的用户能阅读网页。

2．计算特性规则

计算特性规则基于它们的特性级别。样式表也可以超越与之冲突的样式表，一个较高特性的样式永远都凌驾于一个较低特性的样式。这只不过是计算选择符的指定个数的一个统计游戏。计算的内容包括：统计选择符中的 ID 属性个数、统计选择符中的 CLASS 属性个数和统计选择符中的 HTML 标记名格式。最后，按正确的顺序写出三个数字，不要加空格或逗号，得到一个三位数。(注意，需要将数字转换成一个以 3 个数字结尾的更大的数)。相应于选择符的最终数字列表可以很容易确定较高数字特性凌驾于较低数字的。以下是一个按特性分类的选择符的列表：

```
#id1{xxx} /* a=1 b=0 c=0 --> 特性 = 100 */
UL UL LI.red{xxx} /* a=0 b=1 c=3 --> 特性 = 013 */
LI.red {xxx}/* a=0 b=1 c=1 --> 特性 = 011 */
LI {xxx}/* a=0 b=0 c=1 --> 特性 = 001 */
```

为了方便使用，当两个规则具同样权重时取后面的那个。

2.3.4 部分常用的属性和值

1．font-family 属性

font-family 用于指定网页中文本的字体。取值可以是多个字体，字体间用逗号分隔。使用示例：

```
body,td,th{font-family: Georgia, Times New Roman, Times, serif;}
```

2．font-style 属性

font-style 属性用于设置字体风格，取值可以是：normal（普通），italic（斜体）或 oblique（倾斜）。使用示例：

```
P{font-style: normal}
H1{font-style: italic}
```

3．font-size 属性

font-size 属性用于设置字体显示的大小。这里的字体大小可以是绝对大小（xx-small、x-small、small、medium、large、x-large、xx-large）相对大小（larger、smaller)、绝对长度（使用的单位为 pt-像素和 in-英寸）或百分比，默认值为 medium。使用示例：

```
h1{font-size: x-large}
o{font-size: 18pt}
li{font-size: 90%}
stong{font-size: larger}
```

4．font 属性

font 属性用作不同字体属性的略写，可以同时定义字体的多种属性，各属性间以空格间隔。使用示例：

```
p{font: italic bold 16pt 华文宋体}
```

5．color 属性

color 颜色属性允许网页制作者指定一个元素的颜色。使用示例：

```
H1{color:black}
H3{color: #ff0000}
```

为了避免与用户的样式表之间的冲突，背景和颜色属性应该始终一起指定。

6．background-color 属性

background-color 背景颜色属性设定一个元素的背景颜色，取值可以是颜色代码或 transparent（透明）。使用示例：

```
body{background-color: white}
h1{background-color: #000080}
```

为了避免与用户的样式表之间的冲突，无论任何背景颜色被使用的时候，背景图像都应该被指定。而大多数情况下，background-image:none 都是合适的。网页制作者也可以使用略写的背景属性，通常会比背景颜色属性获得更好的支持。

7．background-image 属性

background-image 背景图像属性设定一个元素的背景图像。使用示例：

```
body{ background-image: url(/images/bg.gif) }
```

为了那些不载入图像的浏览者，当定义了背景图像后，应该也要定义一个类似的背景颜色。

8．background-repeat 属性

background-repeat 属性用来描述背景图片的重复排列方式，取值可以是 repeat（沿 X 轴和 Y 轴两个方向重复显示图片）、repeat-x（沿 X 轴方向重复图片）和 repeat-y（沿 Y 轴方向重复图片）。使用示例：

```
body {
    background-image:url(pendant.gif);
    background-repeat: repeat-y;
}
```

9．background 属性

background 背景属性用作不同背景属性的略写，可以同时定义背景的多种属性，各属性间以空格间隔。使用示例：

```
P{background: url(/images/bg.gif) yellow }
```

10．line-height 属性

line-height 行高属性可以接受一个控制文本基线之间的间隔的值。取值可以是 normal、数字、长度和百分比。当值为数字时，行高由元素字体大小的量与该数字相乘所得。百分比的值相对于元素字体的大小而定。不允许使用负值。行高也可以由带有字体大小的字体属性产生。使用示例：

```
p{line-height:120%}
```

2.4 动手练一练

1. 直接在记事本里用 HTML 语言写一个基本的网页文件，尽量多用各种标记。
2. 用 CSS 样式控制段落中文本行高为原来的 120%。

2.5 思考题

1. 除了 Dreamweaver，还有哪些编辑器可以用来编辑 HTML 源文件？
2. 有 HTML 源文件如下：

```
<html>
  <head>
    <title>Untitled Document</title>
    <style type="text/css"> p{color: red} </STYLE>
  </head>
  <p><font color=green>颜色控制</font></p>
  </body>
</html>
```

文本“颜色控制”将以什么颜色显示，为什么？

第3章 构建本地站点

本章导读

本章将介绍站点的基本知识及构建本地站点的方法。其内容包括：站点的概念和功能；站点规划和网站制作流程；利用 Dreamweaver CS6 创建本地站点；由已有文件生成站点；对站点的删除、修改、编辑和复制等操作；对站点内文件和文件夹的删除、修改、编辑和复制等操作以及刷新本地站点的方法。

- 本地站点和远端站点
- 网站制作流程
- 创建本地站点
- 管理本地站点

3.1 概述

可以使用 Dreamweaver CS6 来创建单个网页，但大多数情况下，用户可能更希望将这些单独的网页组合起来，成为一个站点。拥有自己的网站，可以说是每个网页创作者的梦想。Dreamweaver CS6 不仅提供网页编辑功能，而且带有强大的站点管理功能。利用 Dreamweaver CS6 可以先在本地计算机的磁盘上创建本地站点，从全局上控制站点结构，管理站点中的各种文档，完成对文档的编辑。在完成站点文档的编辑后，可以利用 Dreamweaver CS6 将本地站点发送到远端 Internet 上的服务器中，创建真正的站点。

所谓站点，可以看作是一系列文档的组合。这些文档之间通过各种链接关联起来，可能拥有相似的属性，例如描述相关的主体，采用相似的设计或实现相同的目的等，也可能只是毫无意义的链接。利用浏览器，就可以从一个文档跳转到另一个文档，实现对整个网站的浏览。

3.1.1 本地计算机和 Internet 服务器

一般来说，我们所浏览的网页都是存储在 Internet 服务器上的。所谓 Internet 服务器，就是用于提供 Internet 服务（包括 WWW、FTP、e-mail 等）的计算机。对于 WWW 浏览服务来说，Internet 服务器主要用于存储 Web 站点和页面。

对于大多数用户来说，Internet 服务器只是一个逻辑上名称，而不是真正的可知实体。因为你不知道该计算机到底有多少台，性能和配置如何、到底放置在什么地方等。所访问的网站，可能存储在大洋彼岸的美国的计算机上，也可能就存储在隔壁的计算机上。但是在浏览网页时，不需要了解它的实际位置，只需要在地址栏输入网址，按下回车键，就可以轻松实现对网页的浏览。

对于浏览网页的客户来说，它们所使用的计算机被称为本地计算机。因为用户直接在计算机上操作，启动浏览器打开网页。本地计算机对于用户来说是真正的实体。

本地计算机和 Internet 服务器之间，通过各种线路（如电话线、ADSL、ISDN 或其他缆线等）连接实现相互的通信。在连接线路中，可能会存在各种各样的中间环节。

3.1.2 本地站点和远端站点

在理解了 Internet 服务器和本地计算机的概念后，了解远端站点和本地站点就很容易了。严格地说，站点也是一种文档的磁盘组织形式，它同样是由文档和文档所在的文件夹组成的。设计良好的网站通常具有科学的结构，利用不同的文件夹，将不同的网页内容分门别类地保存，这是设计网站的必要前提。结构良好的网站，不仅便于管理，也便于更新。

在 Internet 上所浏览的各种网站，归根到底其实就是用浏览器打开存储于 Internet 服务器上的 HTML 文档及其他相关资源。基于 Internet 服务器的不可知特性，通常将存储于 Internet 服务器上的站点和相关文档称作远端站点。

利用 Dreamweaver CS6 可以直接对位于 Internet 服务器上的站点文档进行编辑和管理。但这在很多时候非常不便，因为有很多因素，例如网络速度和网络的不稳定性等，都会对管理和编辑操作带来影响。

既然位于 Internet 服务器上的站点仍然是以文件和文件夹作为基本要素的磁盘组织形式，在这种情况下，能不能首先在本地计算机的磁盘上构建出整个网站的框架，编辑相应的文档，然后再将之放置到 Internet 服务器上呢？答案是可以的，这就是本地站点的概念。

利用 Dreamweaver CS6，可以在本地计算机上创建出站点的框架，从整体上对站点全局进行把握。由于这时候没有同 Internet 连接，因此有充裕的时间完成站点的设计，进行完善的测试。站点设计完毕后，可以利用各种上传工具，例如 FTP 程序，将本地站点上载到 Internet 服务器上，形成远端站点。

3.1.3 Internet 服务程序

有些情况下（例如，站点中包含 JSP 程序），仅仅在本地计算机上，是无法对站点进行完整测试的。这时需要依赖 Internet 服务程序。

在本地计算机上安装 Internet 服务程序，实际上是将本地计算机构建成一个真正的 Internet 服务器，只是可以从本地计算机上直接访问该服务器而已。换句话说，本地计算机和 Internet 服务器已经合二为一。

Apache Web Server 是世界上占有率最高的 Web 服务器产品，可以在包括 SUN Solaris、IBM AIX、SGI IRIX、Linux 和 Windows 在内的许多操作系统下运行。Apache Web Server 下 JSP 可以通过免费的 Apache Jserv 和 GNU JSP、Jakarta-Tomcat 实现，也可以使用商业的 JRUN（LiveSoftware）、Weblogic（BEA）、Websphere（IBM）来实现。

微软的 Windows 应用十分广泛，依据操作系统的不同，应该安装不同的程序，例如，对于 Windows 98，可以安装 Personal Web Server；对于 Windows NT、Windows 2000 、Windows XP 可以安装 Internet Information Server。在安装完 IIS 系列程序后，可以通过访问 http://localhost 地址测试程序是否安装成功。

如果成功安装了 Internet 服务程序，就可以在本地计算机上创建真正的 Internet 环境，对创作的站点进行充分测试，当然，这种测试是不需要真正连入 Internet 的。

3.1.4 上传和下载

上传和下载是在互联网上传输文件的专门术语。一般来说，用户把自己计算机上的文件复制到远程计算机上的过程称作上传；相反，用户从某台远程计算机上复制文件到自己计算机上的过程称作下载。

实际上，在正常的浏览过程中，经常会进行上下载操作。例如在本地计算机上浏览网页，实际上就是将 Internet 服务器上的网页下载到本地计算机上浏览；很多网站（如电子商务网站或免费电子邮件网站），都会要求用户输入用户名称和密码，这实际上就是将用户的信息上载到 Internet 服务器上。

上传和下载操作不仅于此，利用其他的一些工具，例如 FTP 程序等，可以直接将 Internet 服务器上的站点结构及其中的文档下载到本地计算机，经过修改，又可将修改后的网页上载到 Internet 服务器上，实现对站点的更新。

Dreamweaver CS6 改善了 FTP 性能，利用多线程 FTP 传输工具和改良的图像编辑功能，可以有效地设计、开发并发布网站。利用对 jQuery Mobile 和 Adobe PhoneGap™ 框架的更新支持，可以快捷地建立移动应用程序，更快速高效地上传网站文件，缩短制作时间。此外，利用 FTPS 和 FTPeS 通信协定的本地支持，Dreamweaver CS6 可以更安全地部署文件。

3.1.5 网页的设计和出版流程

为了更好地进行站点管理和网页创作，还需要了解在 Dreamweaver CS6 中的网页设计和出版流程，现在介绍如下：

（1）创建站点的第一步是对站点进行规划。需要了解站点的目的，确定它要提供什么服务，网页中应该出现什么内容等。在这一步里，利用一张纸和一支笔就能很好地解决问题。有时候，一个良好的构思，比实际的技术显得更为重要，因为它直接决定站点质量和将来的访问流量。

（2）创建站点的基本结构。利用 Dreamweaver CS6，可以在本地计算机上构建出整个站点的框架，并在各个文件夹中合理地安置文档。如果已经构建了自己的站点，也可以利用 Dreamweaver CS6 来编辑和更新现有的站点。Dreamweaver CS6 可以在站点窗口中以两种方式显示站点结构，一种是目录结构，另一种是站点地图。可以使用站点地图方式快速构建和查看站点原型。

（3）开始具体的网页创作过程。一旦创建了本地站点，就可以在其中组织文档和数据。一般来说，文档就是在访问站点时可以浏览的网页。文档中可能包含其他类型的数据，例如文本、图像、声音、动画和超级链接等。可以利用 Dreamweaver CS6 创建空白的文档，可以利用模板来批量生成具有统一风格的文档，也可以打开和编辑由其他应用程序产生的文档。在文档窗口中可以输入文字和其他资源，例如图像、水平线和其他对象等，它们大多可以通过对象面板或“插入”菜单来完成插入。

（4）在站点编辑完成后，需要将本地的站点同位于 Internet 服务器上的远端站点关联起来，然后定期更新。

3.2 规划站点

在 Dreamweaver CS6 中，“站点”这个术语，既可以用于表示位于 Internet 服务器上的远端站点，也可以用于表示位于本地计算机上的本地站点。一般来说，应该首先在本地计算机上构建本地站点，创建合理的站点结构，使用合理的组织形式管理站点中的文档，并对站点进行必要的测试。在一切都准备好之后，再将站点上传到 Internet 服务器上，以便他人的浏览。

3.2.1 规划站点结构

合理的站点结构，能够加快站点设计，提高工作效率，节省工作时间。如果将一切网页都存储在一个目录下，当站点的规模越来越大时，管理起来就会变得很不容易。因此一般来说，应该利用文件夹来管理文档。

在规划站点结构时，一般应该遵循如下一些规则：

1．用文件夹来保存文档

一般来说，应该用文件夹来合理构建文档的结构。首先为站点创建一个根文件夹（根目录），然后在其中创建多个子文件夹，再将文档分门别类存储到相应的文件夹中，必要时可以创建多级子文件夹。

例如，可以在 About 文件夹中放置用于说明公司介绍的网页；可以在 Product 文件夹中放置关于公司产品方面的网页。

2．使用合理的文件名称

使用合理的文件名非常重要，特别是在网站的规模变得很大时。文件名应该容易理解，让人看了就能够知道网页表述的内容。

如果不考虑那些仍然使用不支持长文件名操作系统的用户，那么可以使用长文件名来命名文件，以充分表述文件的含义和内容；如果用户中可能仍然有人使用不支持长文件名的操作系统，则应该尽量用短文件名命名文件。

尽管中文文件名对于中国人来说，更清晰易懂，但是应该避免使用中文文件名，因为很多 Internet 服务器使用的是英文操作系统，不能对中文文件名提供很好的支持；而且浏览网站的用户也可能使用英文操作系统，中文的文件名称同样可能导致浏览错误或访问失败。如果实在对英文不熟悉，可以用汉语拼音作拼写文件名称。

很多 Internet 服务器采用 Unix 操作系统，它是区分文件的大小写的。例如 Index.html 和 index.html 是完全不同的两个文件，而且可以同时出现在一个文件夹中。因此，建议在构建的站点中，全部使用小写的文件名称。

3．合理分配文档中的资源

文档中不仅仅是文字，它还可以包含其他任何类型的对象，例如图像、声音、动画等，这些文档资源通常不能直接存储在 HTML 文档中，因此需要考虑它们的存放位置。

一般来说，可以在站点中创建一个 Resource（资源）文件夹，然后将相应的资源保存在该文件夹中。

有两种方式存储资源，一种是整个站点共用一个 Resource 文件夹，所有的文档资源都保存在其中。当然，在 Resource 文件夹中可以再有子文件夹，按照不同的文档或不同的资源类型，分门别类地存储。

另一种存储资源的方式是在每个存储不同类型文档的文件夹中都创建一个 Resource 文件夹，然后在其中按类型分门别类地存储资源。

两种存储方式各有其便利之处，建议采用前一种方式，因为它可以从整体上对整个文档的资源进行保存和控制，避免存储资源的浪费。

4．将本地站点和远端站点设置为同样的结构

为了便于维护和管理，应该将远端站点的结构设计成与本地站点相同。这样在本地站点上进行文件夹和文件上的操作，都可以与远端站点上的文件夹和文件一一对应。当操作完本地站点后，利用 Dreamweaver CS6 将本地站点上传到 Internet 服务器上，可以保证远端站点是本地站点的完整复制，以免发生错误。

3.2.2 规划站点的浏览机制

很多站点都会包含多个网页，如何让用户知道这些网页并访问它们，这是网站创建者

必须考虑的事情。如果用户不知道如何访问需要的网页，也就无法得到他们想获得的信息，网站的目的也就没有达到。

一般来说，应该在网站创建时期规划站点的浏览机制。目的是提供清晰易懂的浏览方法，采用标准统一的网页组织形式，引导用户轻松自如地访问每个他们要访问的网页。

在规划站点的浏览机制时，一般可以考虑如下的方法：

（1）创建返回主页链接。应该在站点的每个页面上，都放置返回主页的链接。我们可能都遇到过这样的事情，在浏览了多个页面之后，迷失了自己的方向，不知道如何返回到最初的地方，很多没有耐心的人会因此失去对当前环境的信任，转而开始浏览其他的网站。如果在网页中包含返回主页的链接，就可以确保用户在不知道自己目前位置的情况下，快速返回到一个熟悉的环境中，继续开始浏览站点中的其他内容。返回主页的链接，能起到很强的挽留用户的作用。

（2）显示网站专题目录。应该在主页或任何一个页面上，提供站点的简明目录结构，引导用户从一个页面快速进入到其他的页面上。很多网站使用框架技术，在页面的顶端或是左端显示当前网站的专题目录，单击相应的链接，就可以从一个专题页面中，快速跳转到另一个专题页面上。

Dreamweaver CS6 的帮助系统实际上就是采用了框架技术，它在页面左方显示专题目录，用户只需单击相应的目录项，即可快速跳转到需要的网页上。

（3）显示当前位置。无论在任何网页上，都要在很明显的地方标出当前网页在站点中的位置，或是显示当前网页说明的主题，以帮助用户了解他们到底在访问什么地方。如果页面嵌套过多，则可以通过创建“前进”和“后退”之类的链接帮助用户浏览。

（4）搜索和索引。对于一些数据型的网站，应该给用户提供搜索的功能，或是给用户提供索引检索的权力，使用户快速查找到自己需要的信息。

Dreamweaver CS6 的帮助系统实际上也采用了这种机制。它利用框架技术，在页面顶端建立了目录、搜索和索引等链接，以便用户快速找到他们需要的信息。

网页在出版后，或多或少会存在一些问题，从用户那里及时获取他们对网站的意见和建议是非常重要的。为了及时从用户处了解到相关信息，应该在网页上提供用户与网页创作者或网站管理员的联系途径。常用的方法是将网页创作者或网站管理员公布在网页上，或是创建一个 E-mail 超级链接，帮助用户快速将信息回馈到网站中。

3.2.3 构建整体的站点风格

站点中的网页风格应该具有统一性，这样能够突出站点要表述的主题，也同时能够帮助用户快速了解站点的结构和浏览机制。

在 Dreamweaver CS6 中，可以利用模板快速批量创建具有相同或相似风格的网页，然后再在这个基础上对网页进行必要修改，以实现网页的风格统一。

文档风格统一化的特征之一就是在多个网页上重复出现某些对象，如文本、图像或声音等。例如，可以在每个网页的左上角放置公司的徽标，在右下角放置创作者的联系地址。

实际创作时，维护这种风格的操作可能并不简单。例如，一个公司的徽标可能由几幅更小的图像和文本组合而成，要放置公司的徽标，不仅需要在页面中插入图像和文本，还需要精确调节它们之间的相对位置，以最后形成徽标。如果要往多个网页上放置徽标，对每个网页都需要进行上述繁琐的操作，而且还可能由于位置摆放得不齐等原因，造成网页间徽标形象的不统一，从而影响网站的整体质量。为了解决这种问题，在 Dreamweaver CS6 中引入了库的概念。在创作网页时，可以将这些被重复使用的东西或组合制作成库并保存起来，当下次要往网页上放置相同对象或组合时，只需要简单地从库中调用就可以了。这不仅简化了操作，而且可以确保页面间对象或组合的绝对一致。

3.3 构建本地站点

3.3.1 创建新站点

Dreamweaver CS6 简化了“站点设置”对话框（即以前版本中的“站点定义”对话框），使设置本地 Dreamweaver 站点更简单。

下面以建立本地站点 cafe 的简单实例演示创建新站点的具体步骤：

（1）启动 Dreamweaver CS6，执行“站点” | “管理站点”命令，弹出“管理站点”对话框，如图 3-1 所示。如果还没有建任何站点，则列表框是空的。

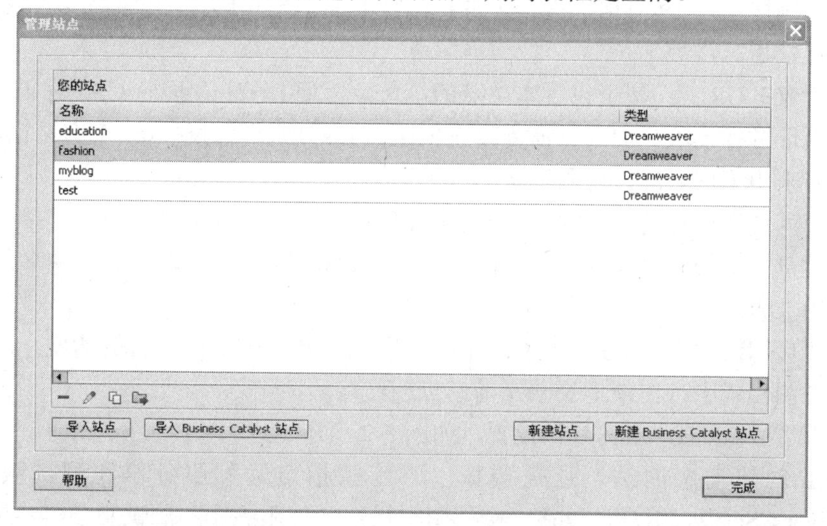

图 3-1 “管理站点”对话框

（2）单击“新建站点”按钮，在弹出的下拉菜单中执行“站点”命令，或直接执行“站点” | “新建站点”命令，在弹出的对话框中单击“站点”选项卡，然后输入站点名称，并指定本地站点文件夹的路径：

- “站点名称”：用于设置新建站点的名称。该名称仅供参考，并不出现在浏览器中。
- “本地站点文件夹”：用于设置本地站点根目录的位置。可以单击其后的文件夹按钮，打开一个对话框，然后从磁盘上定位该目录。也可以直接在文本框中输入绝对地址。

（3）单击“高级设置”选项卡，然后在其子菜单中选择“本地信息”，如图 3-2 所示。

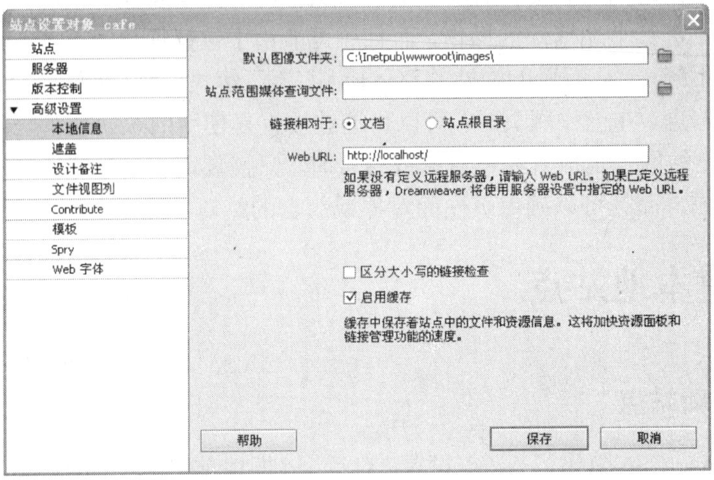

图 3-2　本地信息

对话框中各选项的功能分别介绍如下：

◆ “默认图像文件夹”：用于设置本地站点图像文件的默认保存位置。
◆ “链接相对于”：用于设置为链接创建的文档路径的类型，有文档相对路径或根目录相对路径。
◆ “Web URL”：用于设置本站点的地址，以便 Dreamweaver CS6 对文档中的绝对地址进行校验，如果目前尚没有申请域名，可以暂时输入一个容易记忆的名称，将来申请域名后，再用正确的域名进行替换。
◆ “区分大小写的链接检查”：选中此项后，对站点中的文件进行链接检查时，将检查链接的大小写与文件名的大小写是否相匹配。此选项用于文件名区分大小写的 UNIX 系统。
◆ “启用缓存”：创建本地站点的缓存以加快站点中链接更新的速度，同时在站点地图模式中，清晰地反映当前站点的结构。

（4）设置对话框，本例具体设置，如图 3-2 所示。

如果要创建动态网站，还需要按以下步骤指定远程服务器和测试服务器。在 Dreamweaver CS6 中，用户可以在一个视图中指定远程服务器和测试服务器，从而使用户可以用前所未有的速度快速建立网站，分阶段或联网站点甚至还可以使用多台服务器。

（5）单击“服务器”类别，在图 3-3 所示的对话框中单击添加新服务器按钮+，添加一个新服务器，如图 3-4 所示。

（6）在“服务器名称”文本框中，指定新服务器的名称。该名称可以是所选择的任何名称。

（7）在“连接方法”弹出菜单中选择连接到服务器的方式，如图 3-5 所示。

如果选择“FTP”，则要在“FTP 地址”文本框中输入要上传到的 FTP 服务器的地址、连接到 FTP 服务器的用户名和密码，并单击“测试”按钮测试 FTP 地址、用户名和密码。然后在“根目录”文本框中输入远程服务器上用于存储公开显示的文档的目录（文件夹）。如果仍需要设置更多选项，则展开“更多选项”部分。如图 3-6 所示。

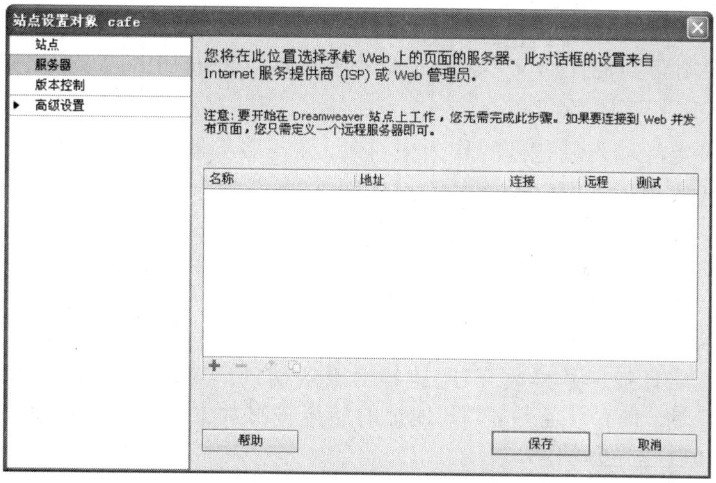

站点设置对象 cafe

站点
服务器
版本控制
高级设置

您将在此位置选择承载 Web 上的页面的服务器。此对话框的设置来自 Internet 服务提供商 (ISP) 或 Web 管理员。

注意：要开始在 Dreamweaver 站点上工作，您无需完成此步骤。如果要连接到 Web 并发布页面，您只需定义一个远程服务器即可。

名称	地址	连接	远程	测试

帮助　保存　取消

图 3-3 “站点设置”对话框

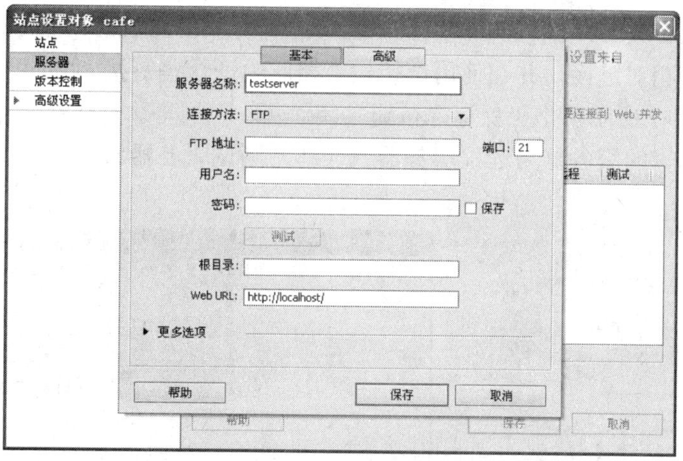

站点设置对象 cafe

站点
服务器
版本控制
高级设置

基本　高级

服务器名称：testserver

连接方法：FTP

FTP 地址：　端口：21

用户名：

密码：　保存

测试

根目录：

Web URL：http://localhost/

更多选项

帮助　保存　取消

图 3-4 “站点设置”对话框

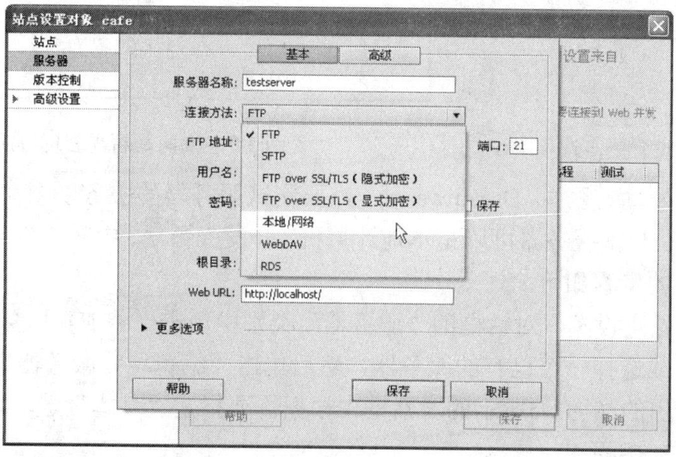

站点设置对象 cafe

站点
服务器
版本控制
高级设置

基本　高级

服务器名称：testserver

连接方法：FTP

FTP 地址：　端口：21

用户名：

密码：　保存

FTP
SFTP
FTP over SSL/TLS（隐式加密）
FTP over SSL/TLS（显式加密）
本地/网络
WebDAV
RDS

根目录：

Web URL：http://localhost/

更多选项

帮助　保存　取消

图 3-5 选择连接服务器的方法

FTP 地址是计算机系统的完整 Internet 名称，如 ftp.mindspring.com。请输入完整的地址，并且不要附带其他任何文本，特别是不要在地址前面加上协议名。如果不知道 FTP 地址，请与 Web 托管服务商联系。

如果不能确定应输入哪些内容作为根目录，请与服务器管理员联系或将文本框保留为空白。在有些服务器上，根目录就是首次使用 FTP 连接到的目录。若要确定这一点，请连接到服务器。如果出现在“文件”面板“远程文件”视图中的文件夹具有像 public_html、www 或用户名这样的名称，它可能就是应该在“根目录”文本框中输入的目录。

注意： 端口 21 是接收 FTP 连接的默认端口。可以通过编辑右侧的文本框来更改默认端口号。保存设置后，FTP 地址的结尾将附加上一个冒号和新的端口号（例如，ftp.mindspring.com:29）。

默认情况下， Dreamweaver 会保存密码。如果希望每次连接到远程服务器时 Dream weaver 都提示输入密码，请取消选择“保存”选项。

（8）在“Web URL”文本框中，输入 Web 站点的 URL。Dreamweaver 使用 Web URL 创建站点根目录相对链接，并在使用链接检查器时验证这些链接。

（9）如图 3-7 所示单击“保存”按钮关闭“基本”屏幕。然后在“服务器”类别中，指定刚添加或编辑的服务器为远程服务器或（和）测试服务器。

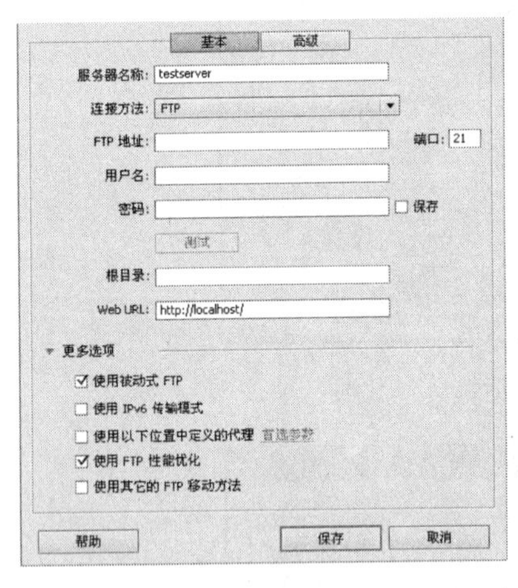

图 3-6　设置更多选项

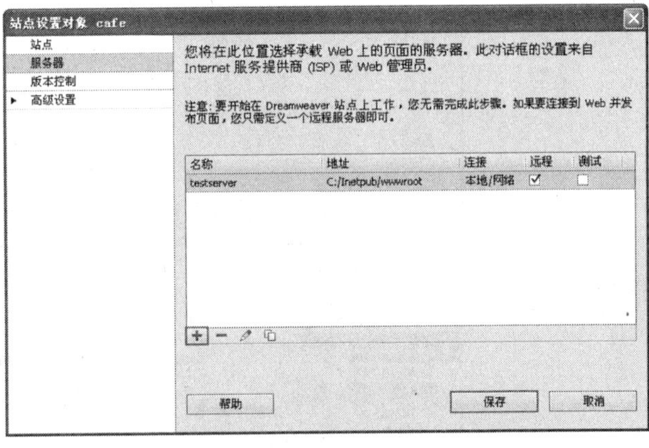

图 3-7　询问是否需要远程服务器

如果计划开发动态网页，Dreamweaver 需要测试服务器的服务以便在进行操作时生成和显示动态内容。测试服务器可以是本地计算机、开发服务器、中间服务器或生产服务器。设置测试服务器的步骤如下：

（10）在“站点设置”对话框的“服务器”类别中单击“添加新服务器”按钮，添加一个新服务器，或选择一个已有的服务器，然后单击“编辑现有服务器”按钮。

（11）在弹出的如图3-5所示的对话框中根据需要指定“基本”选项，然后单击“高级”按钮。如图3-8所示。

注意：

指定测试服务器时，必须在“基本”选项界面中指定 Web URL。

（12）在测试服务器中，选择要用于 Web 应用程序的服务器模型，如图3-9所示。

注意：

从 Dreamweaver CS6 开始，Dreamweaver 将不再安装 ASP.NET、ASP JavaScript 或 JSP 服务器行为。如果正在处理 ASP.NET、ASP JavaScript 或 JSP 页，Dreamweaver 对这些页面仍将支持实时视图、代码颜色和代码提示。无需在“站点设置”对话框中选择 ASP.NET、ASP JavaScript 或 JSP 即可使用这些功能。

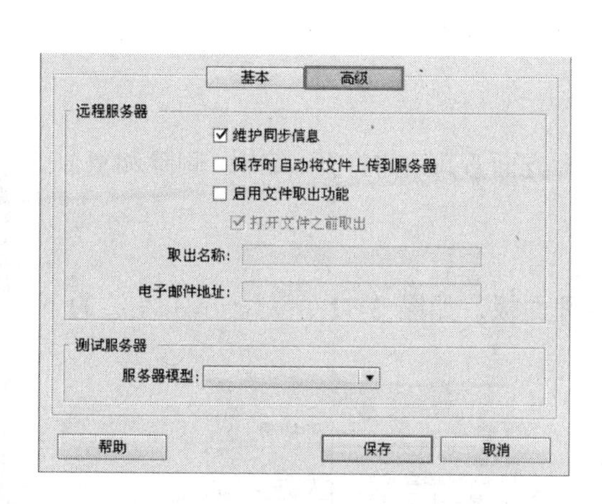

图 3-8　设置远程服务器和测试服务器

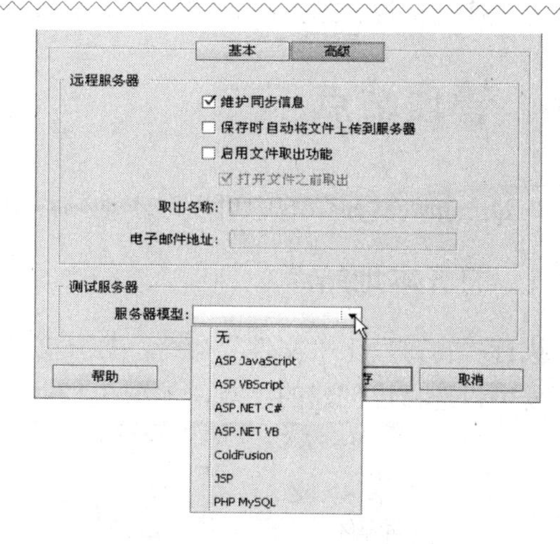

图 3-9　选择服务器模型

（13）单击“保存”按钮，然后在“ 服务器”类别中，指定刚才作为测试服务器而添加或编辑的服务器。

（14）单击对话框中的“确定”按钮，返回“站点管理”对话框。这时对话框里列出了刚创建的本地站点，如图 3-10 所示。

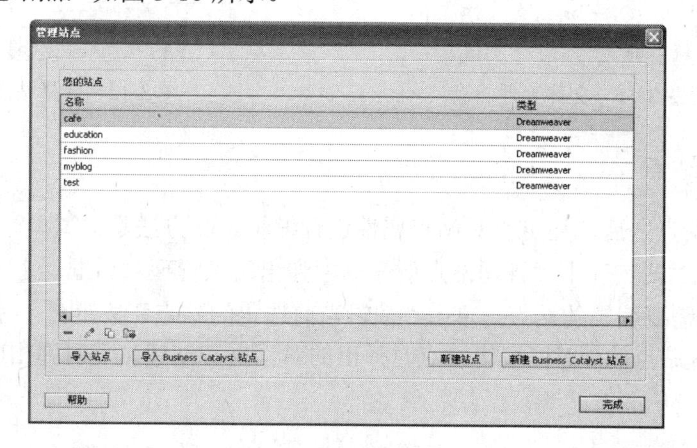

图 3-10　新建的站点

3.3.2 由已有文件生成站点

实际上也可以将磁盘上现有的文档组织当作本地站点打开。这需要在“站点设置”对话框中“站点”的“本地站点文件夹”文本框里填入相应的根目录信息即可。利用该特性，可以对现有的本地站点进行管理。

例如本地计算机 E:\fashion\目录下有一个网站的网页，通过 Dreamweaver CS6 的站点管理，可以由这些网页生成一个站点，便于以后统一管理。

从这里也可以看出站点的概念同文档不同。文档可以是已经存在的，但是站点则是新创建的，换句话说，站点只是文档的组织形式。

3.4 管理站点

在 Dreamweaver CS6 中可以对本地站点进行多方面管理。如打开、编辑、删除和复制。

3.4.1 打开本地站点

执行“窗口”|“文件”命令，打开文件管理面板，如图 3-11 所示。单击左边的下拉列表可以选择已创建的站点，如图 3-12 所示。

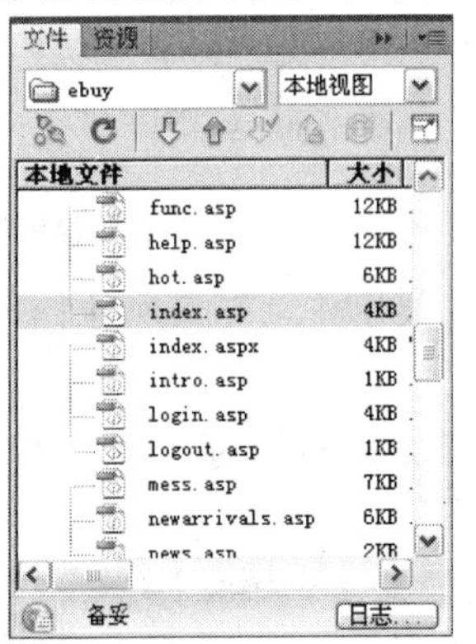

图 3-11 文件管理面板

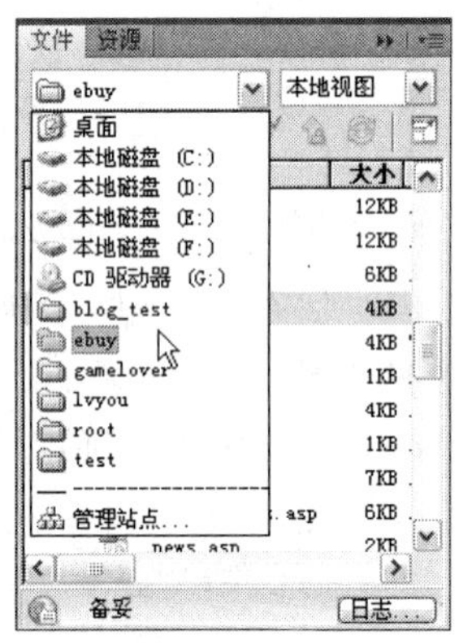

图 3-12 选择站点

3.4.2 编辑站点

在创建了站点之后，还可以对站点属性进行编辑。其方法是：

（1）执行“站点”|“管理站点”命令，弹出站点管理对话框。

（2）选择需要编辑的站点，单击“编辑当前选定的站点”按钮，弹出站点定义对话框，重新设置站点的属性。编辑站点时弹出的对话框和创建站点时弹出的对话框完全一样。

3.4.3 删除站点

如果不再需要利用 Dreamweaver CS6 对某个本地站点进行操作，可以将它从站点列表中删除，删除站点步骤如下：

（1）执行“站点”|“ 管理站点”命令，弹出站点管理对话框。

（2）选择需要删除的站点，单击“删除当前选定的站点”按钮[−]，弹出提示对话框，如图 3-13 所示。

（3）单击“是”，完成站点删除。

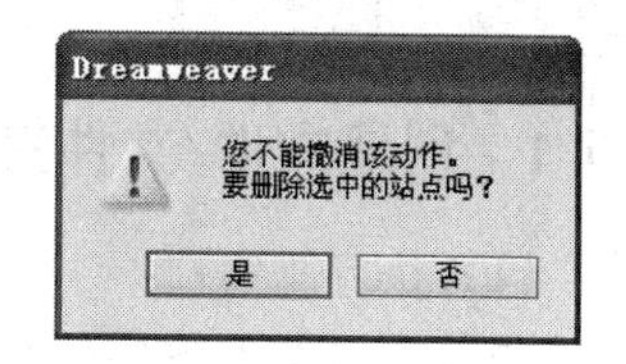

图 3-13 提示对话框

提示： 删除站点实际上只是删除了 Dreamweaver CS6 同该本地站点之间的关系。但是实际的本地站点内容，包括文件夹和文档等，都仍然保存在磁盘相应的位置上。可以重新创建指向其位置的新站点，并进行管理。

3.4.4 复制站点

有时候希望创建多个结构相同或类似的站点，这时可以利用站点的复制特性。首先从一个基准站点上复制出多个站点，然后再根据需要分别对各站点进行编辑，这能够极大地提高工作效率。要复制站点，执行以下步骤：

（1）执行“站点”|“管理站点”命令，弹出“管理站点”对话框。

（2）选择需要复制的站点，单击“复制当前选定的站点”按钮，即可将该站点复制。复制出的站点名称会出现在站点管理对话框的站点列表中，名字采用原站点名称后添加“复制”字样的形式，如图 3-14 所示。

（3）若需要更改默认的站点名字，可以选中新复制出的站点然后单击“编辑当前选定的站点”按钮编辑站点名字等属性。

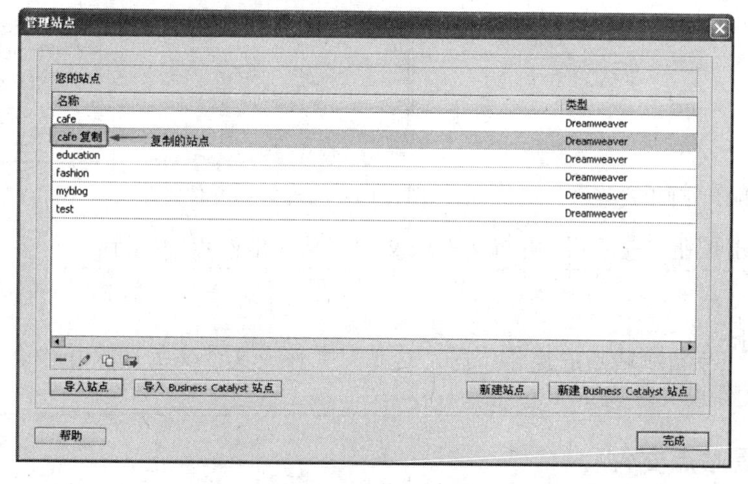

图 3-14 复制站点 cafe

3.5 操作站点文件

无论是创建空白的文件，还是利用已有的文件构建站点，都可能需要对站点中的文件夹或文件进行操作。利用文档窗口，可以对本地站点的文件夹和文件进行创建、删除、移动和复制等操作。

3.5.1 创建文件/文件夹

（1）执行“窗口”|“文件”命令，打开文件管理面板。

（2）单击站点下拉列表选择需要的站点。

（3）单击文件管理面板右上角的选项菜单按钮，弹出图3-15所示的下拉菜单，执行“文件”|“新建文件”或“新建文件夹”命令新建一个文件或文件夹。

（4）单击新建的文件或文件夹名称，使其名称区域处于编辑状态，然后输入文件/文件夹名称，如图3-16所示。

3.5.2 删除文件或文件夹

（1）执行“窗口”|“文件”命令，打开文件管理面板。

（2）单击站点下拉列表选择需要的站点。

（3）选中要删除的文件或文件夹。

（4）按Delete键，系统出现一个“提示”对话框，问是否真正要删除文件或文件夹，如图3-17所示。

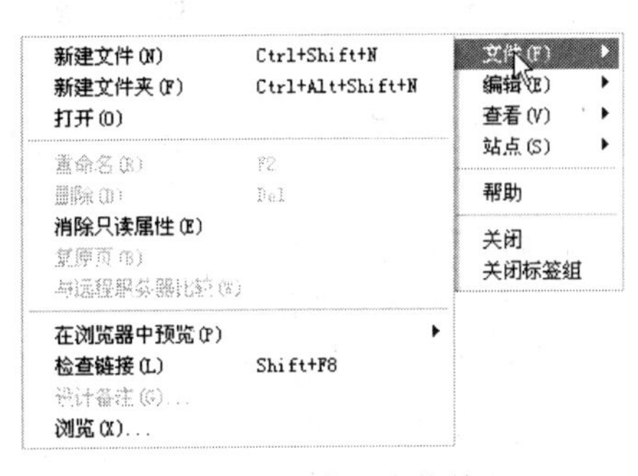

图3-15 弹出式菜单

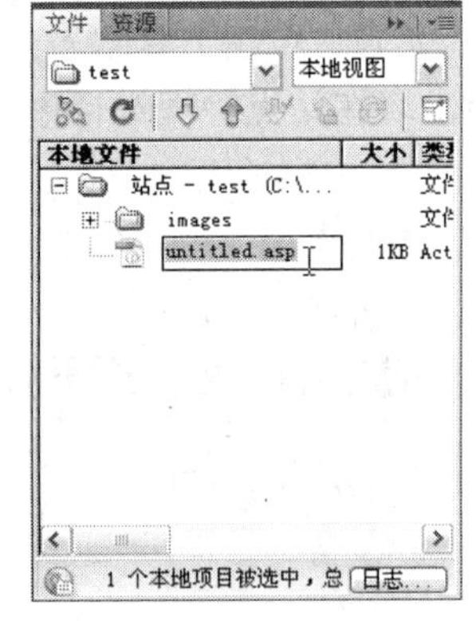

图3-16 修改文件/文件夹名

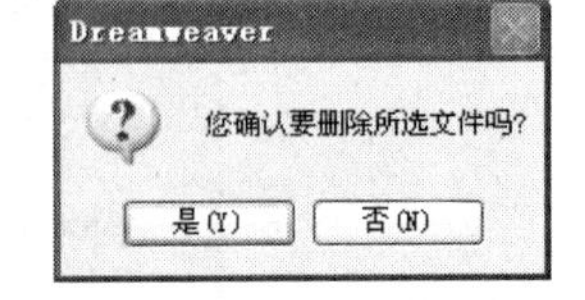

图3-17 提示对话框

（5）单击按钮“是”，即可将文件或文件夹从本地站点中删除。

提示：与删除站点的操作不同，这种对文件或文件夹的删除操作会从磁盘上真正删除相应的文件或文件夹。

3.5.3 编辑站点文件

（1）执行“窗口”|“文件”命令，打开文件管理面板。

（2）单击左边的下拉列表选择需要的站点。

（3）双击需要编辑的文件图标，即可在Dreamweaver CS6的文档窗口中打开此文件进行编辑。文件编辑完毕保存即可完成本地站点中的文件更新。

一般来说，可以首先构建整个站点，同时在各个文件夹中创建好需要编辑的文件。然后再在文档窗口中分别对这些文件进行编辑，最终构建完整的网站内容。

3.5.4 刷新本地站点文件列表

如果在 Dreamweaver CS6 之外对站点中的文件夹或文件进行了修改，则需要对本地站点文件列表进行刷新才可以看到修改后的结果。

如果在定义站点过程中选中了“自动刷新本地文件列表”复选框，则文件列表的刷新操作会自动完成；如果没有选中该复选框，则需要手工刷新文件列表。刷新本地站点文件列表执行以下步骤：

（1）执行“窗口”|“文件”命令，打开文件管理面板。

（2）单击左边的下拉列表选择需要的站点。

（3）单击“文件”面板左上的刷新按钮，即可对本地站点的文件列表进行刷新。

3.6 存储库视图

Dreamweaver 集成了一个版本控制软件 Subversion，可以提供更健全的文件版本控制、回滚等的取出文件/存回文件的体验。Dreamweaver 不是一个完整的 SVN 客户端，却可使用户无需任何第三方工具或命令行界面，获取文件的最新版本，更改和提交文件。

Dreamweaver CS6 扩展了对 Subversion 的支持。借助增强的 Subversion 软件支持，用户可以在本地移动、复制和删除文件，然后将更改与远程 SVN 存储库同步；使用新的还原命令，可以快速更正冲突或回退到以前版本的文件；此外，新扩展还允许用户指定给定项目中使用的 Subversion 版本，提高协作、版本控制环境中的站点文件管理效率。

注意：

Dreamweaver CS6 使用 Subversion 1.6.9 客户端库。更高版本的 Subversion 客户端库不向后兼容。如果读者更新第三方客户端应用程序（如 Tortoise SVN）以使用更高版本的 Subversion，则 Dreamweaver 将无法再与 Subversion 进行通信。

下面简要介绍一下使用存储库视图时常用的一些操作。

3.6.1 建立 SVN 连接

Subversion 是一种版本控制系统。它使用户能够协作编辑和管理远程 Web 服务器上的文件。由于 Dreamweaver CS6 只是集成了 Subversion 客户端，因此在进行存储库视图操作之前，必须建立与 SVN 服务器的连接。

与 SVN 服务器的连接是在“站点定义”对话框的“版本控制”类别中建立的。

（1）执行“站点”/“管理站点”命令，在弹出的“管理站点”对话框中选中需要设置存储库的站点，然后单击“编辑”按钮打开对应的“站点设置”对话框。

（2）在“站点设置”对话框中单击“版本控制”选项卡。

（3）在对话框的“访问”下拉菜单中选择“Subversion”，显示图 3-18 所示的对话框。

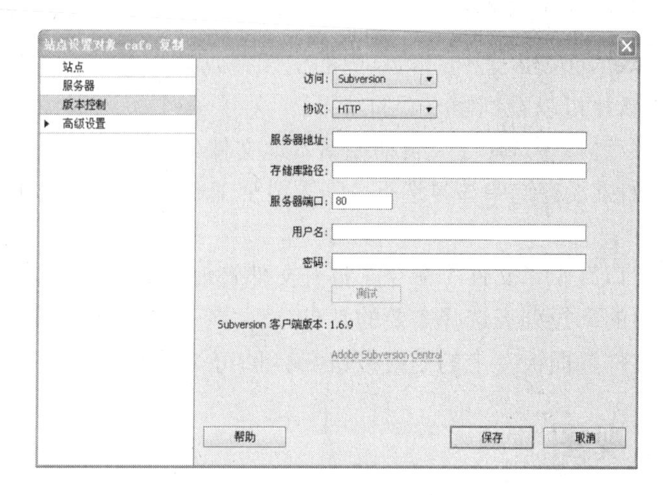

图 3-18 设置访问选项

开始此设置之前，必须获得对 SVN 服务器和 SVN 存储库的访问权限。有关 SVN 的详细信息，请访问 Subversion 网站，网址：http://subversion.tigris.org/。

（4）在“协议”下拉列表中选择协议。可选协议包括 HTTP、HTTPS、SVN 和 SVN+SSH。

注意：

使用 SVN+SSH 协议要求具备特殊配置。有关详细信息，请访问 www.adobe.com/go/learn_dw_svn_ssh_cn。

（5）在“服务器地址”文本框中输入 SVN 服务器的地址。通常形式为：服务器名称.域.com。

（6）在“存储库路径”文本框中键入 SVN 服务器上存储库的路径。其形式通常类似于：/svn/your_root_directory，SVN 存储库根文件夹的命名由服务器管理员确定。

（7）如果希望使用的服务器端口不同于默认服务器端口，则在“服务器端口”区域选择“非默认值”，并在文本框中输入端口号。否则保留默认设置。

（8）在“用户名”和“密码”文本框中分别输入 SVN 服务器的用户名和密码。

（9）设置完毕之后，单击“测试”按钮测试连接。然后单击“确定”按钮关闭对话框。

与 SVN 服务器建立连接后即可在“文件”面板中查看 SVN 存储库。

3.6.2 获取最新版本的文件

从 SVN 存储库中获取最新版本的文件时，Dreamweaver 会将该文件的内容和其相应本地副本的内容进行合并。也就是说，如果上次提交文件后，有其他用户更新了该文件，这些更新将合并到计算机上的本地版本文件中。如果本地硬盘上不存在此文件，Dreamweaver 会直接获取该文件。

注意：

首次从存储库中获取文件时，应使用本地空目录，或使用所含文件与存储库中文件不同名的本地目录。如果本地驱动器包含的文件与远程存储库中的文件同名，Dreamweaver 不会在第一次尝试时，便将存储库文件装入本地驱动器。

获取最新版本的文件的具体步骤如下：

（1）确保已成功建立 SVN 连接。

（2）在“文件”面板的视图下拉列表中选择“本地视图”，然后在文件列表中右键单击所需文件或文件夹，并在弹出的快捷菜单中选择“版本控制”/“获取最新版本”命令。

提示：为获取最新版本，还可以右键单击文件，然后从上下文菜单中选择“取出”命令，或者选择文件并单击“取出”按钮。但由于 SVN 不支持取出工作流程，所以此动作并不是传统意义上的实际取出文件。

3.6.3 提交文件

对网站文件进行修改之后，可将其提交到 SVN，步骤如下：

（1）建立 SVN 连接。

（2）在“文件”面板的“视图”列表中选择“存储库视图”，然后在文件列表中右键单击要提交的文件，并从弹出的上下文菜单中选择“存回”命令。

读者也可以在“本地视图”中右键单击要提交的文件，然后从弹出的上下文菜单中选择“存回”命令。

提示：在“文件”面板的文件列表中，文件上的绿色选中标记表示此文件有更改，但尚未提交到存储库。

3.6.4 更新文件或文件夹的 SVN 状态

获取或提交文件之后，读者可以更新单个文件或文件夹的 SVN 状态。此更新操作不会刷新整个显示。操作步骤如下：

（1）确保已成功建立 SVN 连接。

（2）在“文件”面板的“视图”下拉列表中选择“存储库视图”或“本地视图”。

（3）在显示的文件列表中右键单击存储库或本地文件中的任一文件夹或文件，然后从弹出的上下文菜单中选择“更新状态”，即可更新存储库或本地文件/文件夹的 SVN 状态。

3.6.5 锁定和解锁文件

由于存储库的文件可能会在同一时间被一个或多个小组成员访问或修改，为避免修改文件时其他小组成员访问该文件，可以锁定文件。通过锁定 SVN 存储库中的文件，可以让其他用户知道该文件正在处理。此时，其他用户仍可在本地编辑文件，但必须等到该文件解锁后，才可提交该文件。在存储库中锁定文件时，该文件上将显示一个开锁图标，其他用户会看到完全锁定的图标。锁定和解锁文件的操作步骤如下：

（1）确保已成功建立 SVN 连接。

（2）在“文件”面板的“视图”下拉列表中选择“存储库视图”或“本地视图”。

（3）在显示的文件列表中右键单击存储库或本地文件中所需的文件，然后从弹出的上下文菜单中选择“锁定”或“解锁”命令。

3.6.6　向存储库添加新文件

如果希望将一个新文件添加到存储库，可以执行以下操作：

（1）确保已成功建立 SVN 连接。

（2）在“文件”面板的文件列表中选择要添加到存储库中的文件，单击右键从弹出的快捷菜单中选择“存回”命令。

（3）确保选择要提交的文件已位于“提交”对话框中，然后单击“确定”按钮。

提示：在“文件”面板中，文件上的蓝色加号表示 SVN 存储库中尚没有此文件。

3.6.7　解析冲突的文件

如果文件与服务器上其他文件冲突，可以编辑文件，然后将其标记为已解析。例如，如果尝试存回的文件与其他用户的更改有冲突，SVN 将不允许提交文件。此时，可以从存储库中获取该文件的最新版本，手动更改工作副本，然后将文件标记为已解析，这样就可以提交了。

解析冲突的文件的具体操作步骤如下：

（1）确保已成功建立 SVN 连接。

（2）在“文件”面板的“视图”下拉列表中选择“本地视图”。

（3）在显示的文件列表中右键单击要解析的文件，然后从弹出的上下文菜单中选择“版本控制”/“标记为已解析”命令。

3.7　动手练一练

1. 启动 Dreamweaver CS6 在本机上创建一个站点。
2. 建立 SVN 连接，并使用存储库视图的各项功能。

3.8　思考题

1. 本地站点和远程站点的区别是什么？为什么要建立本地站点？
2. 删除站点和删除站点文件的效果有何不同？

第4章 文本与超链接

本章导读

本章将介绍文本与超级链接的基本知识及使用方法。内容包括：添加普通文本、插入特殊符号和插入日期的方法；对文本的格式设置；三种超级链接的概念与功能；创建各种超级链接的方法，包括使用属性面板创建链接、链接到文档中指定位置、创建指向 E-mail 地址链接等。

- 插入普通文本
- 插入特殊符号和日期
- 创建超链接
- 虚拟链接与脚本链接

4.1 添加网页文本

文字是最重要的传递信息的媒介。一般而言，网页上的信息大多都是通过文字来表达的，它们通过不同的排版方式、不同的设计风格排列在网页上，提供丰富的信息。在制作网页的时候，文本的创建与编辑占了制作工作的很大部分。能否对各种文本控制手段运用自如，是决定网页设计是否美观和富有创意以及提高工作效率的关键。下面向大家介绍Dreamweaver CS6 提供的多种向文档中添加文本和设置文本格式的方法。

4.1.1 添加普通文本

在 Dreamweaver CS6 中输入文本同普通的文本处理软件类似，多种方法可以将文本添加到 Dreamweaver 文档。可以直接在 Dreamweaver 文档窗口中键入文本，也可以从其他文档中剪切并粘贴或导入文本，或从其他应用程序拖放文本。Web 专业人员接收的、包含需要合并到 Web 页面的文本内容的典型文档类型有 ASCII 文本件、RTF 文件和 Microsoft Office 文档。Dreamweaver 可以从这些文档类型中的任何一种取出文本，然后将文本并入 Web 页面中。若要将文本添加到文档，执行下列操作之一：

◆ 直接在文档窗口中键入文本。

◆ 从其他应用程序中复制文本，切换到 Dreamweaver，将插入点定位在文档窗口的设计视图中，然后执行“编辑” | “粘贴”或“选择性粘贴”等命令。

◆ 利用 Dreamweaver CS6 的粘贴选项，可以保留所有源格式设置，也可以只粘贴文本，还可以指定粘贴文本的方式。此外，当使用“粘贴”命令从其他应用程序粘贴文本时，可以将粘贴首选参数设置为默认选项。

◆ 从其他文档导入文本（如 Microsoft Excel 文件或数据库文件）。导入表格式数据将在第 6 章详细讲述。

4.1.2 插入特殊符号

一般来说，在 HTML 中一个特殊字符有两种表达方式：一种称作数字参考，另一种称作实体参考。所谓数字参考，就是用数字来表示文档中的特殊字符，通常由前缀“&#”加上数值再加上后缀“;”组成，其表达方式为：&#D;，其中 D 是一个十进制数值。所谓实体参考，实际上就是用有意义的名称来表示特殊字符，通常由前缀“&”，加上字符对应的名称再加上后缀“;”组成。其表达方式为：&name;，其中 name 是一个用于表示字符的名称，它是区分大小写的。

例如，可以使用“©”和“©”来表示版权符号“©”，用“®”和“®”来表示注册商标符号“®”，很显然，这比数字要容易记忆得多。

遗憾的是，不是所有的浏览器都能够正确认出采用实体参考方式的特殊字符，但是它们都能够识别出采用数字参考方式的特殊字符。如果可能，对于一些特别不常见的字符应该使用数字参考方式。

当然对于那些常见的特殊字符，使用其实体参考方式是安全的。在实际应用中，只要记住这些常用特殊字符的实体参考就足够使用了。

表 4-1 显示了一些常用字符的实体参考和数字参考。

表 4-1　常用的字符及其参考

字符实体参考	字符数字参考	显示
		（空格）
©	©	©
®	®	®
™	™	™
£	£	£
€	€	€
¥	¥	¥
¢	¢	¢
§	§	§
<	<	<
>	>	>
&	&	&
"	"	"
×	×	×
±	±	±
·	¸	•

尽管记忆字符的参考非常不易，但是在 Dreamweaver 中，插入特殊字符却变得非常简单。Dreamweaver 在“插入”面板的“文本”面板上专门设置了常见的特殊字符按钮，只需要单击上面的按钮，即可完成特殊字符的输入。切换到“文本”插入面板，并单击特殊字符下拉箭头后，就可以看到 Dreamweaver 自带的特殊字符，如图 4-1 所示。

下面通过插入两个特殊字符“ § ”和“®”的示例，来演示插入特殊字符的具体步骤。插入后的效果如图 4-2 所示。本例执行以下操作：

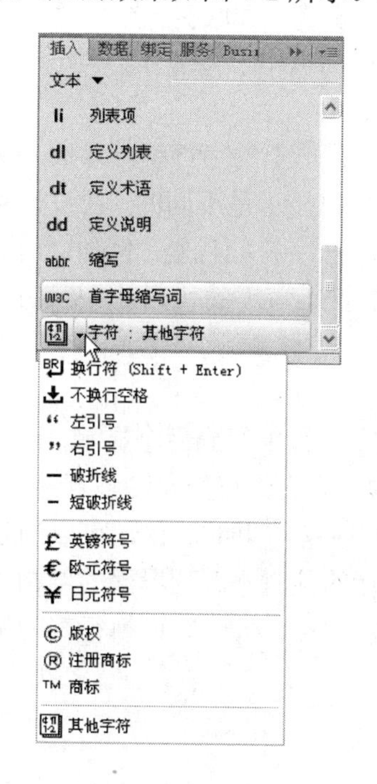

图 4-1　字符面板

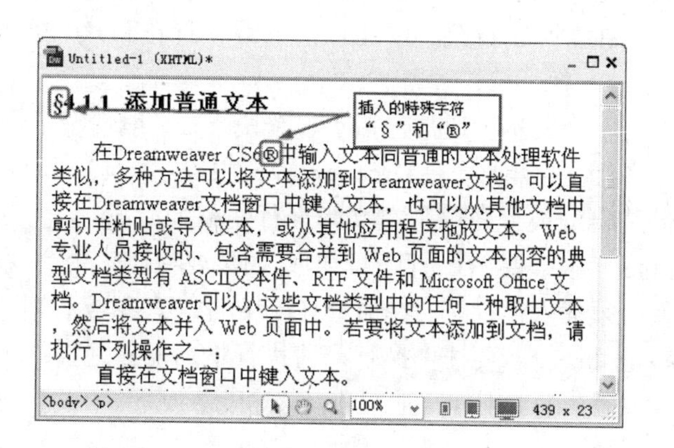

图 4-2　插入特殊字符效果

01 输入网页中的普通文本。

02 在文档中将光标放置在需要插入特殊字符的位置（此时将光标放在数字“4.1.1”的前面）。切换到“插入”/“文本”面板，打开特殊字符弹出菜单。单击“其他字符”按钮。

03 在弹出的对话框中，选择所要插入的字符“ § ”。对话框中的“插入”文本框将显示该字符的代码，如图 4-3 所示。

图 4-3 “插入其他字符”对话框

04 单击“插入其他字符”对话框中的“确定”按钮，符号就插到“4.1.1”前面了。

05 用同样的方法在 Dreamweaver CS6 后面插入符号®。

06 对于特殊字符，也可以使用属性面板对其属性进行设置。选取文档中的“ § ”字符，此时属性面板中的各项属性同一般文本的属性相同。在面板中，将字体“大小”设置为 2。此时就得到图 4-2 显示的效果。

另外对于特殊字符弹出菜单中已有的特殊字符，只要单击菜单上的字符就可以插入所选的字符了。文档中所插入的特殊字符在设计视图和代码视图中显示是不同的，在设计视图中显示的即为所输入的字符，而在代码视图中显示的则是特殊字符的代码。例如，读者输入了特殊字符“ § ”，在代码视图中显示的是“§”，特殊字符“®”的代码是“®”。

在特殊字符菜单中还包括了换行符和非间断空格符。

1．换行符

一个文本中通常包括了多个段落，一般情况下段落不能在一行中得到完全显示，而是由多行文字组成。在 Dreamweaver 中，文本具有自动换行功能，即文本可以自动多行显示，但是自动换行必须是在文本一行结束的时候才能够进行。在段落结束的时候，可以通过 Enter 键实现换行的目的。但是如果要在段落中实现强制换行的同时不改变段落的结构，就必须插入换行符。在 HTML 代码中，段落换行对应的标签是<p>和</p>，而换行符的标签是
。若要插入换行，请执行下列操作之一：

- 直接按 Enter（回车）键段落换行。
- 单击“文本”面板中按钮。
- 执行“插入|HTML|特殊字符|换行符”命令。

◆ 按 Shift+Enter 键。

◆ 在代码视图中相应位置输入代码“
”。

插入换行符换行和直接 Enter（回车）换行在浏览器视图中的区别在图 4-4 体现。

春日
胜日寻芳泗水滨
无边光景一时新
等闲识得东风面
万紫千红总是春

春日

胜日寻芳泗水滨

无边光景一时新

等闲识得东风面

万紫千红总是春

图 4-4 不同换行方式在浏览器中的显示

2．插入非间断空格

HTML 只允许字符之间包含一个空格。若要在文档中添加其他空格，必须插入连续空格。可以设置一个在文档中自动添加连续空格的参数选择。若要设置此参数选择，执行“编辑”|“首选参数”命令，然后在“常规”中确保选中“允许多个连续的空格”，如图 4-5 所示。

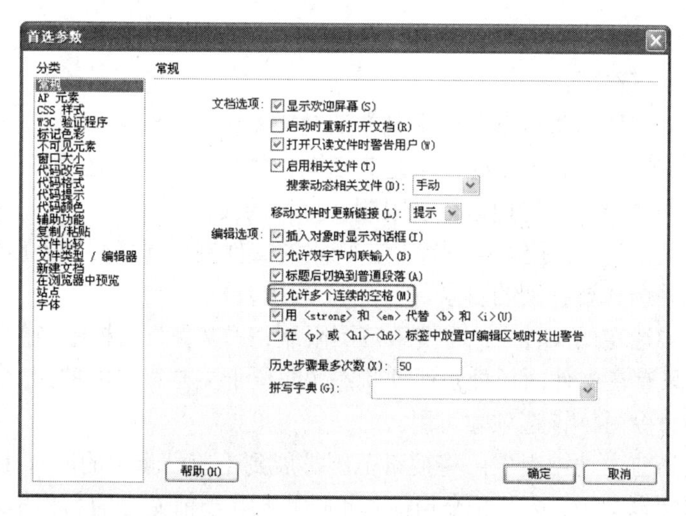

图 4-5 “首选参数”对话框

若要插入连续空格，请执行下列操作之一：

◆ 单击“文本”面板中特殊字符下拉菜单中的插入空格按钮时，会弹出“提示”对话框。

◆ 执行“插入”|“HTML”|“特殊字符”|“不换行空格”命令。

◆ 按 Ctrl + Shift + 空格键。

◆ 在代码视图中相应位置输入“ ”。

单击“文本”面板中特殊字符下拉菜单中的插入空格按钮时会弹出提示对话框，提示特殊字符可能在有些浏览器无法显示。若选中“以后不再显示”复选框，则下次插入非间断空格时不再出现此对话框。

4.1.3 查找和替换文本

可以在当前文档、所选文件、目录或整个站点中搜索文本、由特定标签环绕的文本、HTML 标签和属性。可以使用不同的命令搜索文件，以及搜索文件中的文本和/或 HTML 标签。查找和替换文本的步骤如下：

（1）执行“编辑”｜“查找和替换”命令打开“查找和替换”对话框，如图 4-6 所示。

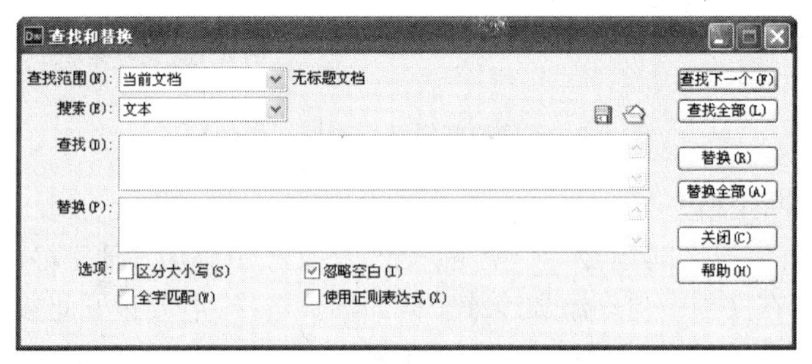

图 4-6 “查找和替换”对话框

（2）在出现的查找和替换对话框中，使用“查找范围”选项指定要搜索的文件，在下拉列表框中有如下选项：

- “当前文档”：将搜索范围限制在活动文本中。
- “所选文字”：将搜索范围限定为活动文档中当前选定的文本。
- “打开的文档”：将搜索范围限制在打开的文档中。
- “文件夹...”：将搜索范围限制在特定的文件夹。选择文件夹后，单击文件夹图标浏览并选择要搜索的目录。
- “站点中选定的文件”：将搜索范围限制在“文件”面板中当前选定的文件和文件夹。只有在文件面板处于活动状态（即位于文档窗口的前面）时选择执行查找和替换命令时，该选项才可用。
- “整个当前本地站点”：将搜索范围扩展到当前站点中的所有 HTML 文档、库文件和文本文档。选择整个当前本地站点后，当前站点的名称出现在弹出菜单的右侧。如果这不是要搜索的站点，请从站点面板的当前站点弹出菜单中选择一个不同的站点。

（3）在“搜索”下拉列表框中选择要执行的搜索类型，下拉列表框中各选项功能介绍如下：

- “源代码”：可以在 HTML 源代码中搜索特定的文本字符串。
- “文本”：可以在文档的文本中搜索特定的文本字符串。
- “文本（高级）”：可以搜索在标签内或者不在标签内的特定文本字符串。
- “特定标签”：可以搜索特定的标签、属性和属性值。

注意：

按 Ctrl + Enter 键或 Shift + Enter 键可以在文本搜索字段中添加换行符，从而搜索回车符。执行此类搜索时，如果不使用正则表达式，则请取消选择“忽略空白”选项。此搜索专门查找回车符，而不是仅查找换行符匹配项；例如，它不查找
标签或<p>标签。回车符在“设计”视图中显示为空格而不是换行符。

（4）在“查找”文本框输入要查找的内容。

（5）在“替换”文本框输入要替换的内容。如果只是查找，则不要在替换文本框输入任何内容。

（6）使用下列选项扩展或限制搜索范围：

- “区分大小写”：将搜索范围限制在与要查找的文本的大小写完全匹配的文本。例如，搜索 the white cat 时不会找到 The white cat。
- “忽略空白”：将所有空白视为单个空格以便进行匹配。例如，选择该选项后，the white cat 与 the   white cat 匹配，但不与 the white c   at 匹配。如果选择了“使用正则表达式”选项，则该选项不可用，必须显式编写正则表达式以忽略空白。注意，<p>和
标签不算作空白。
- “全字匹配”：将搜索范围限制在匹配一个或多个完整单词的文本。使用此选项与通过正则表达式搜索以 \b（词边界正则表达式）开始和结束的字符串效果相同。
- “使用正则表达式”：选项使搜索字符串中的特定字符和短字符串（如?、*、\w 和\b）被解释为正则表达式运算符。例如，对 the * cat 的查找与 the white cat 和 the black cat 都匹配。

提示：如果在代码视图中工作并对文档进行了更改，然后试图查找和替换源代码以外的任何内容，这时会出现一个对话框，提示 Dreamweaver 正在同步两个视图然后再进行搜索。

4.1.4 插入日期

在网页中，经常会看到显示有日期。在 Dreamweaver 中为读者提供了一个插入日期的功能，使用它可以用任意格式在文档中插入当前时间，同时还可以进行日期更新。在文档中插入日期最终的效果如图 4-7 所示。

插入日期的步骤如下：

（1）将插入点放在文档中需要插入日期的位置。

（2）切换“插入”面板中的“常用”面板。

（3）单击“日期“按钮，此时出现“插入日期”对话框，如图 4-8 所示。在对话框中可以选择星期、日期、时间的显示方式。如果读者希望插入的日期在每次保存文档时自动进行更新，可以选择对话框中“储存时自动更新”复选框。

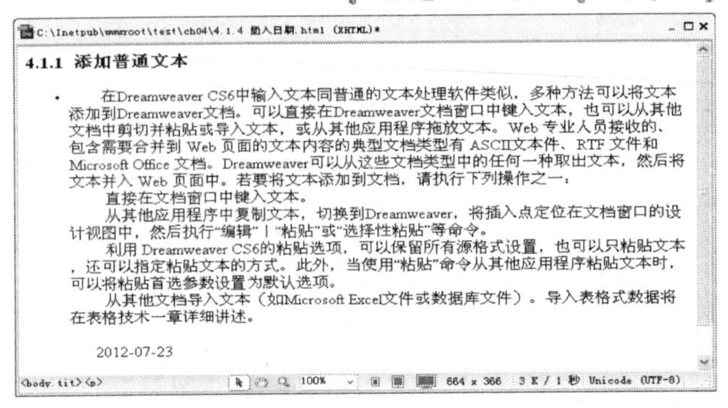

图 4-7　插入日期

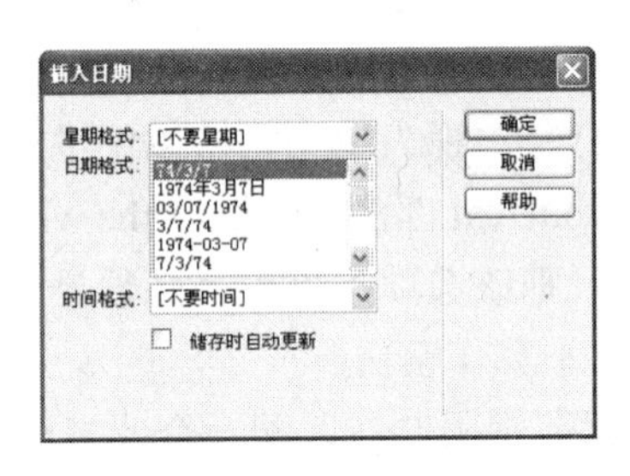

图 4-8　“插入日期”对话框

（4）单击“确定”按钮，此时就在文档中插入了当前的日期。

提示：插入日期对话框中显示的日期和时间不是当前日期，也不反映访问者在查看站点时所看到的日期/时间。它们只是说明此信息显示方式的示例。

4.2　设置文本格式

无论制作网页的目的是什么，文本都是网页中不可缺少的东西。良好的文本格式，能够充分体现文档要表述的意图，激发读者的阅读兴趣。在文档中构建丰富的字体、多种的段落格式以及赏心悦目的文本效果，对于一个专业的网站来说，是必不可少的要求之一。

4.2.1　文本的属性

文本格式的大部实现都可以通过属性设置面板进行设置，属性设置面板是 Dreamweaver CS6 所有对象共有的，但是不同的对象对应不同的属性设置面板。

执行“窗口” | “属性”命令，出现属性设置面板，如图 4-9 所示。

图 4-9　文本属性设置面板

Dreamweaver CS6 简化了 CSS 样式的工作流程，用户可以直接在属性面板中设置、应用 HTML 格式或层叠样式表 (CSS) 格式。应用 HTML 格式时，Dreamweaver 会将属性添加到页面正文的 HTML 代码中；应用 CSS 格式时，Dreamweaver 会将属性写入文档头或单独的样式表中。

打开属性面板之后，单击面板左上角的 <> HTML 按钮，即可设置 HTML 格式，如图 4-9 所示。该属性设置面板中各个选项的功能如下：

◆ “格式”：设置所选文本的段落样式。单击后面的下三角按钮，从打开的下拉列表框中选择一种格式。

“无”是系统的默认设置，从光标所在行的左边开始输入文本，没有对应的 HTML 标识。

“段落”表示将文本内容设置为一个段落。

“标题 1”到“标题 6”用于设置不同级别的标题。

“预先格式化的”用于预定义一个段落。使用该格式，可以在文本中插入多个空格，从而可以任意调整文本等内容的位置。

◆ “ID”：为所选内容分配一个 ID。如果已声明过 ID，则该下拉列表中将列出文档的所有未使用的已声明 ID。

◆ “类”：显示当前应用于所选文本的样式。

如果没有对所选内容应用过任何样式，则弹出式菜单显示“无”。如果已对所选内容应用了多个样式，则弹出式菜单是空的。使用“类”弹出菜单可执行下列操作：

（1）在列表中选择要应用于所选内容的样式。

（2）选择“无”删除当前所选内容应用的样式。

（3）选择“附加样式表”打开一个可以附加外部样式表的对话框。

（4）选择“重命名”可以重新为当前选中的样式命名。

Dreamweaver CS6 支持多 CSS 类选区，即可以将多个 CSS 类应用于单个元素。选择一个元素，执行以下方式之一打开“多类选区”对话框：

（1）在 HTML 属性面板上的“类”下拉列表中选择“应用多个类”。

（2）在 CSS 属性面板上的“目标规则”下拉列表中选择“应用多个类”。

（3）在“文档”窗口底部的标签选择器上单击鼠标右键，在弹出的下拉菜单中选择“设置类”|“应用多个类”。

在“多类选区”对话框中选择所需的多个类。应用多个类之后，Dreamweaver 会根据用户的选择来创建新的多类：

◆ “链接”：创建所选文本的超文本链接。单击文件夹图标浏览站点中的文件，键入 URL，将“指向文件”图标拖到“站点”面板中的文件；或将文件从“站点”面板拖到框中。

◆ “目标”：指定将在其中加载链接文档的框架或窗口。

◆ 标题：为超级链接指定文本工具提示，即在浏览器中，当鼠标移到超级链接上时显示的提示文本。

◆ B：将文本字体设置为粗体。

◆ I：将文本字体设置为斜体。

◆ ：建立无序列表，方法是选择需要建立列表的文本，然后单击该按钮。
◆ ：建立有序列表，方法同无序列表一样。
◆ ：设置文本减少右缩进。
◆ ：设置文本增加右缩进。
◆ 页面属性...：单击此按钮弹出“页面属性”对话框，对页面属性进行设置。
◆ 列表项目...：列表项的属性设置窗口。它的使用方法是将光标放置在任意列表位置，则该按钮变为可用，然后单击该按钮，打开列表属性设置窗口，进行相应的设置。
◆ ：显示与文本属性设置面板有关的帮助信息。
◆ ：打开快速标识符编辑框，可输入 HTML 代码。

从图 4-9 可以看出，在 Dreamweaver CS6 中不能直接在属性面板上利用 HTML 格式化文本的大小、字体、颜色以及在页面中的对齐方式。如果要设置这些属性，可以定义 CSS 规则格式化文本。

单击属性面板左上角的 CSS 按钮，即可设置 CSS 格式，如图 4-10 所示。

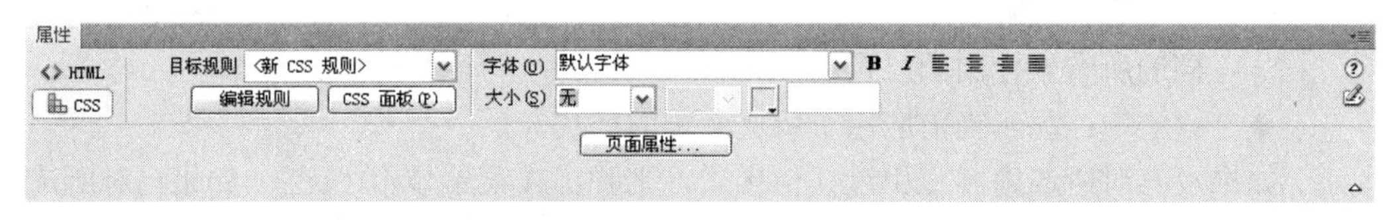

图 4-10　文本属性设置面板

该面板中的各个选项的功能简要说明如下：

◆ 目标规则：在 CSS 属性检查器中正在编辑的规则。在对文本应用现有样式的情况下，在页面的文本内部单击时，将会显示影响文本格式的规则。用户也可以使用“目标规则”下拉菜单创建新的 CSS 规则、新的内联样式或将现有类应用于所选文本。

使用“目标规则”可以执行以下操作：

（1）将插入点放在已应用 CSS 规则的文本块的内部，该规则将显示在“目标规则”弹出菜单中。

（2）从“目标规则”下拉列表中选择一个规则，即可应用于当前选中的文本。

（3）通过使用 CSS 属性检查器中的各个选项对已创建的规则进行更改。

注意：

在创建 CSS 内联样式时，Dreamweaver 会将样式属性代码直接添加到页面的 body 部分。

◆ 编辑规则：单击该按钮可以打开目标规则的“CSS 规则定义”对话框进行修改。

如果从“目标规则”下拉列表中选择了“新建 CSS 规则”选项，然后单击“编辑规则”按钮，则 Dreamweaver 会打开“新建 CSS 规则定义”对话框：

◆ CSS 面板：单击该按钮可以打开“CSS 样式”面板，并在当前视图中显示目标规则的属性。

- "字体"：设置目标规则的字体。如果字体列表中没有需要的字体，可以单击字体下拉列表中的"编辑字体列表"项，在弹出的对话框中设置需要的字体列表。
- "大小"：设置目标规则的字体大小。Dreamweaver CS6 预置了 18 种字号。
- B：向目标规则添加粗体属性。
- I：向目标规则添加斜体属性。
- ≡：向目标规则添加左对齐属性。
- ≡：向目标规则添加居中对齐属性。
- ≡：向目标规则添加右对齐属性。
- ≡：向目标规则添加两端对齐属性。
- ▢：将所选颜色设置为目标规则中的字体颜色。

单击该图标会打开颜色面板，同时鼠标变成吸管的形状，吸管可以吸取屏幕上任何一点的颜色作为文本的颜色（Windows 开始菜单栏中的颜色除外）。如果要限制颜色选取范围，可以单击颜色盒右边的三角按钮，从弹出的下拉菜单中选择颜色样本。如果选择按钮☒，则可以清除当前的颜色设置。用户也可以直接在相邻的文本字段中输入十六进制值（例如 #FF0000）作为字体颜色。

> **注意：**
> "字体"、"大小"、"文本颜色"、"粗体"、"斜体"和"对齐"属性始终显示应用于"文档"窗口中当前所选内容规则的属性。更改其中的任何属性，将会影响目标规则。

4.2.2 设置段落格式

所谓段落，就是一段格式上统一的文本。在文档窗口中，每输入一段文字，按下回车键后，就自动生成一个段落。按下回车键的操作通常被称作硬回车，可以说，段落就是带有硬回车的文字组合。

在 HTML 中，段落主要由标记<p>和</p>所定义，在 Dreamweaver 的文档窗口中，每按下一次回车键，都会自动为上面输入的段落包围上<p>和</p>标记。例如，如下的代码显示了一段文字：

```
<p>网页制作 DIY 系列－Dreamweaver CS6</p>
```

实际有时可以不使用<p>和</p>标记，而是采用其他类型的标记来定义段落。例如，将一行文字设置为"标题 1"格式，实际上是将该行文字两端添加<h1>和</h1>标记，它一方面定义了该行文字的标题级别，另一方面也起到定义该行文字为一个段落的作用。

使用属性面板中的"格式"弹出菜单或"格式"|"段落格式"子菜单可以应用标准段落和标题标签。对段落应用标题标签时，Dreamweaver 自动添加下一行文本作为标准段落。若要更改此设置，请执行"编辑"|"首选参数"命令，然后在"常规"类别中的"编辑选项"下确保取消选中"标题后切换到普通段落"，如图 4-11 所示。

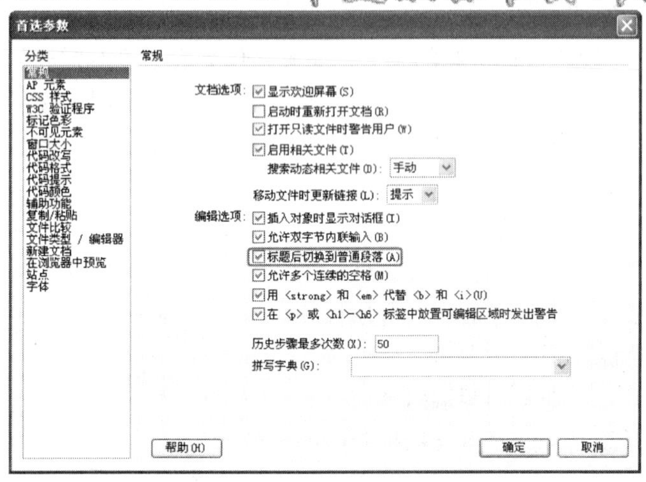

图 4-11　参数设置对话框

4.3　用 CSS 样式格式化文本

CSS（层叠样式表）是一种对文本进行格式化操作的高级技术，从一个较高的级别上对文本进行控制。使用 CSS 设置页面格式时，内容与表现形式是相互分开的。页面内容位于自身的 HTML 文件中，而定义代码表现形式的 CSS 规则位于外部样式表或 HTML 文档的另一部分（通常为 <head> 部分）中。使用 CSS 可以非常灵活并更好地控制页面的外观，从精确的布局定位到特定的字体和样式等，而且可以在文档中实现格式的自动更新。利用 CSS，可以对现有的标记格式进行重新定义，也可以自行将某些格式组合定义为新的样式，甚至可以将格式信息定义于文档之外。

Dreamweaver CS6 一个很大的特点就是全面采用 CSS 样式控制文本、图像、表格等网页元素的样式。而且在以普通方式格式化文本时，会自动生成相应的 CSS 样式，以后要再次使用相同的样式，只需选中对象后在其属性面板的样式下拉菜单中选择自动生成的 CSS 样式即可。

执行“窗口”｜“CSS 样式”命令，或单击属性面板上的“CSS”按钮，即可打开“CSS 样式”面板，如图 4-12 所示。

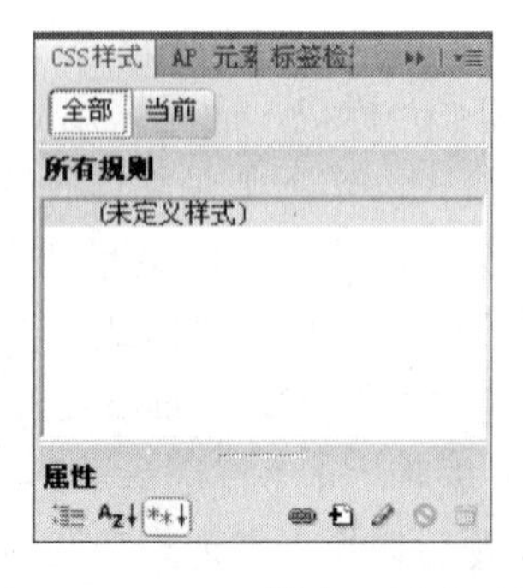

图 4-12　“CSS 样式”浮动面板

Dreamweaver CS6 为最佳做法提供了支持，包括对高级 CSS 的使用。全部 CSS 功能合并在一个面板集合中，并已得到增强。Dreamweaver CS6 提供一组预先设计的 CSS 布局，它们可以帮助用户快速设计好页面并开始运行，并且在代码中提供了丰富的内联注释以帮助用户了解 CSS 页面布局。借助管理 CSS 功能，用户可以轻松地在文档之间、文档标题与外部表之间、外部 CSS 文件之间以及更多位置之间移动 CSS 规则。此外，还可以将内联 CSS 转换为 CSS 规则，并且只需通过拖放操作即可将它们放置在所需位置。用户可以更加轻松、更有效率地使用 CSS 样式。使用新的界面还可以更方便地查看应用于具体元素的样式层叠，从而能够轻松地确定在何处定义了属性。

利用“CSS 样式”面板可以跟踪影响当前所选页面元素的 CSS 规则和属性，或影响整个文档的规则和属性，还可以在不打开外部样式表的情况下修改 CSS 属性。在浮动面板上可以选择两种模式的视图，选择“全部”模式，则列出整份文件的 CSS 规则和属性；选择“当前”模式，则显示当前选取页面元素的 CSS 规则和属性。

“CSS 样式”面板包括以下内容：

- ：附加样式表，打开“链接外部样式表”对话框，选择一个外部样式表分配给当前文档。
- ：新建 CSS 规则，打开“新建 CSS 样式”对话框，为特定文档创建新的样式或创建新的外部样式表。
- ：编辑样式表，打开<样式>对话框，编辑当前文档中或外部样式表中的任何样式。
- ：删除选中样式表中的 CSS 样式。

4.3.1 创建 CSS 样式表

创建一个 CSS 样式的步骤如下：

（1）将插入点放在文档中，然后在 CSS 样式面板中，单击面板右下角区域中的新建 CSS 样式按钮，弹出“新建 CSS 规则”对话框，如图 4-13 所示。或执行“格式”|“CSS 样式”|“新建”命令打开弹出“新建 CSS 规则”对话框。

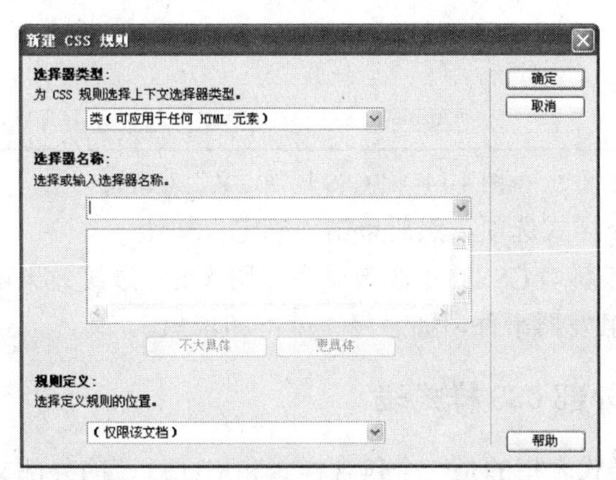

图 4-13 “新建 CSS 规则”对话框

（2）定义要创建的 CSS 样式的类型：若要创建可作为“类”属性应用于任何 HTML 元素的自定义样式，请选择“选择器类型”中的“类（可应用于任何标签）”，然后在“选择器名称”域中输入样式名称。

注意：

类名称必须以英文字母或句点开头，可以包含任何字母和数字组合。不可包含空格或其他标点符号。

若要定义包含特定 ID 属性的标签的自定义样式，请选择“ID（仅应用于一个 HTML 元素）”选项，然后在“选择器名称”文本框中输入唯一 ID。

注意：

ID 必须以英文字母开头，可以包含任何字母和数字组合。不应包含空格或其它标点符号。可选择在名称前添加“#”号。

若要重定义特定 HTML 标签的默认格式，请选择“标签（重新定义特定标签的外观），然后在“标签”域中输入一个 HTML 标签，或从弹出菜单中选择一个标签。

若要定义同时影响两个或多个标签、类或 ID 的复合规则，请选择“复合内容（基于选择的内容）”，然后在“选择器名称”下拉列表中输入一个或多个 HTML 标签，或从弹出式菜单中选择一个标签。

（3）选择定义样式的位置：

若要创建外部样式表，请选择“新建样式表文件”。

若要在当前文档中嵌入样式，请选择“仅限该文档”。

（4）单击“确定”，出现“CSS 规则定义”对话框，如图 4-14 所示。

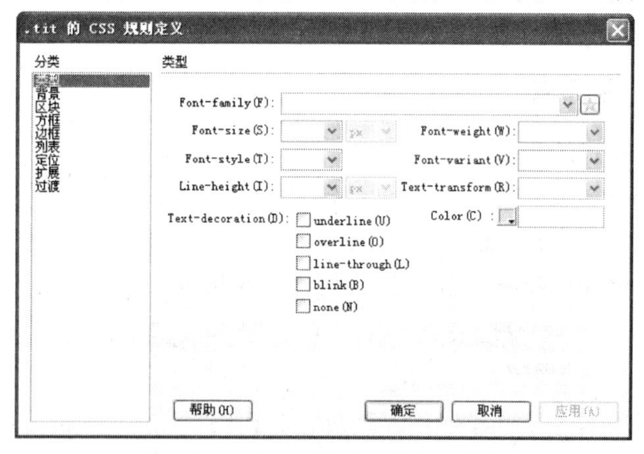

图 4-14　“CSS 规则定义”对话框

（5）设置新 CSS 样式选项，然后单击“确定”按钮。

Dreamweaver CS6 新增 CSS3 过渡效果。使用 CSS 过渡效果可将平滑属性变化应用于页面元素，以响应触发器事件，如悬停、单击和聚焦。

4.3.2　链接/导入外部 CSS 样式表

所谓外部 CSS 样式表指的是一个包含样式和格式规范的外部文本文件。当对一个外部的 CSS 样式表进行了编辑后，所有同该 CSS 样式表链接的文档都会根据所作的修改进行更新。可以通过导出文档中现有的 CSS 样式来创建新的 CSS 样式表，也可以给文档导入或链接一个外部 CSS 样式表来应用样式。

在 Dreamweaver CS6 中执行以下操作将 CSS 样式表链接或导入到文档。

（1）执行“窗口” | “CSS 样式”命令，打开 CSS 样式面板。

（2）在 CSS 样式面板上，单击“附加样式表”按钮，此时会弹出“链接外部样式表”对话框，从中可以选择外部 CSS 样式表的路径，如图 4-15 所示。

（3）选择“链接”或“导入”选项指定和创建用于给文档分配 CSS 样式表的标签，两者的区别在于，导入会将外部 CSS 样式表的信息带入当前文档，而链接则只读取和传送信息，不会转移信息。虽然导入和链接都可以将外部 CSS 样式表中的所有样式调用到当前文档中，但链接可以提供的功能更多，适用的浏览器也更多。

（4）单击对话框中的“浏览”按钮，在弹出的“选择样式表文件”对话框中选择 CSS 文件，如图 4-16 所示。

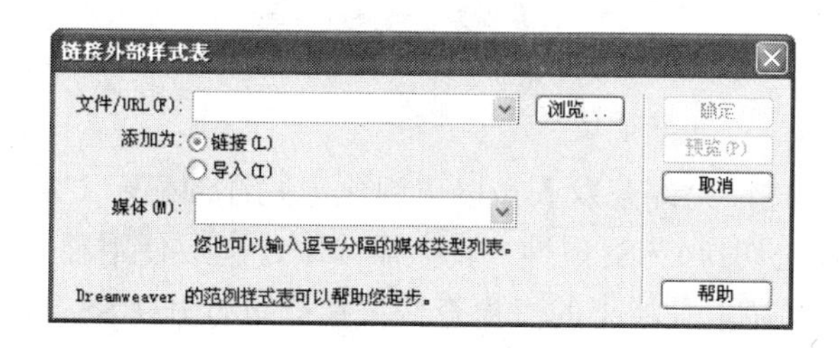

图 4-15 “链接外部样式表”对话框

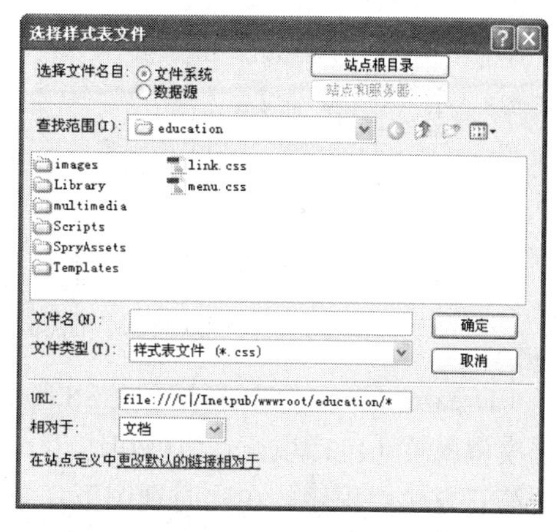

图 4-16 “选择样式表文件” 对话框

（5）在“媒体”弹出式菜单中，指定样式表的目标媒体。

（6）单击“预览”按钮确认样式表是否将所需的样式应用于当前页面。

如果应用的样式没有达到预期效果，单击“取消”删除该样式表，页面回到原来的外观。

（7）单击“确定”按钮，完成链接或导入外部 CSS 样式表。

至此样式表已经分配给当前的 Dreamweaver CS6 文档，表中的样式也会显示在“CSS 样式”浮动面板中。

4.3.3 修改 CSS 样式表

Dreamweaver CS6 提供了多种方式对样式表进行修改。

1．方法一

单击属性面板上的“CSS”按钮，打开“CSS 样式”面板，如图 4-17 所示。双击“所有规则”（“全部”模式下）窗格中的某条规则，或双击“所选内容的摘要”（“当前”模式下）窗格中的某个属性，弹出“CSS 样式定义”对话框。修改好后，单击“确定”完成对样式的修改。

2．方法二

执行“窗口”|“CSS 样式”命令打开 CSS 样式面板，选中要修改的样式后单击底部的“编辑样式表”按钮，打开“CSS 样式定义”对话框。修改好后，单击“确定”按钮完成对样式的修改。

3．方法三

执行“窗口”|“CSS 样式”命令打开 CSS 样式面板，在“所有规则”窗格（“全部”模式下）中选择一条规则，或在“所选内容的摘要” 窗格（“当前”模式）中选择一个属性，然后在下面的“属性”窗格中编辑该规则的属性。如图 4-18 所示。

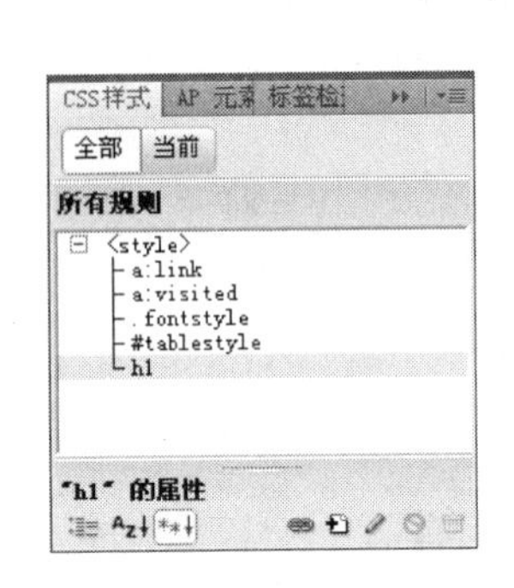

图 4-17 “CSS 样式”面板

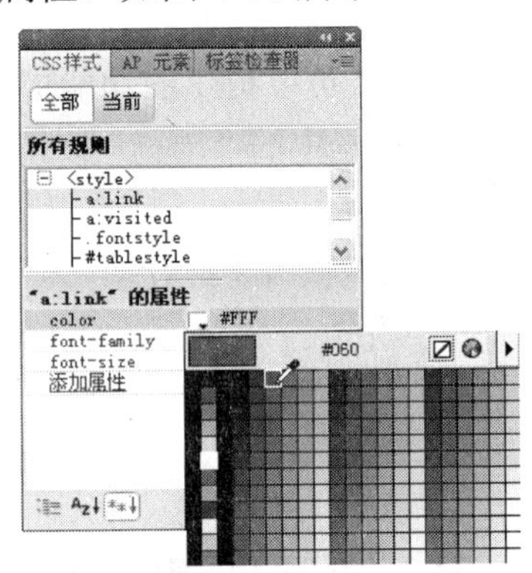

图 4-18 修改 CSS 属性

Dreamweaver CS6 新增了 CSS 检查模式，允许开发人员以可视化方式详细显示 CSS 框模型属性（包括填充、边框和边距），轻松切换 CSS 属性，且无需读取代码或使用独立的第三方实用程序。在实时视图下，单击文档工具栏上的“检查”按钮即可打开 CSS 检查模式。

此外，利用 Dreamweaver CS6 新增的 CSS 启用/ 禁用功能，开发人员可以直接在 CSS 样式面板去掉注释或重新启用部分 CSS 属性，并可直接查看去掉注释特定属性和值之后页面上具有的效果，而不必直接在代码中做出更改。在“CSS 面板”的属性列表中选中要禁用或重新启用的 CSS 属性，然后单击“CSS 面板”右下角的“禁用/启用 CSS 属性”按钮即可。禁用 CSS 属性只会取消指定属性的注释，而不会实际删除该属性。

4.3.4 CSS 样式的应用

下面以一个例子演示 CSS 样式在格式化文本的应用。本例要实现的是，在文档中建立一个链接，用 CSS 样式控制链接文本为隶书字体、无下划线、蓝色；当光标移动到链接文本上方时，文本字体变大并且颜色变成红色。本例效果如图 4-19 所示。

本例制作步骤如下：

01 新建一个文件，在设计视图中输入“CSS 控制链接文本格式”。打开“页面属性”对话框，设置字体为“隶书”，大小为 36。

02 选中文本，在属性面板中“链接”文本框中随意输入若干字符（如 abc），这样文本将成为一个链接。这时按 F12 预览其效果如图 4-20 所示。

03 执行“窗口”|“CSS 样式”命令，在 CSS 样式面板中，单击面板右下角的“新建 CSS 规则”按钮，弹出“新建 CSS 规则”对话框。“选择器类型”选择“复合内容”，

选择器名称为 a:link，规则定义位置为“仅限该文档”。

图 4-19 实例效果

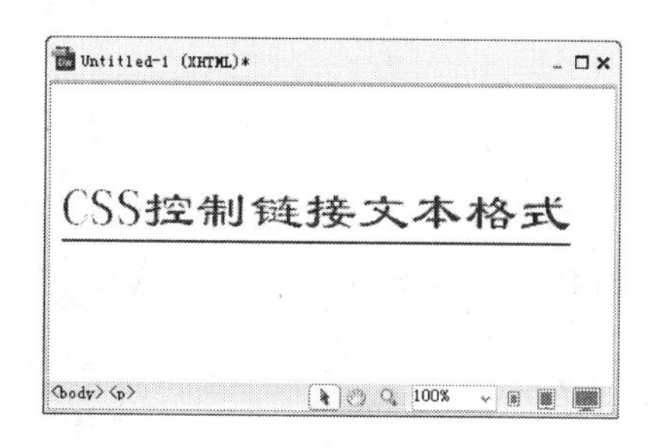

图 4-20 普通链接效果

04 单击“确定”按钮，弹出“CSS 规则定义”对话框。设置对话框中的参数，具体设置如图 4-21 所示。

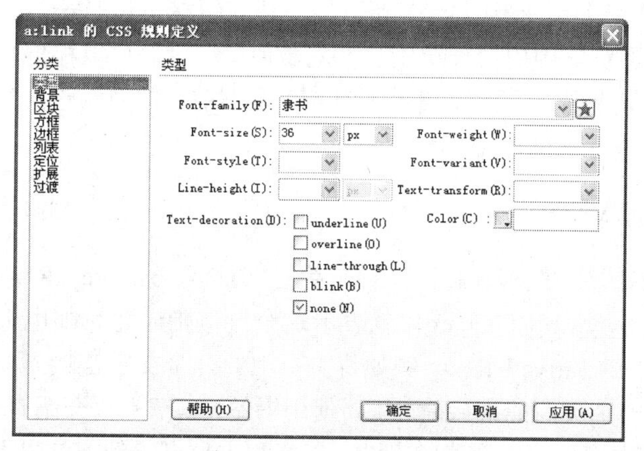

图 4-21 “CSS 规则定义”对话框

05 单击“确定”按钮，完成 a:link 样式的设置。

06 单击在 CSS 样式面板中的“新建 CSS 规则”按钮，弹出“新建 CSS 规则”对话框。“选择器类型”选择“复合内容”，选择器名称为 a:hover，规则定义位置为“仅限该文档”。

07 单击“确定”按钮，弹出“CSS 规则定义”对话框。设置对话框中的参数，具体设置如图 4-22 所示。

08 单击“确定”按钮，完成 a:hover 样式的设置。

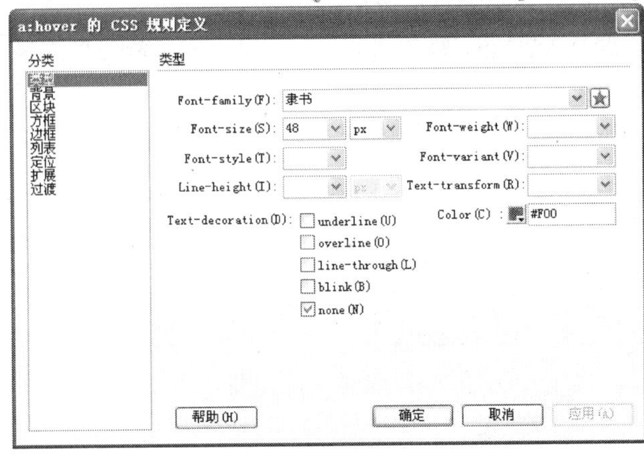

图 4-22 “CSS 规则定义”对话框

至此，实例制作完成，可以按下 F12 键进行测试了。当光标移动到链接文本上方时，文本字体变大并且颜色变成红色；光标移开时，链接文本恢复原来的黑色和小字体。

4.4 添加超级链接

超级链接（HyperLink）是网页与网页之间联系的纽带。通过超级链接的方式可以将各个网页连接起来，使网站中众多的页面构成一个有机整体，使访问者能够在各个页面之间跳转。Internet 的流行就是因为有了超链接。超级链接可以是一段文本，一幅图像或其他网页元素，当在浏览器中用鼠标单击这些对象时，浏览器可以根据指示载入一个新的页面或者转到页面的其他位置。网页离不开链接，本书前面的章节已经用到链接技术，本节就对各种链接技术进行详细介绍。

4.4.1 链接的基本知识

网页上的超级链接一般有 3 种：一种是绝对网址（Absolute URL）的链接，例如链接到一个站点：http://www.bupt.edu.cn，就表示这个链接指向北京邮电大学的主页；第二种是相对网址的链接（Relative URL），例如将主页上的几个文字链接到本站点的其他页面上去；还有一种是同一个页面的链接，这就要使用书签。本章主要介绍有关超级链接的内容，包括其在网页中的表现形式，创建的方法，创建和定位书签的方法以及如何编辑等。读者学后应该能够创建和编辑这几种基本的超级链接。

超级链接由两部分组成，一部分是在浏览网页时可以看到的部分，称为超级链接载体，另一部分是超级链接所链接的目标。在浏览页面时单击链接的载体将会打开该目标。链接的目标可以是网页、图片、视频或声音和电子邮件地址等。关于超级链接的重要概念有：

1．URL

URL 英文全称是 Uniform Resource Locator，中文名称称为统一资源定位符，简单讲就是网络上一个站点、网页的完整地址，相当于个人的通信地址。

比如，在网络上一个完整的 URL 是：http://www.bupt.edu.cn/index.htm。其中 http 代

表传输协议，即超文本传输协议（HyperText Transfer Protocol），它与WWW服务器相对应，需要向有关机构申请。如果是个人站点，现在网络世界很发达，很多站点都提供个人主页的存放空间，制作一个简单的个人站点提交到提供这种服务的服务器上，个人主页就获得了一个完整的URL，全世界的访问者都可以浏览该主页了。

2. 绝对路径

绝对路径提供链接文档的完整URL，包括使用的协议（对于网页通常是 http://）。例如，“http://www.macromedia.com/support/dreamweaver/contents.html”就是一个绝对路径。必须使用绝对路径来链接其他服务器上的文档。也可对本地链接（文档在相同的站点中）使用绝对路径链接；如果将站点移到另一个域中，所有的本地绝对路径链接都将打断。而且，对于本地链接使用相对路径，可以在读者的站点内移动文件时提供很大的灵活性。

3. 文档相对路径

在大多数网站中，文档相对路径是用于本地链接的最合适的路径。在当前文档与链接的文档在同一文件夹中，且很可能长久保留在一起时，文档相对路径是特别有用的。通过指定从当前文档到链接的文档在文件夹分级结构中所经过的路径，也可以用文档相对路径去链接其他文件夹中的文档。文档相对路径所包含的基本概念是省略对于当前文档和链接的文档都相同的绝对URL部分，而只提供不同的那部分路径。

4. 根相对路径

根相对路径提供从站点根文件夹到文档所经过的路径。如果工作于一个使用数台服务器的大型网站或者一台同时作为数个不同站点主机的服务器，那么可能需要使用根相对路径。不过，如果读者不是很熟悉这类路径，还是应该继续使用文档相对路径。

根相对路径以领头的正斜线开始，代表站点的根文件夹。例如，“/bbs/register.html”是一个指向文件 register.html（该文件位于站点根文件夹的 bbs 子文件夹中）的根相对路径。根相对路径对于在一个经常需要将 HTML 文件从一个文件夹移到另一文件夹的网站中指定链接通常是最佳的路径方式。当移动一个包含根相对链接的文档时，不需改变链接。例如，HTML 文件对于相关文件（比如图像）使用的是根相对链接，那么当移动 HTML 文件时，它的相关文件链接仍是有效的。不过，当移动或重命名了用根相对路径链接的文档时，需要更新那些链接，即使文档间彼此的相对路径没有改变。例如，如果读者移动了一个文件夹，所有对那个文件夹中的文件的根相对链接必须更新。如果使用“文件”面板移动或重命名文件，则 Dreamweaver 将自动更新所有相关链接。

5. 锚点（Anchor）

在网页中，需要调转到某一特定位置时，就需要在这个位置建立一个位置标记，点击链接到这个位置标记的元素时，页面跳转到想去的地方。给该位置标记一个名称，以便加以应用，这个位置标记就是锚点。通过创建锚点，可以使链接指向当前文档或者不同文档中的指定位置。锚点通常被用来跳转到特定的主题或者文档的顶部，使访问者能够快速浏览到指定位置，加快信息检索速度。

4.4.2 创建链接

1. 方法一

插入超级链接可通过执行“插入”|“超级链接”命令，或单击“常用”插入面板中

的“超级链接”按钮，打开“超级链接”对话框插入超级链接。操作步骤如下：

（1）将插入点放在文档中希望出现超链接的位置。

（2）打开“超级链接”对话框如图 4-23 所示。

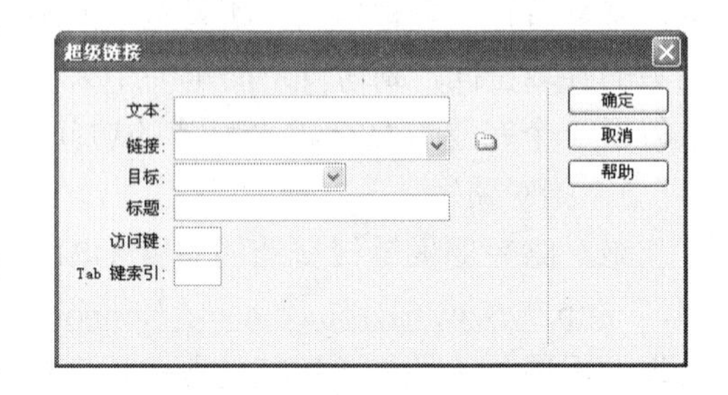

图 4-23　超级链接对话框

（3）在“文本”域中，输入要在文档中作为超级链接显示的文本。

（4）在“链接”文本框中，输入要链接到的文件的名称，或者单击文件夹图标通过浏览选择该文件。

（5）在“目标”弹出式菜单中，选择应该用于打开该文件的窗口。当前文档中所有已命名框架的名称都显示在此弹出式列表中。如果指定的框架不存在，当文档在浏览器中打开时，所链接的页面载入一个新窗口，该窗口使用指定的名称。也可选用下列保留目标名：

◆ _blank：将链接的文件载入一个未命名的新浏览器窗口中。
◆ _parent：将链接的文件载入含有该链接的框架的父框架集或父窗口中。如果含有该链接的框架不是嵌套的，则在浏览器全屏窗口中载入链接的文件。
◆ _self：将链接的文件载入该链接所在的同一框架或窗口中。此目标为默认值，因此通常不需要指定它。
◆ _top：在整个浏览器窗口中载入所链接的文件，因而会删除所有框架。

（6）在“标题”域中，输入超链接的标题。

（7）在“访问键”域中，输入键盘等价键（一个字母）以便在浏览器中选择该链接。

（8）在“Tab 键索引”域中，输入 Tab 键顺序的编号。

2．方法二

在一般的情况下，创建的超级链接都是在属性设置面板的“链接”文本框中完成的。使用属性设置面板可以把当前文档中的文本或图像链接到另一个文档。

（1）在文档窗口中选中需要建立链接的文本或图像。

（2）执行“窗口”｜“属性”命令，出现对应的属性设置面板。在属性设置面板中单击“链接”文本框后面的文件夹图标，在弹出的文件框中选择一个合适的文件。或直接在属性设置面板的链接文本框中输入要链接文档的路径和文件名。还可以拖动链接文本框后面的按钮指向另一个打开的文档，或者打开文档中的某一锚点。

（3）选择被链接文档的载入位置。在默认情况下，被链接文档打开在当前窗口或框架中。要使被链接的文档显示在其他地方，则需要从属性设置面板的“目标”下拉列表框选择一个选项。

操作完成后，可以看到被选择的文本变为蓝色，并且带有下划线。

4.4.3　链接到文档中的指定位置

锚记常用于长篇文章、技术文件等内容的网页，在网页中使用锚点来链接文章的每一个段落，以方便文章的阅读。这样当用户单击某一个超级链接时可以转到相同网页的特定段落。链接到文档中指定位置的步骤如下：

（1）将光标放在欲设置锚点的位置，执行“窗口”|“插入”命令，打开插入面板。单击“插入”面板上的“常用”标签，切换到“常用”插入面板。

（2）单击“插入”面板上命名锚记图标，这时会打开“命名锚记”对话框，如图4-24所示。在“锚记名称”文本框中输入该锚点名称。

图4-24　“命名锚记”对话框

注意：锚记名称只能包含小写ASCII字母和数字，不能以数字开头。如果看不到锚记标记，可选择“查看”|“可视化助理”|“不可见元素”。锚记名称区分大小写。

（3）选择作为超级链接的文字，然后执行“窗口”|“属性”命令，出现属性设置面板。在属性设置面板上的“链接”文本框中输入锚点的名称。

提示：在属性设置面板中的“链接”后的文本输入框中，锚点名称前面需要添加一个特殊的符号“#”。

4.4.4　创建电子邮件链接

有时候为了某种特殊的需要想创建一些有个性的网页，常常在网页中添加一些邮件链接。

（1）选择需要作为邮件链接的文字。

（2）打开属性设置面板。在属性设置面板的链接文本框中输入邮件地址。

提示：在属性设置面板中的链接文本框中，邮件地址前面需要添加“mailto:”，表示该超级链接是邮件链接。

4.4.5　创建空链接和脚本链接

除了可以创建邮件链接外，还可以创建空链接和脚本链接。

（1）如果创建空链接，选择欲作为空链接的文本，然后打开属性设置面板。在属性设置面板“链接”文本框中输入“#”号，即可创建一个空链接，也称作虚拟链接。

（2）如果创建脚本链接，选择需要作为脚本链接的文本，然后打开属性设置面板。在属性设置面板中“链接”文本框中输入脚本，如：“JavaScript:alert('您好，欢迎光临！')”，就创建了一个脚本链接。

在浏览器中浏览时，当把鼠标移动到虚拟链接或脚本链接上时，鼠标的形状变为手形，单击脚本链接时会弹出一个如图 4-25 所示的对话框。

4.4.6 设置链接属性

文本式超级链接载体像普通文本一样可通过属性面板对字体大小、颜色等属性进行设置。此外超级链接还有自己独有的属性。属性控制面板的如图 4-26 所示，各选项功能介绍如下：

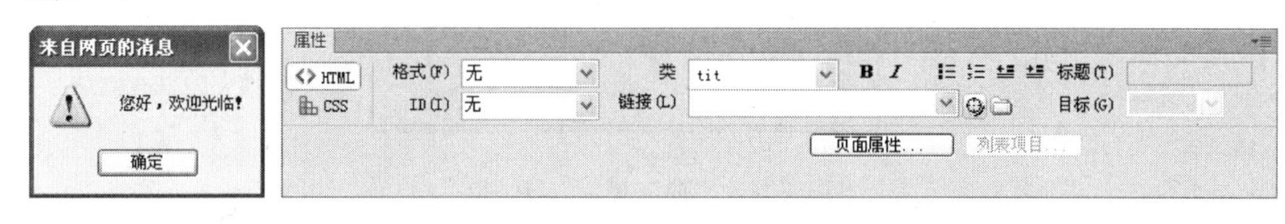

图 4-25 对话框　　　　图 4-26 超级链接属性面板

- “链接”：链接后的文本框内容为将要跳转到的目标地址。
- ：指向文件。通过拖拉该图标建立超级链接。方法如下：执行“站点”｜“在站点定位”命令，出现要链接的文件所在的站点，并找到该文件。在 Dreamweaver CS6 文档窗口中选择需要建立超级链接的文本，然后用鼠标拖拉该图标，当指到要链接的文件时，该文件名上会显示一个选择框。释放鼠标后，则链接文件的地址会显示在“链接”文本框内。
- ：浏览文件。通过该图标也可以建立超级链接。方法如下：先选择需要建立超级链接的文本，然后用鼠标单击该图标，弹出一个文件选择窗口，从该窗口中选择一个要建立超级链接的文件，然后单击“确认”按钮关闭该窗口，也可以在“链接”文本框中直接输入。
- “目标”：设置超级链接打开的页面显示窗口及框架。“目标”下拉列表有_blank、parent、self 和_top 4 个选项，指在不同的窗口打开链接目标网面。

4.5 文本与链接网页实例

下面通过一个实例展示文本添加设置与超级链接的应用，效果如图 4-27 所示。

制作本例请执行以下操作：

01 执行“文件”｜“新建”命令，弹出“新建文档”对话框。在对话框中选择“空白页”类别的 HTML 文件，布局“无”，单击“创建”按钮，创建新文档。

02 切换到“设计”视图，在空白处右击鼠标，在弹出的快捷菜单中执行“页面属性”命令，弹出“页面属性”对话框，见图 4-28 所示。

03 在“背景颜色”文本框输入“#E5EDE5”。

04 单击“分类”列表框中的“标题/编码”选项，在出现的“标题”文本框输入“朱熹名作欣赏”。

05 单击“确定”按钮完成设定网页背景颜色。

图 4-27　实例效果

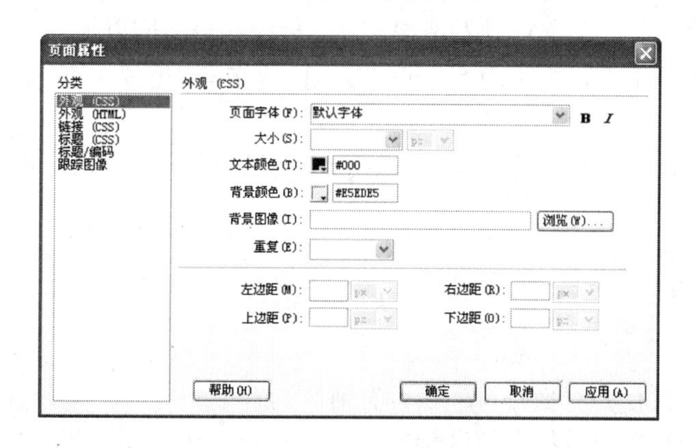

图 4-28　“页面属性”对话框

06 在设计视图中输入文字“联系作者：webmaster，选中“webmaster”在属性面板中单击 CSS 按钮，然后从“目标规则”下拉列表中选择“新 CSS 规则”，并单击“编辑规则”对话框。

07 在“选择器类型”下拉列表中选择“类”，“选择器名称”文本框中输入.style1，然后单击“确定”按钮打开对应的规则定义对话框。

08 在规则定义对话框中，设置字体大小为 16，在字体颜色框输入“#F60”，无修饰。单击“确定”按钮之后，在属性面板上的“链接”文本框中输入“mailto:webmaster@123.com”。完成邮件链接。

09 输入文字“链接到新浪: http://www.sina.com.cn”，选中http://www.sina.com.cn，然后在属性面板的“目标规则”下拉列表中选择.style1，在属性面板上的“链接”文本框中输入http://www.sina.com.cn。

10 输入标题、页内超级链接地址和诗词具体内容。

11 选中“朱熹名作欣赏”，按照第（6）至（8）的方法新建 CSS 规则，字体选“华文行楷”、大小选 24，颜色输入“#336666”，且文本对齐方式为“居中”。

12 将光标定位到词“观书有感”前，执行“插入”|“HTML”|“水平线”菜单命令，插入水平线。同样方法插入另外两条水平线。

13 将光标定位到词“观书有感”前，单击插入面板上的“常用”标签激活常用面板，单击“命名锚记”按钮弹出对话框。

14 在“锚记名称”文本框输入“a1”并单击“确定”按钮插入锚记。用同样方法在另两首词标题前插入锚记，锚记名称按从上到下的顺序分别为“a2”、“a3”。

15 选中导航部分的“观书有感”文字。设置字体大小为 16，链接框中输入“#a1”。用同样方法设置“春日”和“夜雨”的页内链接。

16 执行“文件”|“保存”，弹出“另存为”对话框。输入文件名，按保存按钮保存文件。到此一个综合各种链接的网页做完了，可以用 IE 打开看制作的效果。

4.6 动手练一练

1. 新建一个文档，输入标题及两段文字。标题和段之间以换行符换行，段之间以回车换行。标题字体为隶书，大小为 5，居中显示；段文本颜色为红色（#FFFF00），字体为 3。

2. 新建一个文档，然后在该文档创建一个链接到你邮箱的 E-mail 链接和一个虚拟链接。

4.7 思考题

1. “回车”换行和“换行符”换行有何区别？
2. 页内链接和虚拟链接有何区别？它们分别能起到什么效果？

第5章　图像和媒体

本章导读

本章介绍图像和声音等媒体的基本知识及使用方法。内容包括：图像、声音的基本知识；在网页中插入图像的方法；图像属性的设置，翻转图像、背景图像和图像映射等效果的制作；在网页中插入声音、Flash 视频、Shockwave 电影、ActiveX 控件和 Java applets 等媒体以及对其属性进行设置。还介绍了背景音乐效果的制作。

- 插入图像
- 设置图像的属性
- 制作图像映射
- 插入声音等媒体元素
- 插入背景音乐

5.1 在网页中插入图像

图像在网页中的作用是无可替代的。图像不仅可以修饰网页，使网页美观、图文并茂，而且一幅合适的图片，常常有胜过数篇洋洋洒洒的介绍的效果。

5.1.1 关于图像

虽然存在很多种图形文件格式，但Web页面中通常只使用3种，即GIF、JPEG和PNG。目前GIF和JPEG文件格式的支持情况最好，大多数浏览器都可以查看它们。

由于PNG文件具有较大的灵活性并且文件较小，所以它几乎对任何类型的Web图形都是最适合的。但是Microsoft Internet Explorer（4.0和更高版本）和Netscape Navigator（4.04和更高版本）只能部分支持PNG图像的显示。因此，除非正在为使用支持PNG格式的浏览器的特定目标用户进行设计，否则使用GIF或JPEG，以迎合更多人的需求。各种图形文件格式介绍如下：

- GIF（图形交换格式）：文件最多使用256种颜色，最适合显示色调不连续或具有大面积单一颜色的图像，例如导航条、按钮、图标、徽标或其他具有统一色彩和色调的图像。
- JPEG（联合图像专家组标准）文件格式是用于摄影或连续色调图像的高级格式。这是因为JPEG文件可以包含数百万种颜色。随着JPEG文件品质的提高，文件的大小和下载时间也会随之增加。通常可以通过压缩JPEG文件在图像品质和文件大小之间达到良好平衡。
- PNG（可移植网络图形）文件格式是一种替代GIF格式的无专利权限制的格式，它包括对索引色、灰度、真彩色图像以及alpha通道透明的支持。PNG是Fireworks固有的文件格式。PNG文件可保留所有原始层、矢量、颜色和效果信息（例如阴影），并且在任何时候所有元素都是完全可编辑的。文件必须具有.png文件扩展名才能被Dreamweaver识别为PNG文件。

在Dreamweaver文档中，GIF、JPG和PNG图片都可以加入。这些图片不仅可以直接放在页面上，也可以放在表格、表单以及层里面。在加入图片时，还能直接对图片做一些修改。如在属性面板中为图片添加链接、给图片加上一个边框、改变图片的尺寸、在图片周围加上空白区间以及设定图片对齐方式。还可以通过Dreamweaver的行为创建翻转图片、导航条或图片地图等交互式图片。

使用Dreamweaver的参数设置对话框设定首选图像编辑器（如Fireworks）可以提高整个工作过程的效率。设置首选图像编辑器可以让读者在使用Dreamweaver的同时启用设定的编辑器来修改编辑图像。如果将Fireworks设置成首选图片编辑器的话，在Fireworks里面修改完图片后只需要简单地单击鼠标就可以自动更新Dreamweaver中的图片文件了。

提示：不同浏览器对PNG的支持是不一样的。因此如果使用PNG文件，应该将它们导出为GIF或JPEG，以确保它们具有Web版本。

5.1.2 插入图像

当在 Dreamweaver 文件中插入图片时，Dreamweaver 会自动在网页的 HTML 源代码中生成对该图像文件的引用。为了确保此引用的正确性，该图片文件必须保存在当前站点目录中。如果所用的图片不在当前站点目录中，Dreamweaver 将询问是否将其复制到当前站点目录下。

图像通常用来添加图形界面（例如导航按钮）、具有视觉感染力的内容（例如照片）或交互式设计元素（例如鼠标经过图像或图像地图）。

在 Dreamweaver CS6 中，可以在“设计”视图或“代码”视图中将图像插入文档。在 Dreamweaver 文档中添加图像时，可以设置或修改图像属性并直接在“文档”窗口中查看所做的更改。

在文档中插入图像，可以使用菜单栏中“插入”｜“图像”命令，也可以使用“插入”/“常用”面板中的插入图像按钮。下面通过插入图片和文字的示例，让读者了解插入图片的具体步骤。插入后的效果如图 5-1 所示。

01 新建一个文档，单击“设计”按钮切换到“设计”视图。

02 执行“插入”｜“图像”命令，或单击“插入”浮动面板中“常用”子面板下的“图像”按钮，弹出“选择图像源文件”对话框。

03 在“选择图像源文件”对话框中选择所要插入图像的路径，或者直接在 URL 中输入所要插入图像的路径，此时可以看到图像的预览效果，如图 5-2 所示。如果没选中“预览图像”复选框，将看不到图像的预览效果。

在该对话框中，选中“文件系统”可以选择一个图形文件，选中“数据源”可以选择一个动态图像源。单击“站点和服务器”可以从 web 站点中选择图像文件。

图 5-1　插入图像与文本的效果

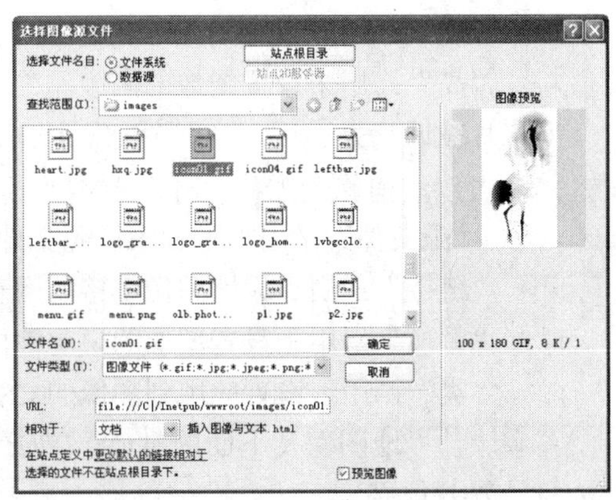

图 5-2　“选择图像源文件”对话框

04 选定图像后，单击“确定”按钮，如果正在编辑的此图像文件没有保存，那么 Dreamweaver 会弹出设定图像文件位置参数的提醒对话框，如图 5-3 所示。

05 单击“确定”按钮，此时将显示“图像标签辅助功能属性”对话框（Dreamweaver CS6 默认在“首选参数”中激活了此对话框），在“替代文本”和“详细描述”文本框中输入值，然后单击“确定”。该图像出现在文档中。

06 输入诗《黄鹤楼》文本。

07 再选中文字和图片，单击属性面板上的居中按钮。保存文件，并用浏览器打开文件得到图 5-1 所示的效果。

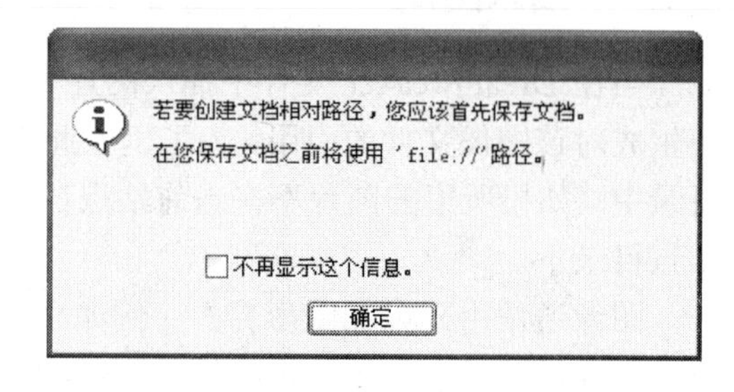

图 5-3　提示对话框

5.1.3　图像的属性

将图像插入文档中后，Dreamweaver CS6 会自动按照图像的大小显示，但往往还要对图像的一些属性进行具体调整，如大小、位置、对齐等。这就要通过图像属性控制面板实现。选中一个图像之后，文档窗口的下方会出现图像属性控制面板，如图 5-4 所示。

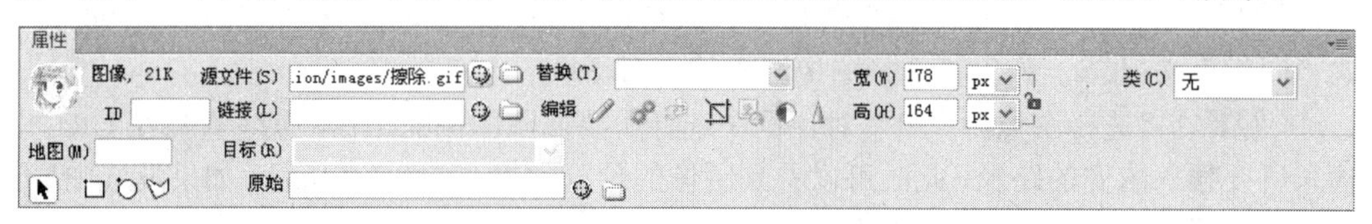

图 5-4　图像的属性设置面板

该图像属性设置面板的各个参数介绍如下：

- “ID”：文本框中输入图像的名称，以后就可以使用脚本语言（如 JavaScript、VBScript）引用它。
- “宽”：用于设置图像的宽度。
- “高”：用于设置图像的高度。

当图片被调整大小后，“宽”和“高”右侧会出现两个按钮。单击“重置为原始大小”按钮，可以取消修改图片尺寸。单击“提交图像大小”按钮，则修改图片尺寸。

- “源文件”：用于设置图像源文件的名称。
- “链接”：用于设置图像链接的网页文件的地址。
- “替换”：用于设置图像的说明性内容，可以作为图像的设计提示文本。
- “类”：用于设置应用到图像的 CSS 样式的名字。

  “地图”及下面的 4 个按钮：用于制作映射图，详细内容会在本章的 5.1.8 节中介绍。

- “目标”：用于设置图像打开的链接文件显示的位置，有 4 个选项，其意义分别如下：_blank 表示打开一个新的窗口显示链接文件；_parent 表示使用包含超级链接的父窗口显示链接的文件；_self 表示使用超级链接所在的窗口或框架显示链接文件，该项是默认值；_top 表示将链接的文件显示在整个浏览器窗口中，而不是所有框架。

- “原始”：用于设置一幅显示在该图像前面的代表图像，用来快速显示主图像的内容。大部分设计者在该处喜欢设置一幅与主图像内容一样的黑白图像或小图像，这样用户在浏览时可以快速了解图像的信息。
- ：用于打开图像处理软件，处理当前选中的图像。
- ：用于打开“图像优化”预览对话框，并优化图像。
- ：用于修剪图片，删去图片中不需要的部分。
- ：当调整图片大小后此按钮可用。用于往调整大小后的图片里增加或减少像素以提高图片质量。
- ：用于改变图片亮度和对比度。
- ：用于改变图片内部边缘对比度。

注意：

Dreamweaver 图像编辑功能仅适用于 JPEG 和 GIF 图像文件格式。其他位图图像文件格式不能使用这些图像编辑功能编辑。

5.1.4 图像大小的设置

所谓图像大小的设置，是指调整图像在文档中显示的宽度和高度，而不是指图像文件的存储大小。可以在 Dreamweaver 的“文档”窗口的“设计”视图中以可视化的形式调整图片的大小，图片的文件大小不发生变化。

在 Dreamweaver 中图像的宽度和高度默认单位为像素（Pixel）。在文档中调整图像的宽度和高度可以通过在图像属性控制面板中设置，也可以直接通过鼠标拖动来改变图像的大小。调整图像大小时，属性检查器的“宽”和“高”域，显示该元素当前的宽度和高度。用鼠标拖动调整图像的大小，执行以下步骤：

（1）在“文档”窗口中选择一个图像。图像的底部、右侧及右下角出现调整大小手柄。如果未出现调整大小手柄，则单击要调整大小的图像以外的部分然后重新选择它，或在标签选择器中单击相应的标签以选择该图像。

（2）执行下列操作调整图像的大小：

- 若要调整图像的宽度，拖动右侧的选择控制点。
- 若要调整图像的高度，拖动底部的选择控制点。
- 若要同时调整图像的宽度和高度，拖动顶角的选择控制点。
- 若要在调整图像尺寸时保持元素的比例（宽高比），在按住 Shift 键的同时拖动顶角的选择控制点。

以可视方式最小可以将元素大小调整到 8×8 像素。若要将元素的宽度和高度调整到更小的大小（例如 1 x 1 像素），在属性检查器相应的域中输入数值。

默认情况下，宽度和高度约束比例缩放。单击“切换尺寸约束”按钮，该按钮图标变为 ，即可取消约束比例，单独缩放图片的宽度和高度。

若要将已调整大小的元素返回到原始尺寸，在属性检查器中删除“宽”和“高”域中的值，或者单击“重置为原始大小”按钮。

提示: 建议只有在以确定布局为目的时才在 Dreamweaver CS6 中以可视的方式调整位图的大小。确定了理想的图像大小之后，在图像编辑应用程序中编辑该文件。对图像进行编辑还可以减少其文件大小，从而缩短下载时间。

5.1.5 创建翻转图像

翻转图像就是当鼠标指针经过图片时，图片会变成另外一张。一个翻转图像其实是由两张图片组成的：第一图像（当页面显示时的图像）和翻转图像（当鼠标经过第一图像时显示的图像）。组成图像翻转的两张图片必须有相同的尺寸。如果两张图片的尺寸不同，Dreamweaver CS6 会自动将第二张图片尺寸调整成与第一张同样大小。

下面，通过创建一个具体翻转图像的示例，了解创建翻转图像的具体操作，最终的创建效果如图 5-5 和图 5-6 所示。

图 5-5 翻转图像效果（翻转前）

图 5-6 翻转图像效果（翻转后）

01 在文档窗口中，将光标置于所要插入翻转图像的地方。

02 执行“插入”|“图像对象”|“鼠标经过图像”命令或单击“插入”/“常用”面板上的下拉箭头图标弹出下拉菜单如图 5-7 所示，在弹出菜单中单击“鼠标经过图像”，此时会弹出插入翻转图像对话框，如图 5-8 所示。

图 5-7 插入图像菜单

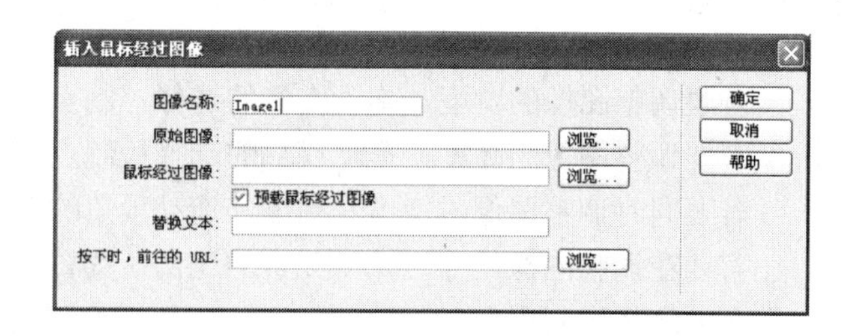

图 5-8 “插入鼠标经过图像”对话框

03 在“图像名称”栏中输入翻转图像的名称。

04 在“原始图像”栏中输入初始图像的路径，或者单击“浏览”按钮，从弹出的对话框中浏览选择所需图像文件。

05 在“鼠标经过图像”栏中输入翻转图像的路径，或者单击“浏览”按钮，从弹出的对话框中浏览选择图像文件。选中“预载鼠标经过图像”前的复选框，这样可以让图片预先加载到浏览器的缓存中，使图片显示速度快一点。

06 单击“确定”按钮保存文件，完成操作。这样完成了翻转图像的创建，可以按下 F12 键在浏览器中观察创建的结果。

5.1.6 设置背景图像

若要定义页面背景的图像，可以使用“页面属性”对话框。如果同时使用背景图像和背景颜色，下载图像时会出现颜色，然后图像覆盖颜色。如果背景图像包含任何透明像素，则背景颜色透过背景图像显示出来。下面通过简单实例演示背景图像的创建过程，最终的效果如图 5-9 所示。

01 执行“修改”|“页面属性”命令，或从文档设计视图的上下文菜单中执行“页面属性”命令，弹出“页面属性”对话框，如图 5-10 所示。

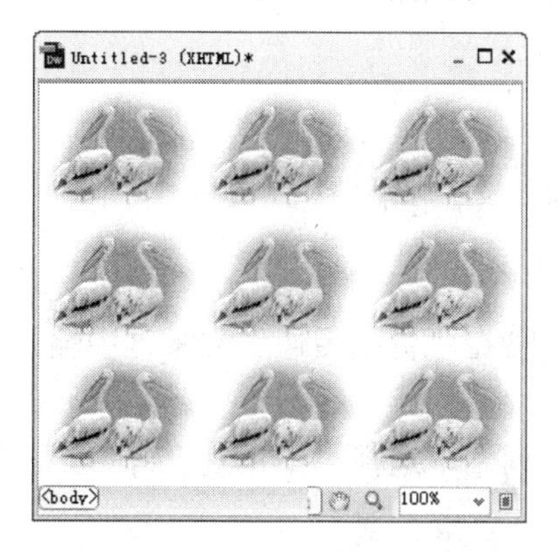

图 5-9 背景图像效果

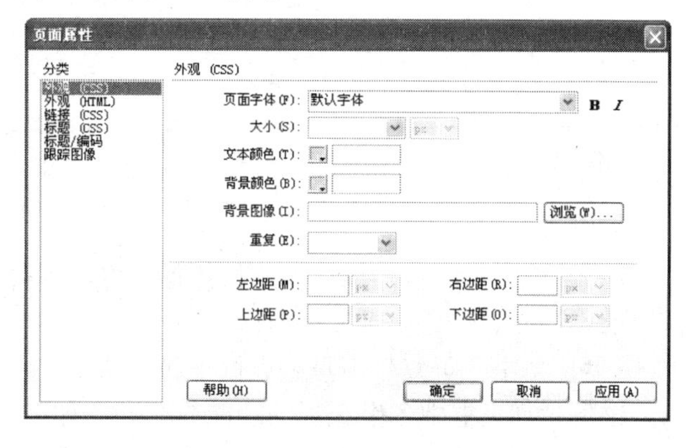

图 5-10 “页面属性”对话框

02 设置背景图像。单击“浏览”按钮，然后浏览并选择图像，或者直接在“背景图像”文本框中输入背景图像的路径。

03 保存文件完成背景图像制作，按下 F12 键在浏览器中观察创建的结果。

如果背景图像没有填满整个窗口，Dreamweaver 会平铺（重复）背景图像，就像图 5- 9 所示的那样。若要防止背景图像平铺，可以使用 CSS 样式表禁用图像平铺。下面通过一个实例介绍禁用图像平铺的步骤，其最终效果如图 5-11 所示。

图 5-11 禁用图像平铺

01 打开上例制作的文件，然后执行“窗口”/“CSS 样式”命令，打开“CSS 样式”浮动面板。

02 单击“CSS 样式”面板右下角的“新建 CSS 规则”按钮，弹出“新建 CSS 规则”对话框。

03 在“新建 CSS 规则”对话框的“选择器类型”下拉列表框中选择“类”，在“选择器名称”文本框中输入.background，在“规则定义”下拉列表框中选择“仅限该文档”。完成以上设置后，单击“确定”按钮，弹出对应的“CSS 规则定义”对话框。

04 在 CSS 规则定义对话框左侧的“分类”列表框中，选择“背景”选项，如图 5-12 所示。

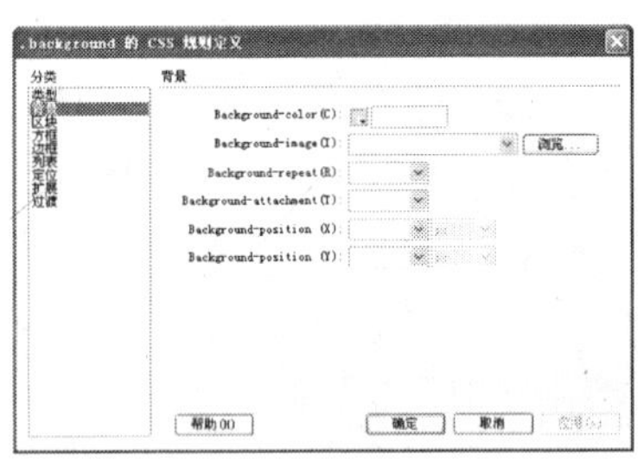

图 5-12 CSS 规则定义对话框

05 单击“浏览”按钮，选择图像文件，或是直接在“背景图像”文本框中输入图像地址。

06 单击“重复”下拉列表框下拉箭头，在下拉列表中选择“不重复”。

该下拉列表框中各个选项的功能简要介绍如下：

- “不重复”：在元素开始处显示一次图像。
- “重复”：在元素的后面水平和垂直平铺图像。
- “横向重复”和“纵向重复”：分别水平和垂直平铺图像。

07 完成以上设置单击“确定”按钮，然后在标签选择器中右击<body>标签，再单击“设置类”子菜单中的 background（上述步骤建立的 CSS 样式名），应用样式，如图 5-13 所示。

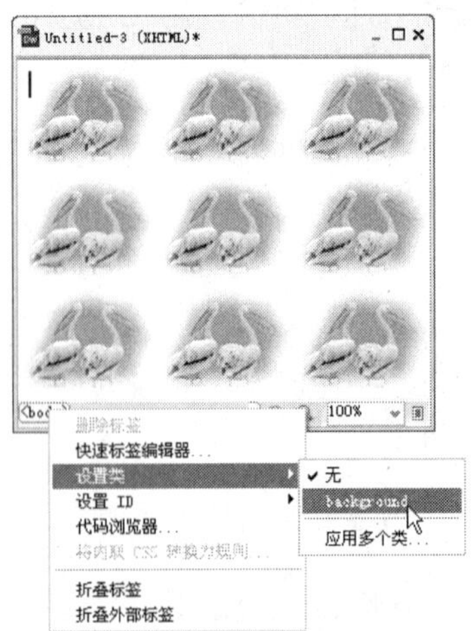

图 5-13 右击<body>标签上下文菜单

08 保存文件完成背景制作，按下 F12 键在浏览器看到图 5-11 所示的效果。

5.1.7 使用图像映射

图像映射是指将一幅图像分割为若干个区域，并将这些子区域设置成热点区域，然后将这些不同热点区域链接到不同的页面，当单击图像上的不同热点区域时，就可以跳转到不同的页面。使用图像属性检查器可通过图形方式创建或编辑客户端图像映射。下面通过一个实例来说明如何使用图像映射，最终的效果如图 5-14 所示。

01 新建一个文件。单击“插入”/“常用”面板中的图像按钮，在文档窗口中插入图像。

02 选中图像，单击属性面板上的选择“圆形热点工具”按钮，此时该图标会下凹，表示被选中。再在文档窗口中图像上的“景点”两字左上角按下鼠标左键，然后向右下角拖动鼠标，直到出现的圆形框将“景点”两个字包围后释放鼠标，第一个热点建立完成。此时热点区域会显示成半透明的阴影。

03 在属性设置面板上单击“矩形热点工具”按钮，此时该图标会下凹，表示被选中。再在文档窗口中图像上的“交通”两字的左上角按下鼠标左键，然后向右下角拖动鼠标，直到出现的矩形框将“交通”两个字包围后释放鼠标，第二个热点建立完成。此时热点区域会显示成半透明的阴影。

04 在属性设置面板上单击“多边形热点工具”按钮，此时该图标会下凹，表示被选中。再在文档窗口中图像上的“食宿”两个字的左上角单击鼠标左键，加入一个定位点；再在左下角单击鼠标左键，加入第二个定位点，这时两个定位点间会连成一条直线。按同样的方法在右上角、右下角各加入一个定位点，此时 4 个定位点会连成一个梯形，将“食宿”两个字包围，第三个热点建立完成。

05 如果要调整热点区域的大小，在属性设置面板中选择“指针热点工具”按钮，再用鼠标单击进行调整的热点区域，此时被选中的热点区域的四角会出现 4 个方块，表示该热点区域正被选中。把光标放在这些小方块上（会改变光标的颜色），然后拖拉鼠标即可改变热点区域的大小，设置好的效果如图 5-15 所示。

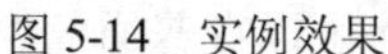
图 5-14 实例效果

图 5-15 加入热点后的图像

06 在属性设置面板中选择“指针热点工具”按钮，再用鼠标单击“景点”的热点区域，选中该热点区域。单击属性设置面板“链接”选项后面打开文件的图标，打开文件选择框，从站点目录中选择一个文件后，单击“确定”按钮确认并关闭窗口，超级链接文件的路径及文件名显示在“链接”后面的文本框内。

07 通过同样的方法为其他两个热点区域建立超级链接。

08 执行“文件”|“保存”命令保存文档。按下快捷键 F12 在浏览器中预览整个页面，当鼠标移动到热点区域上时，鼠标的形状变为手形，并且在浏览器下方的状态栏中显示了链接的路径。单击各个热点区域，则会打开超级链接的文件，并显示相关的内容。

5.2 添加声音

有多种不同类型的声音文件和格式。将声音添加到 Web 页面也有多种不同的方法。在确定采用哪一种格式和方法添加声音之前，需要考虑以下一些因素：添加声音的目的、受众、文件大小、声音品质和不同浏览器的差异。

5.2.1 关于声音

不同类型的声音文件和格式有各自不同的特点。下面介绍较为常见的音频文件格式以及每一种格式在 Web 设计上的一些优缺点：

- .midi 或.mid（乐器数字接口）格式用于器乐。许多浏览器都支持 MIDI 文件并且不要求插件。尽管其声音品质非常好，但根据访问者的声卡的不同，声音效果也会不同。很小的 MIDI 文件也可以提供较长时间的声音剪辑。MIDI 文件不能被录制且必须使用特殊的硬件和软件在计算机上合成。
- .wav（Waveform 扩展名）格式文件具有较好的声音品质，许多浏览器都支持此类格式文件并且不要求插件。可以从 CD、磁带、麦克风等录制自己的 WAV 文件。但是其中较大文件的大小严格限制了可以在 Web 页面上使用的声音剪辑的长度。
- .aif（音频交换文件格式，即 AIFF）格式与 WAV 格式类似，也具有较好的声音品质，大多数浏览器都可以播放它并且不要求插件。可以从 CD、磁带、麦克风等录制 AIFF 文件。但是其中较大文件的大小严格限制了可以在 Web 页面上使用的声音剪辑的长度。
- .mp3（运动图像专家组音频，即 MPEG-音频层-3）格式是一种压缩格式，它可令声音文件明显缩小，并且声音品质非常好。如果正确录制和压缩 MP3 文件，其质量甚至可以和 CD 质量相媲美。这一新技术可以对文件进行“流式处理”，以便访问者不必等待整个文件下载完即可收听。但是其大小要大于 Real Audio 文件，因此通过普通电话线连接下载整首歌曲可能仍要花较长的时间。若要播放 MP3 文件，访问者必须下载并安装辅助应用程序或插件，例如 QuickTime、Windows Media Player 或 RealPlayer。
- .ra、.ram、.rpm 或 Real Audio 格式具有非常高的压缩程度，文件大小要小于 MP3。全部歌曲文件可以在合理的时间范围内下载。因为可以在普通的 Web 服务器上对这些文件进行“流式处理”，所以访问者在文件完全下载完之前即可听到声音。其声音品质比 MP3 文件声音品质要差，但新推出的播放器和编码器在声音品质方面已有显著改善。访问者必须下载并安装 RealPlayer 辅助应用程序或插件才可以播放这些文件。

5.2.2 链接到音频文件

链接到音频文件是将声音添加到 Web 页面的一种简单而有效的方法。这种集成声音文件的方法可以使访问者能够选择是否要收听该文件，并且使文件可用于最广范围的观众。

下面通过创建一个简单的例子，演示链接到音频文件的具体操作，最终的创建效果如图 5-16 所示。

01 新建文件，输入并格式化图中的文字。

02 选中“1.好一朵茉莉花”，在属性检查器中，单击文件夹图标浏览找到音频文件，或者在“链接”域中键入文件的路径和名称。

03 保存文件完成链接到音频文件的创建，可以按下 F12 在浏览器中观察创建的结果。单击链接“1.好一朵茉莉花”后会打开相应的媒体播放器播放音乐。显示效果如图 5-17 所示。

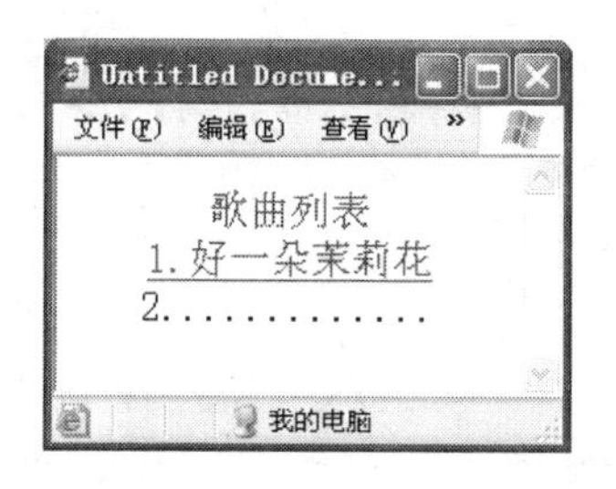

图 5-16 链接到音乐文件

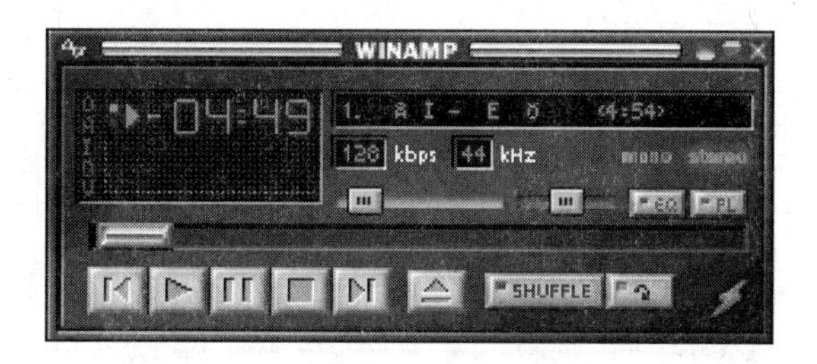

图 5-17 默认用 WINAMP 播放音乐

5.2.3 嵌入音乐文件

嵌入音频将声音播放器直接并入页面中，但只有在具有所选声音文件的适当插件后，声音才可以播放。如果要将声音用作背景音乐，或者要对声音演示本身进行更多控制，则可以嵌入文件。例如，可以设置音量、播放器在页面上显示的方式以及声音文件的开始点和结束点。

下面通过一个简单实例演示背景音乐的制作方法。最终的创建效果如图 5-18 所示。

01 新建文档，在设计视图输入所需文字。

02 在“设计”视图中，将插入点放置在要嵌入文件的地方，执行“插入”|“媒体”|“插件”命令，或者在“插入”浮动面板中，切换到“常用”面板，然后单击图标弹出下拉菜单，如图 5-19 所示。

03 在弹出的下拉菜单中单击“插件”，弹出“选择文件”对话框如图 5-20 所示。

04 选择想要的音乐文件，单击“确定”完成插入插件。

05 在属性检查器中，单击“参数”按钮，弹出“参数”对话框如图 5-21 所示。

06 单击对话框上的“＋”按钮，在“参数”列中输入参数的名称“Autostart”。在“值”列中输入该参数的值“true”。输入完毕后单击“确定”。

07 执行“文件”|“保存”命令，保存文档。按下快捷键 F12 在浏览器中预览整

个页面，这时音乐会自动播放。

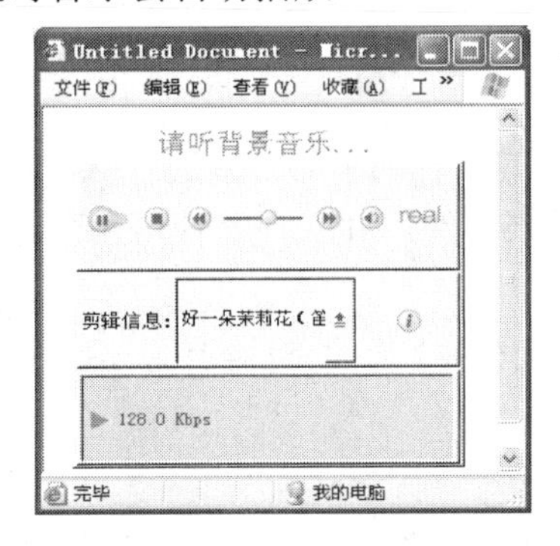

图 5-18 实例效果

图 5-19 媒体菜单

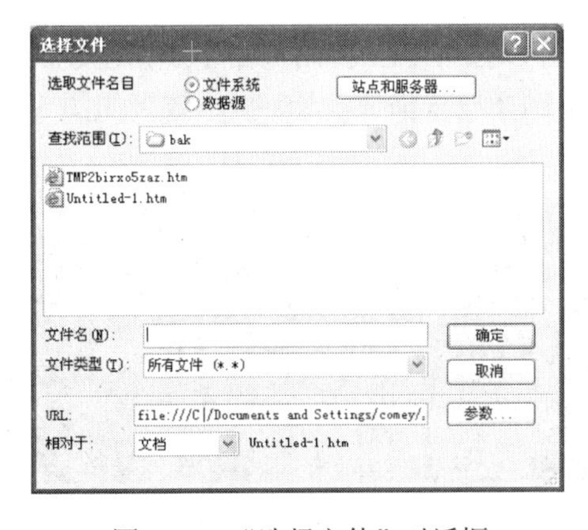

图 5-20 “选择文件”对话框

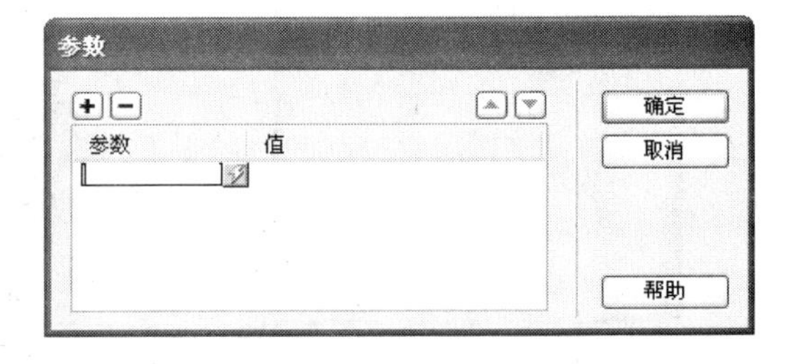

图 5-21 “参数”对话框

按默认方式，音乐只播放一次。如果想让音乐循环播放，并且网页中不显示播放器，则可以在第 6 步中增加两个参数：HIDDEN 值 TRUE；LOOP 值 TRUE。

提示： 浏览器不同，处理声音文件的方式也会有不一致的地方。最好将声音文件添加到 Flash 影片，然后嵌入 SWF 文件以改善一致性。

5.3 添加 Shockwave 电影

Shockwave 作为 Web 上用于交互式多媒体的标准，是一种经压缩的格式。它可以使在 Director 中创建的多媒体文件能够被快速下载，而且可以在大多数常用浏览器中进行播放。播放 Shockwave 影片的软件既可作为 Netscape Navigator 插件提供，也可作为 ActiveX 控件提供。

5.3.1 插入 Shockwave 电影

Shockwave 是一种插件，是一种利用 Director 开发的可以在浏览器内浏览的相关文件格式。

当插入 Shockwave 影片时，Dreamweaver 同时使用 object 标记（用于 ActiveX 控件）和 embed 标记（用于插件）以在所有浏览器中都获得最佳效果。当在属性检查器中对影片进行更改时，Dreamweaver 会将采用的各项映射为 object 和 embed 标记的适当参数。

下面通过一个实例演示了在文档中插入 Shockwave 电影的具体操作，最终的创建效果如图 5-22 所示。

图 5-22　实例效果

本例执行以下操作：

01 在“设计”视图中，将插入点放置在要插入 Shockwave 影片的地方。

02 执行“插入”|“媒体”|“Shockwave”命令，或者在“插入”浮动面板中，切换到“常用”面板，然后单击图标弹出下拉菜单。在下拉菜单中单击 Shockwave ，弹出“选择文件”对话框，如图 5-23 所示。

03 在显示的对话框中，选择一个影片文件。

04 在属性检查器中，在“宽”和“高”框中分别输入影片的宽度 400 和高度 300。

05 选中 Shockwave 对象，单击属性面板上的“参数”按钮，弹出“参数”对话框，输入参数“AutoStart”和“Sound”，值均为 true。对话框各参数的设置见图 5-24 所示。

图 5-23　“选择文件”对话框

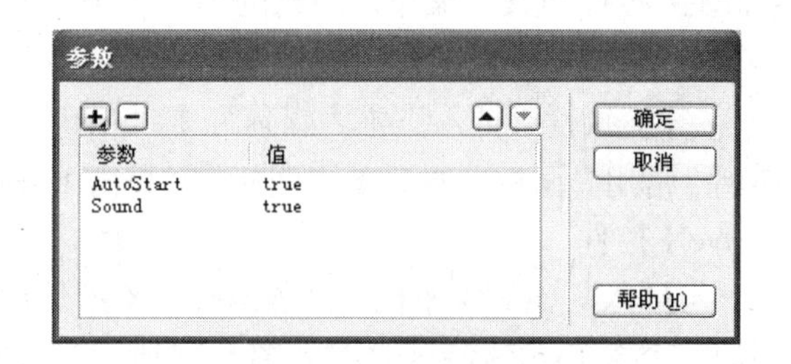

图 5-24　“参数”对话框

5.3.2　设置 Shockwave 属性

插入 Shockwave 电影后，选中 Shockwave 对象，这时属性检查器如图 5-25 所示。

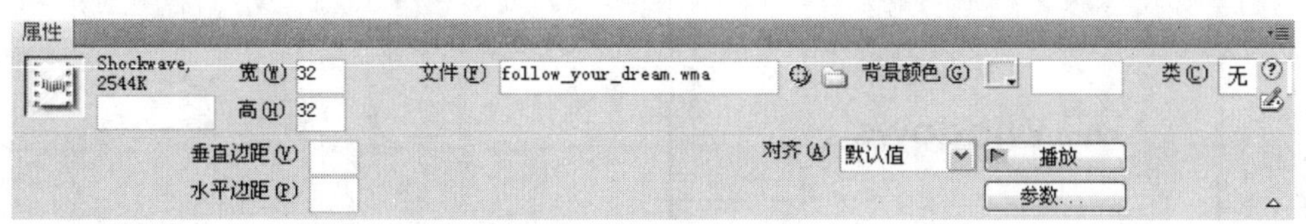

图 5-25　Shockwave 属性检查器

- “Shockwave”：指定用于标识 Shockwave 对象，以进行脚本撰写的名称。
- “宽”和“高”：以像素为单位指定 Shockwave 对象的宽度和高度。
- “文件”：指向 Shockwave 对象文件的路径。

- “背景颜色”：指定 Shockwave 对象播放时的背景颜色。
- “类”：选择应用于 Flash 按钮的 CSS 样式。
- “垂直边距”和“水平边距”：指定 Shockwave 对象上、下、左、右空白的像素数。
- “对齐”：定义 Shockwave 对象在页面上的对齐方式。
- “播放/停止”：可以在文档窗口中预览/结束预览 Shockwave 对象。单击绿色的“播放”按钮可以播放模式查看对象；单击红色的“停止”按钮可以结束播放。
- “参数”：单击该按钮打开“参数”对话框，可以在其中输入附加参数。

5.4 ActiveX 控件

ActiveX 控件（以前称作 OLE 控件）是可以充当浏览器插件的可重复使用的组件，有些像微型的应用程序。ActiveX 控件在 Windows 系统上的 Internet Explorer 中运行，但它们不在 Macintosh 系统上或 Netscape Navigator 中运行。Dreamweaver 中的 ActiveX 对象可为访问者的浏览器中的 ActiveX 控件提供属性和参数。

5.4.1 插入 ActiveX 控件

下面通过打开页面时自动播放 ActiveX 控件中 Flash 动画的例子介绍在文档中插入 ActiveX 控件的具体操作，最终的创建效果如图 5-26 所示。

（1）在设计视图中，将插入点放置在要插入 ActiveX 控件的地方。

（2）执行“插入”|“媒体”|“ActiveX”命令，或者在“插入”浮动面板中，切换到“常用”面板，然后单击图标 弹出下拉菜单，在下拉菜单中单击 ActiveX ，插入 ActiveX 控件。

与插入其他对象不同，插入 ActiveX 控件后不会出现对话框，而是直接在文档窗口中添加一个 ActiveX 控件图标，如图 5-27 所示。出现的图标标记出 Internet Explorer 中 ActiveX 控件将在页面上出现的位置。

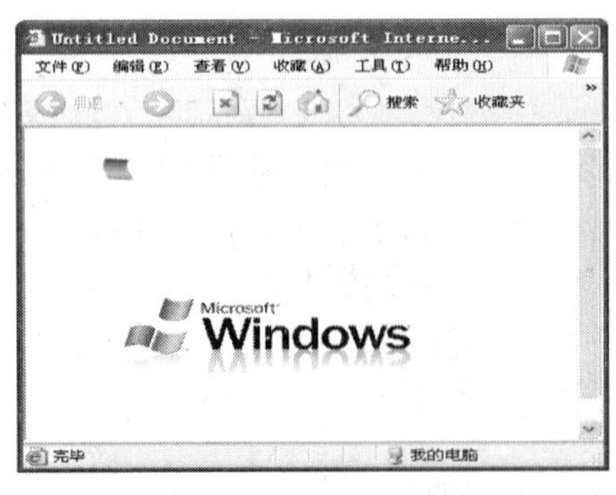

图 5-26　实例效果

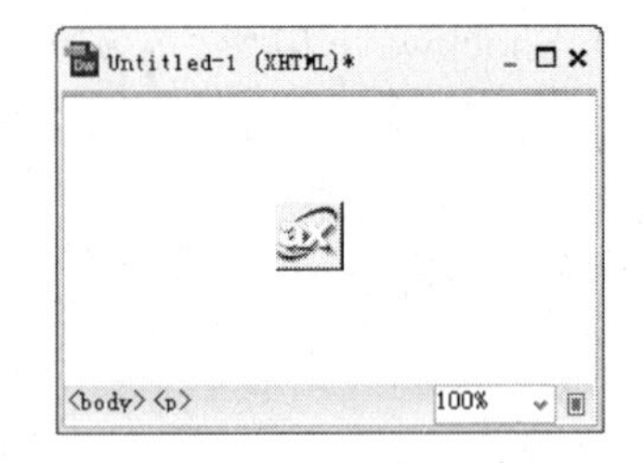

图 5-27　ActiveX 控件的显示

（3）选中 ActiveX 控件属性面板上的“嵌入”复选框，单击“源文件”右边文件夹图标，弹出“选择 Netscape 插件文件”对话框。

（4）在出现的对话框中选择文件。单击“确定”按钮保存文件。至此文档创建完毕。

可以按下快捷键 F12 在浏览器中预览整个页面。

5.4.2 设置 ActiveX 属性

在插入 ActiveX 控件后，可使用属性检查器设置 ActiveX 控件的属性以及参数。在属性检查器中单击“参数”，输入没有在属性检查器中显示的属性的名称和值。现在尚没有用于 ActiveX 控件参数的广泛接受标准格式。选中 ActiveX 控件的属性检查器，如图 5-28 所示。与 Shockwave 对象意义相同的参数在这里不再赘述，其余参数介绍如下：

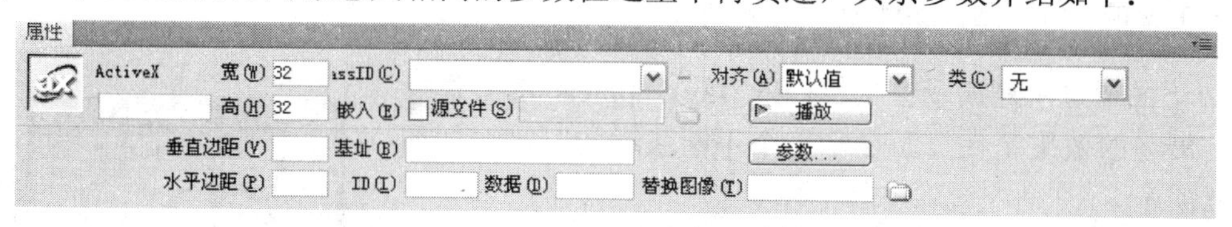

图 5-28　ActiveX 控件的属性检查器

- ActiveX：指定用来标识 ActiveX 控件以进行脚本撰写的名称。在属性检查器最左侧的未标记域中输入名称。
- “Class ID”：为浏览器标识 ActiveX 控件。输入一个值或从弹出式菜单中选择一个值。

在加载页面时，浏览器使用该类 ID 来确定与该页面关联的 ActiveX 控件所需的 ActiveX 控件的位置。如果浏览器未找到指定的 ActiveX 控件，它将尝试从“基址”指定的位置中下载它。

- “嵌入”：为该 ActiveX 控件在 object 标记内添加 embed 标记。

如果 ActiveX 控件具有等效的 Netscape Navigator 插件，则 embed 标记激活该插件。Dreamweaver 将作为 ActiveX 属性的输入值指派给等效的 Netscape Navigator 插件。

- “源文件”：如果启用了“嵌入”选项，定义将要用于 Netscape Navigator 插件的数据文件。如果没有输入值，则 Dreamweaver 将尝试根据已输入的 ActiveX 属性确定该值。
- “基址”：指定包含该 ActiveX 控件的 URL。

如果在访问者的系统中尚未安装 ActiveX 控件，则 Internet Explorer 从该位置下载它。如果没有指定“基址”参数并且如果访问者尚未安装相应的 ActiveX 控件，则浏览器不能显示 ActiveX 对象。

- “数据”：为要加载的 ActiveX 控件指定数据文件。许多 ActiveX 控件（例如 Shockwave 和 RealPlayer）不使用此参数。
- “替换图像”：指定在浏览器不支持 object 标记的情况下要显示的图像。

只有在取消对“嵌入”选项的选择后此选项才可用。

- 播放：单击该按钮可以在文档窗口中预览 ActiveX 控件，此时按钮变为 停止。单击“停止”按钮可以结束播放。
- “参数”按钮：可以打开“参数”对话框，在其中输入附加参数。

5.5 添加 Java applets

Java 是一种编程语言，通过它开发可嵌入 Web 页中的小型应用程序（applets）。在创建了 Java applets 后，可以使用 Dreamweaver 将其插入 HTML 文档中。Dreamweaver 使用 applet 标记来标识对此 applets 文件的引用。

5.5.1 插入 Java applets

下面通过示例演示在文档插入 Java applets 的具体操作，最终的效果是在页面显示一个不断跳动的时钟，如图 5-29 所示。

图 5-29 示例效果

01 在“设计”视图中，将插入点放置在要插入 Java applets 控件的地方。

02 执行“插入”|“媒体”|“Applet”命令，或者在“插入”浮动面板中，激活“常用”面板，然后单击图标 弹出下拉菜单，在下拉菜单中单击 Applet 打开“选择文件”对话框。

03 在出现的对话框中，选择包含 Java applets 的文件 Clock2.class。单击“确定”按钮保存文件。至此文件创建完毕。可以按下快捷键 F12 在浏览器中预览整个页面。

5.5.2 设置 Java applets 属性

插入 Java applets 后，选中 Java applets 对象，这时属性检查器如图 5-30 所示。其中各个参数与 ActiveX 对象的参数意义大致相同，这里不再赘述，特点参数介绍如下：

图 5-30 Java applets 控件的属性

- “Applet 名称”：指定用来标识 applets 以进行脚本撰写的名称。在属性检查器最左侧的未标记域中输入名称。
- “代码”：指定包含该 applets 的 Java 代码的文件。单击文件夹图标浏览选择某一文件，或者直接输入文件名。
- “基址”：标识包含选定 applets 的文件夹。在选择了一个 applets 后，此域被自动填充。

5.6 添加 Flash 视频内容

Dreamweaver CS6 支持 Flash 视频，可以快速便捷地将 Flash 视频文件插入 Web 页，而无需使用 Flash 创作工具。将 Flash 视频文件插入页面后，用户还可以在 Dreamweaver

CS6 全新的实时视图中播放 FLV 影片。

在 Dreamweaver 页面中插入 Flash 视频内容之前，必须有一个经过编码的 Flash 视频 (FLV) 文件，该文件可以使用两种编解码器 Sorenson Squeeze 和 On2 创建。在 Dreamweaver CS6 中插入 Flash 视频文件后，可以在页面中插入有关代码，以检测用户是否拥有查看 Flash 视频所需的正确 Flash Player 版本。如果没有正确的版本，则会提示用户下载 Flash Player 的最新版本。此外，在 Dreamweaver CS6 中，只需要通过轻松点击或编写符合标准的编码即可将 FLV 文件集成到任何网页中，无需 Adobe Flash 软件知识。

5.6.1 插入 Flash 视频内容

若要在 Web 页中插入 Flash 视频，执行以下操作：

（1）选择“插入”|“媒体”|“FLV”，弹出如图 5-31 所示的对话框。

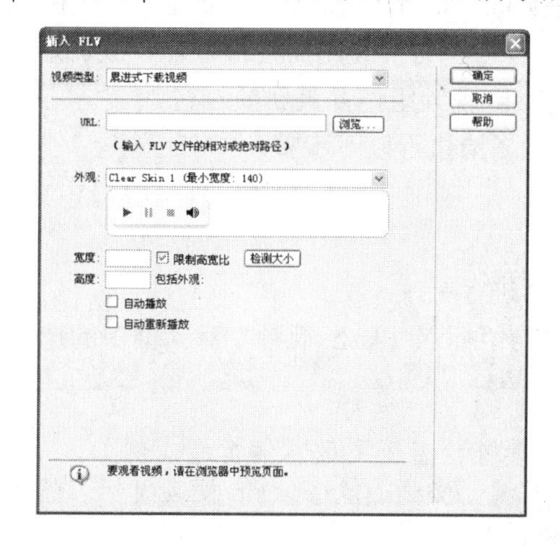

图 5-31　“插入 FLV”对话框

（2）在对话框中，从“视频类型”弹出式菜单中选择“累进式下载视频”或“流视频”。

➢ “累进式下载视频”：将 Flash 视频 (FLV) 文件下载到站点访问者的硬盘上，然后播放。但是，与传统的“下载并播放”视频传送方法不同，渐进式下载允许在下载完成之前就开始播放视频文件。

➢ “流视频”：对 Flash 视频内容进行流式处理，并在一段很短时间的缓冲（可确保流畅播放）后在 Web 页上播放该内容。若要在 Web 页上启用流视频，必须具有访问 Adobe Flash Communication Server 的权限。

（3）在“URL”文本框中键入 Flash 视频的相对路径或绝对路径。

（4）在“外观”下拉菜单中指定 Flash 视频组件的外观。所选外观的预览会出现在“外观”弹出菜单下方。

（5）在“宽度”和“高度”文本框中以像素为单位指定 FLV 文件的宽度和高度。

（6）单击“检测大小”按钮，Dreamweaver 可以帮助用户确定 FLV 文件的准确宽度或高度。如果 Dreamweaver 无法确定宽度或高度，则用户必须键入宽度或高度值。

（7）选中“限制高宽比”复选框，则保持 Flash 视频组件的宽度和高度的比例不变。

默认情况下选择此选项。

设置宽度、高度和外观后，“包括外观”后将自动显示 FLV 文件的宽度和高度与所选外观的宽度和高度相加得出的和。

（8）选中“自动播放”复选框，则 Web 页面打开时自动播放视频。

（9）选中“自动重新播放”复选框，则播放控件在视频播放完之后返回到起始位置。

（10）单击“确定”按钮关闭对话框，并将 Flash 视频内容添加到 Web 页面。

如果决定从页面中删除 Flash 视频，则不再需要检测代码。可以使用 Dreamweaver 将其删除。选择“命令”|“删除 Flash 视频检测”。

5.6.2 修改Flash视频属性

若要在 Web 页面中更改 Flash 视频内容的设置，必须在 Dreamweaver 的“文档”窗口中选择 Flash 视频组件占位符并使用属性检查器，或者通过选择“插入”|“媒体”|“Flash 视频”来删除 Flash 视频组件并重新插入它。

要修改 Flash 视频属性，请执行以下步骤：

（1）在“文档”窗口中，单击 Flash 视频组件占位符中央的 Flash 视频图标选择该占位符。

（2）打开属性检查器进行更改。

属性检查器中的选项与“插入 Flash 视频”对话框中的选项类似，在此不再赘述。

注意：
不能使用属性检查器更改视频类型（例如，从累进式下载更改为流式下载）。若要更改视频类型，必须删除 Flash 视频组件，然后通过选择“插入”|“媒体”|“FLV”来重新插入它。

➢

5.7 动手练一练

1. 新建一个网页，为网页设置水平平铺或垂直平铺背景图像。
2. 在文档中插入一张图像，将此图像链接到一个熟悉的网站。
3. 在文档中插入一行文本，文本内容设置为某一首音乐的名字，并将文本链接到相应的音乐文件。
4. 为一个网页嵌入背景音乐。设置音乐为循环播放，并且网页中隐藏播放器。

5.8 思考题

1. 网页中常用的图片文件格式有哪些？它们各有什么优缺点？
2. 网页中常用的声音文件格式有哪些？它们各有什么优缺点？
3. 能用几种方法在页面中嵌入音乐文件？

第6章 表格技术

本章导读

本章将介绍表格的作用及使用方法。内容包括：有关表格的操作，如插入表格、格式化表格、拆分与合并单元格、剪切和粘帖单元格、删除行列以及插入行等操作，表格和单元格属性的设置，以及导入文本数据到表格和输出表格数据到文本文件等。

- 插入表格
- 对表格进行各种操作
- 导入、导出表格数据
- 利用表格技术对页面进行布局

6.1 表格概述

表格在 Web 网页中占据了重要的地位，它对于制作 Web 页面是不可或缺的。在整个网页元素空间编排上都发挥着重要的作用。

6.1.1 表格概述

表格在 HTML 语言中是较难掌握的一个标识符，但是 Dreamweaver CS6 为读者提供了强大的表格编辑功能，使用户可以轻松地实现对表格的控制。

在 HTML 中，表格是很多优秀站点设计的整体标准，用表格格式化的页面在不同平台，不同分辨率的浏览器里都能保持布局和对齐。

表格可以将数据、文本、图片规范显示在页面上，避免杂乱无章。不过它在制作 Web 页面时的用途远不止于此。它的更大用处在于精准控制页面元素位置。网页制作者常常把整个页面中的内容都放在表格中，用表格来规范它们的位置，然后令表格的边线不可见，这种方法设计出版式漂亮的页面，已经超出表格本身的意义。合并、拆分单元格和嵌套表格的技术可以实现复杂的设计。表格还具有规范、灵活的特点。正是因为这些原因，表格在网页制作过程中扮演着重要的角色。事实上，国内外的许多大型网站的页面，都应用到了表格定位技术。

使用表格技术能使网页变得更加清楚，使人看起来更加有条理、更加美观。但它的使用有一个小小的缺陷：它会使网页显示的速度变慢。这是因为在浏览器中一般的文字是逐行显示的，即文字从服务器上传过来，尽管不全，但它还是会将传到的部分显示出来，以方便浏览。而使用表格就不同了，表格一定要等到整个表格的内容全部传过来之后，才能在客户端的浏览器上显示出来。即表格是一整块出现的。

6.1.2 表格的基本组成

一般常见的表格如图 6-1 所示，是由一些被线条分开的小格所组成的，每个小格就是一个单元格，这些线条也就是表格的边框。表格一般被划分为单元格、行和列 3 部分。单元格是表格的基本部分，它们是被边框分割开来的区域，文字、图像等对象均可根据需要插入到相应的单元格中。位于水平方向上的一行单元格称作一行，位于垂直方向上的一列单元格称作一列。表格是可以嵌套的元素，在 Dreamweaver CS6 中创建表格是一件轻松容易的事情。

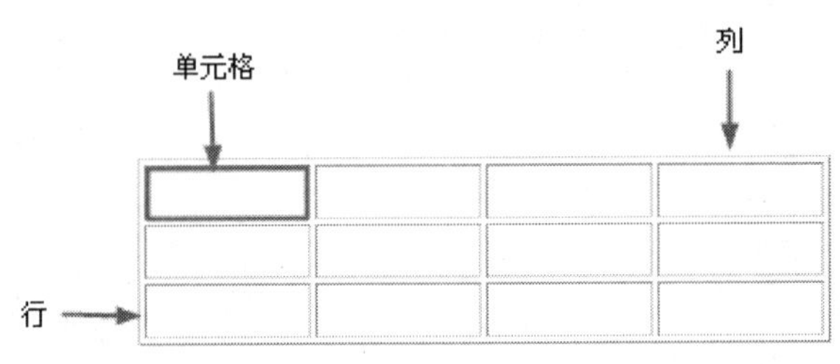

图 6-1　表格的其本结构

6.2 创建表格

6.2.1 创建表格、单元格

下面以在网页中插入一个3行3列的表格为例，介绍在网页中创建一个表格的具体操作步骤。

01 在“插入”面板（如果没显示插入面板，执行“窗口”|“插入”命令，出现“插入”面板），单击插入栏上的“常用”标签，切换到“常用”插入面板。

02 单击“表格”图标按钮，或执行“插入”|“表格”命令。弹出“表格”对话框，如图6-2所示。

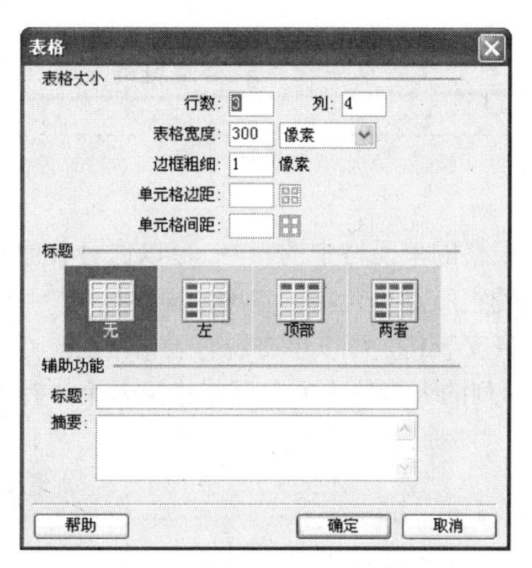

图6-2 “表格”对话框

对话框中各个选项的功能介绍如下：

- “行数”：用于设置表格的行数。
- “列”：用于设置表格的列数。
- “表格宽度”：用于设置表格的宽度。

后面的下拉列表用于设置表格宽度数字的单位有“像素”和“百分比”两种。像素和百分比两种单位的区别在于，以像素为单位设置的表格宽度是表格的实际宽度，是固定的；而用百分比方式设定的表格宽度，其宽度将随浏览器窗口的大小改变而改变。

- “边框粗细”：用于设置表格的边框厚度，以像素为单位。设置为0时将不显示边框。
- “单元格边距”：用于设置表格内单元格的内容和边框的间距。
- “单元格间距”：用于设置表格内单元格间的距离，相当于设置单元格的边框厚。
- “标题”：用于设置标题显示方式，有4个选项分别是：“无”、“左”、“顶部”和“两者”，具体效果见相应的图标，可以点击图标选中其一。
- “标题”：用于设置表格的标题。

➢ “摘要”：用于设置表格的说明等消息，对表格的显示无影响。

03 在“行数”文本框中输入表格的行数 3。在“列”文本框中输入表格的列数 3，“标题”选择“顶部”，在“标题”文本框输入“第一张表格”，其余选项保持默认值。

04 单击“确定”按钮完成插入表格，最终制作结果如图 6-3 所示。

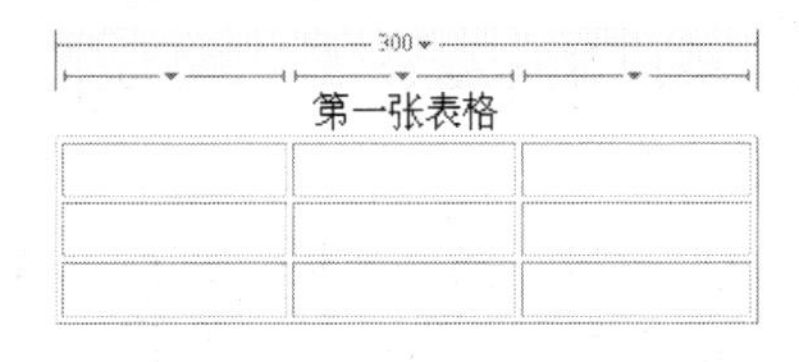

图 6-3 插入的表格

提示：在“边框粗细”文本框中输入表格边框的宽度，表格中单元格的边框不受该值影响。

6.2.2 创建嵌套表格

嵌套表格是在另一个表格的单元格中的表格。可以像对其他任何表格一样对嵌套表格进行格式设置，但其宽度受它所在单元格的宽度的限制。

若要在表格单元格中嵌套表格，可以单击现有表格中的一个单元格，再在单元格插入表格。例如，在一个 3 行 3 列的表格的中间单元格中插入个 3 行 3 列的表格就形成一个如图 6-4 所示的嵌套表格。

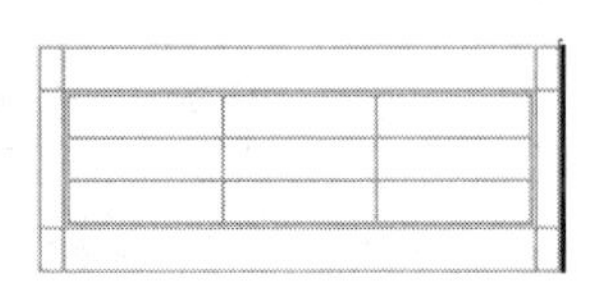

图 6-4 嵌套表格

6.3 操作表格

6.3.1 选定表格对象

在对表格进行操作之前，必须先选中表格元素。可以一次选中整个表格、一行表格单元、一列表格单元或者几个连续的表格单元。

（1）选择整个表格的方法如下：将光标放置在表格的任一单元格中，然后通过在文档窗口底部的标签选择器中单击<table>标记，或执行“修改”|“表格”|“选择表格”命令，选中整个表格。选中整个表格的效果如图 6-5 所示。

（2）选中一行表格单元或一列表格单元的方法如下：将光标放置在一行表格单元的左边界上，或将光标放置在一列表格单元的顶端，当黑色箭头出现时单击鼠标，或单击一个表格单元，横向或纵向拖动鼠标可选择一行或一列表格单元。选中一列表格单元的情况如图 6-6 所示。

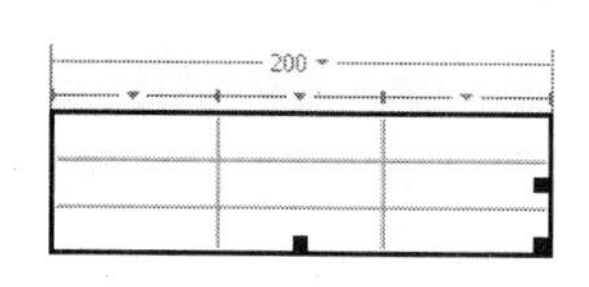

图 6-5　选中整个表格

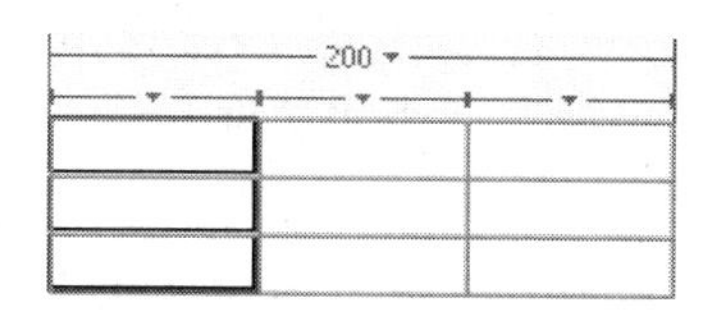

图 6-6　选中一列表格单元

（3）选中多个连续表格单元的方法如下：单击一个表格单元，然后纵向或横向拖动鼠标到另一个表格单元，或单击一个表格单元，然后按住 Shift 键单击另一个表格单元，所有矩形区域内的表格单元都被选择。选中多个连续表格单元的情况如图 6-7 所示。

（4）选中多个不连续表格单元的方法如下：按住 Ctrl 键，单击多个要选择的表格单元。选中多个不连续表格单元情况如图 6-8 所示。

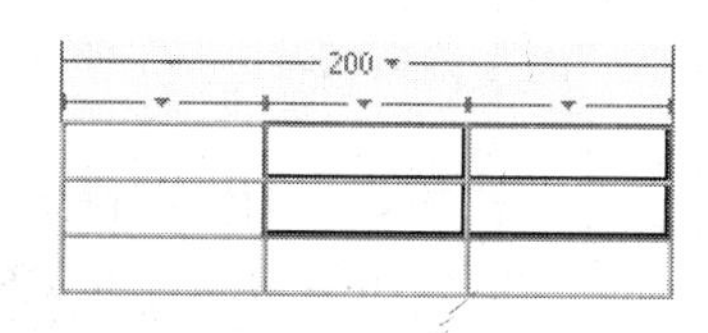

图 6-7　选中多个连续表格单元

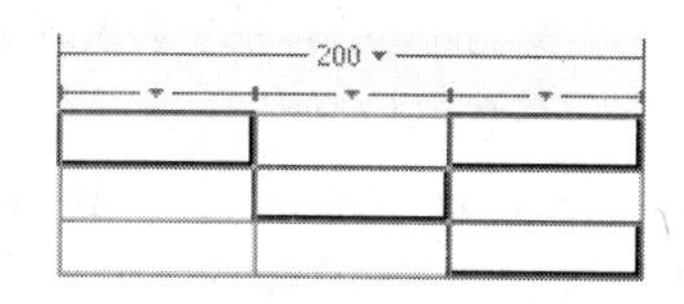

图 6-8　选中多个不连续表格单元

6.3.2　表格、单元格属性面板

1．表格的属性面板

选中表格，执行“窗口”|“属性”命令出现表格属性面板，如图 6-9 所示。

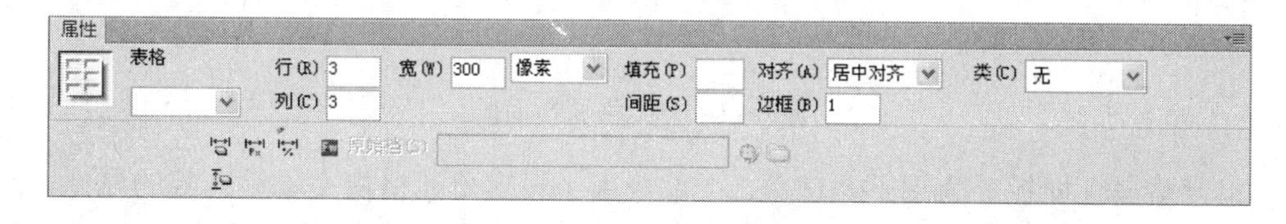

图 6-9 表格属性面板

表格属性面板的各选项功能如下：

- “表格”：用于设置表格的名称。
- “行”：用于设置表格的行数。
- “列”：用于设置表格的列数。
- “宽”：用于设置表格宽度。
- “填充”：用于设置表格内单元格的内容和边框的间距。
- “间距”：用于设置表格内单元格间的距离。
- “对齐”：用于设置表格在文档中的对齐方式，在下拉列表中有 4 个选项：“左对齐”、“居中对齐”、“右对齐”和“默认”。

- “类”：用于设置应用于表格的 CSS 样式。
- “边框”：用于设置表格的边框厚度，以像素为单位。设置为 0 时将不显示边框。如果要在“边框”设置为 0 时查看单元格和表格边框，请选择“查看”|“可视化助理”|“表格边框”。
- ：清除列宽，单击此按钮将表格的列宽压缩到最小值，但不影响单元格内元素的显示。图 6-10 显示了表格在清除列宽前后的效果。

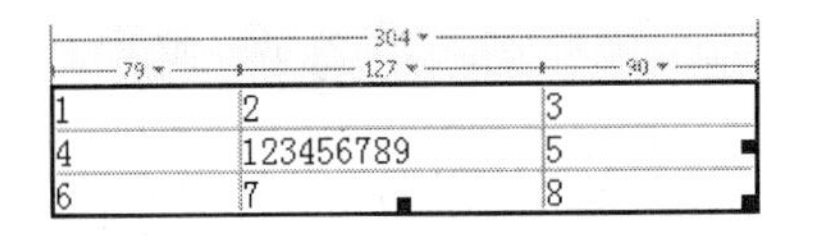

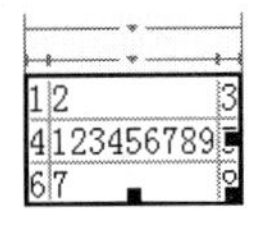

图 6-10　清除列宽前后

- ：清除行高，单击此按钮将表格的行高压缩到最小值，但不影响单元格内元素的显示。
- ：表宽单位转化为像素（即固定大小）。
- ：表宽单位转化为百分比（即相对大小）。

在 Dreamweaver CS6 的表格属性面板不能直接设置表格的背景图像和背景颜色。如果希望将图像设置为表格的背景，或设置表格的背景颜色，需要用表格属性的 CSS 设置面板了。有关表格背景图像和背景颜色的具体设置方法，将在介绍单元格的属性时一并介绍。

2．单元格的属性面板

选中单元格，执行“窗口”｜“属性”命令出现单元格属性面板如图 6-11 所示。

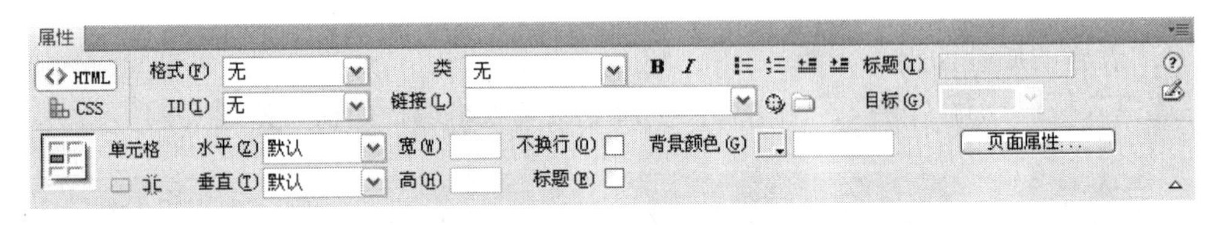

图 6-11　单元格属性面板

单元格属性面板分为上下两部分。上部分用于设置单元格内文本等内容的属性，各选项功能不再赘述（请见第 4 章的相应部分）。下部分用于设置单元格的属性，各选项功能说明如下：

- “水平”：设置单元格内容的水平对齐。可以将该对齐设置为“左对齐”、“居中对齐”、“右对齐”或“默认”。
- “垂直”：设置单元格内容的垂直对齐。可以将该对齐设置为“顶端”、“中间”、“底部”、“基线”或“默认”。
- “宽”：用于设置单元格宽度（以像素为单位）。
- “高”：用于设置单元格高度（以像素为单位）。
- “不换行”：防止单词换行。选择了此选项后，布局单元格按需要加宽以适应文本，而不是在新的一行上继续该文本。
- “标题”：选中“标题”，则单元格为标题单元格。表头单元格内的文字将以加粗黑体显示。

- “背景颜色”：背景颜色，用于设置单元格的背景颜色。单击颜色按钮，并在弹出的颜色选择器中选择一种颜色，或在旁边的文本框中输入对应于某种颜色的代码。
- ：合并单元格，选中多个单元格时可用。作用是将多个单元格合并为一个单元格。
- ：拆分单元格，将单元格拆分为多行或多列。

与文本的属性面板类似，单元格的属性面板也分为 HTML 设置面板和 CSS 设置面板，图 6-12 所示为 CSS 设置面板。

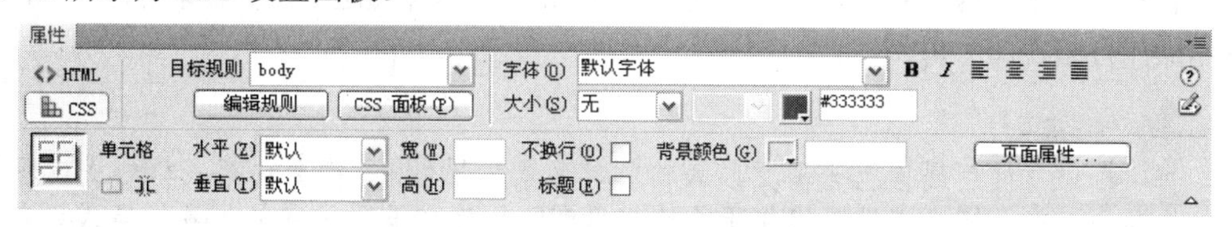

图 6-12　单元格 CSS 格式设置面板

在这里，Dreamweaver CS6 的单元格属性面板中已不能直接设置单元格的背景图像了，而需要定义 CSS 规则进行指定。

下面通过一个简单示例介绍在 Dreamweaver CS6 中通过新建 CSS 规则设置单元格背景图像的一般操作步骤。

01 执行“插入”/“表格”菜单命令，在弹出的“表格”对话框中设置表格的宽度为 300 像素，行数为 3，列数也为 3，边框粗细为 1。

02 将光标置于第一行第一列的单元格中，然后单击其属性面板左上角的 CSS 按钮，在“目标规则”下拉列表中选择“新 CSS 规则”，并单击“编辑规则”按钮打开“新建 CSS 规则对话框”。

03 在“选择器类型”下拉列表中选择“标签”，“选择器名称”选择 td，“规则定义”选择“仅限该文档”。然后单击“确定”按钮打开对应的规则定义对话框。

04 在对话框左侧的“分类”列表中选择“背景”，然后单击“背景图像”右侧的“浏览”按钮，在弹出的资源对话框中选择喜欢的背景图片。单击“确定”按钮关闭对话框。

此时，在文档窗口中可以看到表格中所有的单元格都自动应用了选择的背景图片。效果如图 6-13 所示。

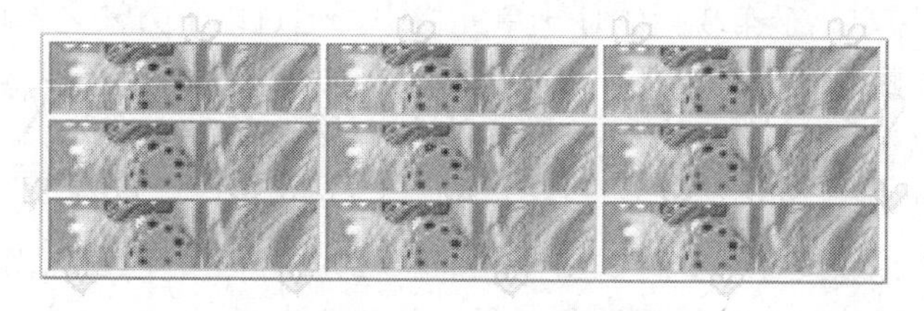

图 6-13　设置单元格背景图像

如果希望不同的单元格应用不同的背景图像，则选中要设置背景图像的单元格之后，在上述步骤中的第 **03** 的“选择器类型”下拉列表中选择“类”，然后在“选择器名称”

中键入名称，如.background1。效果如图 6-14 所示。

图 6-14　设置单元格背景图像

表格的背景图像或背景颜色设置方法与此相同，不同的是，选择器名称应为 table。具体操作方法在此不再赘述。

> **注意：**
> 使用属性检查器更改表格和其元素的属性时，需要注意表格格式设置的优先顺序。单元格格式设置优先于行格式设置，行格式设置又优先于表格格式设置。假如将单个单元格的背景颜色设置为蓝色，然后将整个表格的背景颜色设置为黄色，则蓝色单元格不会变为黄色，因为单元格格式设置优先于表格格式设置。

6.3.3　增加、删除行或列

在 Dreamweaver CS6 中增加、删除行或列也变得非常简单。下面通过一个简单示例介绍这些操作的具体步骤。例子中，先创建一张表格然后进行增加、删除行或列的操作。

01 单击“插入”栏上的“常用”标签，切换到常用插入面板，单击插入表格图标按钮，或执行“插入”｜“表格”命令。出现的“表格”对话框。

02 在对话框的“行数”文本框中输入表格的行数 4。在“列数”文本框中输入表格列数 5，其余选项保持默认值。单击“确定”按钮插入表格。并在表格中输入文本，如图 6-15 所示。

1.1	1.2	1.3	1.4	1.5
2.1	2.2	2.3	2.4	2.5
3.1	3.2	3.3	3.4	3.5
4.1	4.2	4.3	4.4	4.5

图 6-15　创建表格

03 把光标定位于第 3 行的任一单元格中，通过以下方法之一删除一行：

- 执行“修改”｜“表格”｜“删除行”命令，删除表格第 3 行。
- 右击此单元格，在弹出的上下文菜单中执行 “表格”｜“删除行”命令，删除表格第 3 行。

也可以将光标放置在第 3 行表格单元的左边界上，当黑色箭头出现时单击鼠标，选中表格第 3 行，然后按 Delete 键删除行。

删除第 3 行后的效果，如图 6-16 所示。

04 把光标定位于第 2 列的任一单元格中，通过以下方法之一删除一列：

- 执行“修改”｜“表格”｜“删除列”命令，删除表格第 2 列。

- 右击此单元格，在弹出的上下文菜单中执行 “表格” | “删除列”命令，删除表格第 2 列。

将光标放置在第 2 列表格单元的上边界上，当黑色箭头出现时单击鼠标，选中表格第 2 列，然后按 Delete 键删除行。

删除第 2 列后的效果，如图 6-17 所示。

05 用上一步同样的方法删除 3 和 4 列。这时效果如图 6-18 所示。

1.1	1.2	1.3	1.4	1.5
2.1	2.2	2.3	2.4	2.5
4.1	4.2	4.3	4.4	4.5

图 6-16　删除第 3 行

1.1	1.3	1.4	1.5
2.1	2.3	2.4	2.5
4.1	4.3	4.4	4.5

图 6-17　删除第 2 列

1.1	1.5
2.1	2.5
4.1	4.5

图 6-18　删除第 3、4 列

06 将光标定位于数字为 2.5 的单元格，通过以下方法之一增加一行：

- 执行“修改” | “表格” | “插入行”命令，插入一行。
- 执行“插入” | “表格对象” | “在上面插入行”命令，插入一行。

右击此单元格，在弹出的上下文菜单执行“表格” | “插入行”命令，插入一行。

插入空行后的效果，如图 6-19 所示。

07 将光标定位于数字为 1.5 的单元格，通过以下方法之一增加一列：

- 执行“修改” | “表格” | “插入列”命令，插入一空列。
- 执行“插入” | “表格对象” | “在左边插入列”命令，插入一空列。
- 右击此单元格，在弹出的上下文菜单中执行“表格” | “插入列”命令，插入一空列。

插入空列后的最终效果，如图 6-20 所示。

1.1	1.5
2.1	2.5
4.1	4.5

图 6-19　插入空白行

1.1		1.5
2.1		2.5
4.1		4.5

图 6-20　实例制作结果

6.3.4　拆分、合并单元格

在 Dreamweaver CS6 中拆分、合并单元格也非常简单。下面通过一个简单示例来介绍这些操作的具体步骤。例子中先创建一张表格，如图 6-21 所示，然后进行拆分、合并单元格操作，最终实现图 6-22 的效果。

01 在文档中插入图 6-22 所示的表格。

02 选中数字分别为 1.1 和 1.2 的单元格。

03 通过以下方法之一合并这两个单元格：

- 单击属性面板中的“合并单元格”按钮，合并单元格。
- 执行“修改” | “表格” | “合并单元格”命令，合并单元格。
- 鼠标右击选中的单元格，在弹出的上下文菜单中执行“表格” | “合并单元格”

命令，合并单元格。

这时原来的两个单元格就合并为一个，如图 6-23 所示。

04 同样办法合并数字为 2.2 和 3.2 的单元格，操作的结果如图 6-24 所示。

1.1	1.2	1.3
2.1	2.2	2.3
3.1	3.2	3.3

图 6-21　插入表格

1.11.2		1.3
2.1	2.23.2	2.3
3.1		3.3

图 6-22　操作结果

1.11.2		1.3
2.1	2.2	2.3
3.1	3.2	3.3

图 6-23　合并单元格（1）

05 光标定位于数字为 1.3 的单元格，通过以下方法打开“拆分单元格”对话框。

- 单击属性面板中的“拆分单元格”按钮。
- 执行“修改”|“表格”|“拆分单元格”命令。
- 鼠标右击选中的单元格，在弹出的上下文菜单中执行“表格”|“拆分单元格”命令。

06 在对话框中选择“把单元格拆分为行”，在“行数”文本框中输入 2。单击“确定”完成单元格拆分，结果如图 6-25 所示。

1.11.2		1.3
2.1	2.23.2	2.3
3.1		3.3

图 6-24　合并单元格（2）

1.11.2		1.3
2.1	2.23.2	2.3
3.1		3.3

图 6-25　拆分单元格 1.3

6.3.5　在表格中添加内容

在文档中插入表格后，可以在表格中输入各种数据了。要想将诸如图像、Flash 动画或其他媒体的数据插入到表格单元格中，先单击单元格，将光标放置在需要插入数据的单元格中，从“插入”菜单或“插入”面板中选择选项即可。要插入文本，先将其复制到剪贴板并粘贴在单元格内，或者直接在单元格内输入数据。按 Tab 键可以在单元格间移动。

若要使表格中的数据对齐，应尽量使用单元格属性面板下部分中的“水平”和“垂直”域来对齐单元格中的数据，要避免使用在属性面板中上部分的对齐属性。

下面以制作图 6-26 为例，介绍在表格中添加内容。

图 6-26　实例效果

01 单击“插入”面板中的“表格”按钮，插入一张 2 行 2 列的表格。

02 光标定位在表格第一行第一列单元格，输入文字“图像”，用同样的方法在第二行输入“日期”。

03 把光标定位在第二行第一列单元格，单击插入图像按钮，在弹出的对话框中选择图像。

04 把光标定位在第二行第二列单元格内，单击插入时间按钮，在弹出的对话框中选择时间格式。

05 单击“确定”按钮完成本例制作。

6.3.6 复制及粘贴单元格

在 Dreamweaver CS6 中，可以非常灵活地复制及粘贴单元格。可以一次只复制、粘贴一个单元格，也可以一次复制、粘贴一行、一列乃至多行多列单元格。但不能复制不成方形的区域。复制及粘贴单元格的步骤如下：

（1）选择表格中的一个或多个单元格。所选的单元格必须是连续的，并且形状必须为矩形。

（2）鼠标右击选中的单元格，在弹出的上下文菜单中执行“复制”命令。

（3）选择要粘贴单元格的位置。

- 若要用在剪贴板的单元格替换现有的单元格，请选择一组与剪贴板上的单元格具有相同布局的现有单元格。例如，如果复制或剪切了一块 3×2 的单元格，则可以选择另一块 3×2 的单元格通过粘贴进行替换。
- 若要在特定单元格所在行粘贴一整行单元格，请单击该单元格。
- 若要在特定单元格左侧粘贴一整列单元格，请单击该单元格。
- 若要用粘贴的单元格创建一个新表格，请将插入点放置在表格之外。

（4）把光标定位于目标表格中，鼠标右击目标单元格，在弹出的上下文菜单中执行“粘贴”命令，完成粘贴。

例如，要把图 6-27 选中的内容粘贴到图 6-28 表格的相同位置，可以把选中内容复制到剪贴板，然后把光标定位到目标到的第一行第一列单元格内，执行粘贴命令。

1.1	1.2	1.3
2.1	2.2	2.3
3.1	3.2	3.3

图 6-27 源表格

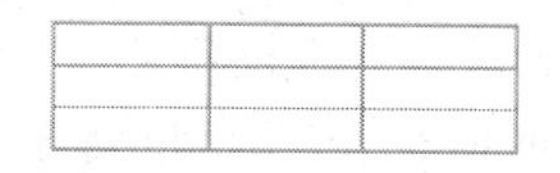

图 6-28 目标表格

粘贴完后目标表格如图 6-29 所示。如果把源单元格的内容复制到目标表格时，目标表格没有足够的列数来容纳源单元格，将弹出出错信息，如图 6-30 所示。警告目标表格没有足够的单元格，无法完成粘贴动作。

注意：

如果剪贴板中的单元格不到一整行或一整列，并且单击某个单元格然后粘贴剪贴板中的单元格，则所单击的单元格和与它相邻的单元格可能被粘贴的单元格替换（根据它们在表格中的位置）。如果选择了整行或整列，然后选择“编辑”|“剪切”，则将从表格中删除整个行或列，而不仅仅是单元格的内容。

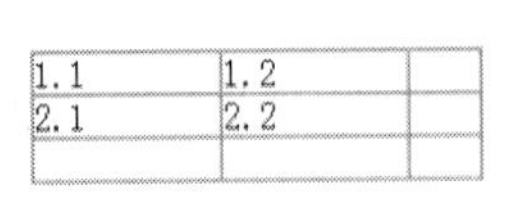

1.1	1.2	
2.1	2.2	

图 6-29 粘贴结果

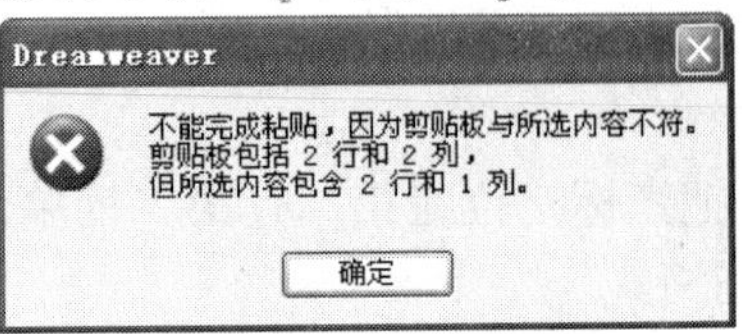

图 6-30 出错信息

6.3.7 导入表格数据

在 Dreamweaver CS6 中建立的表格，可以保存到一个文本文件中，需要时再从文件中引入该表格数据。下面对表格的输出和引入分别进行说明。

1．输出表格数据

将表格数据导出为文本文件的具体操作步骤如下：

01 在文档窗口中创建一个表格，在表格中输入数据，如图 6-31 所示。

02 将光标放置在该表格中或选中该表格。执行“文件”|“导出”|“表格”命令。弹出“导出表格”对话框，如图 6-32 所示。

名称	定价	数量
信息系统设计与开发	35	48
软件测试技术	21	35
系统设计师教程	52	49

图 6-31 表格

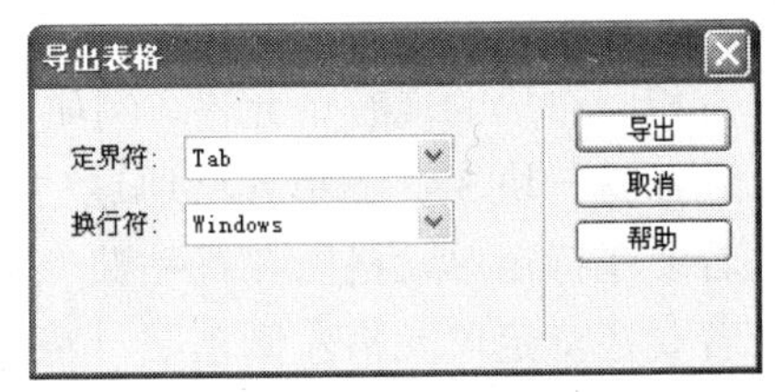

图 6-32 “导出表格”对话框

03 在“定界符”下拉列表框中选择一种表格数据输出到文本文件后的分隔符。其中“Tab”表示使用制表符作为数据的分隔符，该项是默认设置；“空白键”表示使用空格作为数据的分隔符；“逗点”表示使用逗号作为数据的分隔符；“分号”表示使用分号作为数据的分隔符；“冒号”表示使用冒号作为数据的分隔符。

04 在“换行符”下拉列表框中选择一种表格数据输出到文本文件后的换行方式。

其中 Windows 表示按 Windows 系统格式换行；Mac 表示按苹果公司的系统格式换行；UNIX 表示按 UNIX 的系统格式换行。

05 设置完成之后，单击“导出”按钮，弹出“表格导出为”对话框。

06 在保存文件窗口中输入一个文件名，可以不使用扩展名，也可以使用一个文本类型的扩展名，然后单击“保存”按钮完成表格数据导出。

使用“记事本”应用程序打开该文件，内容如图 6-33 所示。

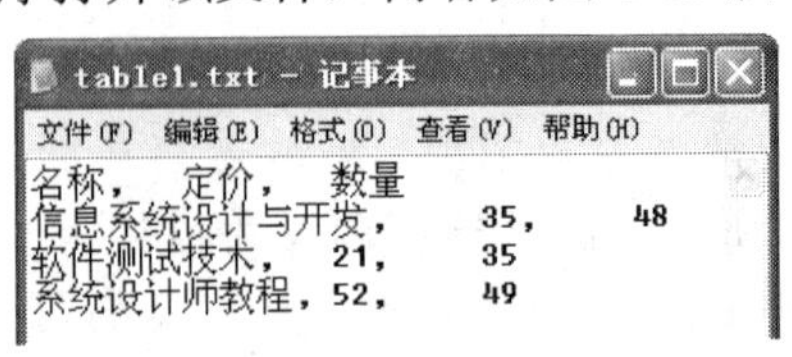

图 6-33 表格数据文件

2．导入文本数据

以前保存的表格数据或其他文本数据都可以重新以表格的形式引入到文档中。将文本文件数据导入为表格数据的具体操作步骤如下：

01 在记事本中创建一组带分隔符格式的数据，如图 6-34 所示。

02 在 Dreamweaver 文档窗口中执行“文件”|“导入”|“表格式数据”命令。弹出“导入表格式数据”对话框，如图 6-35 所示。

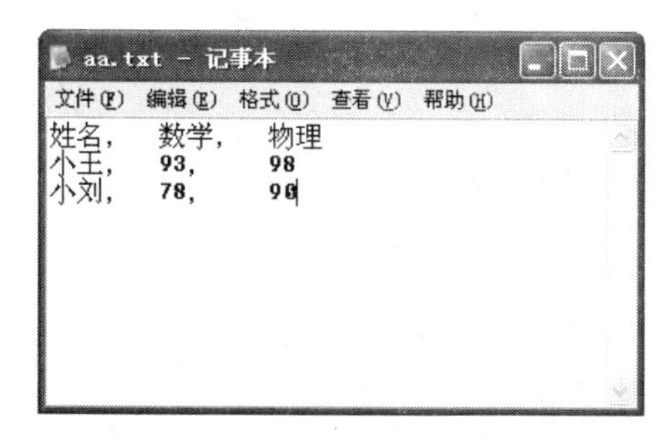

图 6-34 数据文件

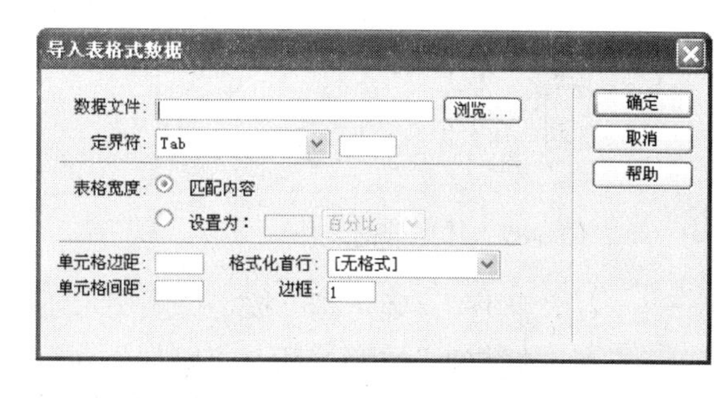

图 6-35 “导入表格式数据”对话框

对话框中各选项的功能介绍如下：

- “数据文件”：在数据文件文本框输入要导入到表格的源数据文件地址和文件名，或单击后面的浏览按钮，选择数据源文件。
- “定界符”：在右边的下拉列表框中选择数据源文件数据的分隔方式。
- “匹配内容”：选中此项，将根据数据长度自动决定表格宽度。
- “设置为”：选中此项可设置表格宽度，在后面文本框中输入表格宽度数值，并可在下拉列表中选择“百分比”或“像素”。
- “单元格边距”：用于设置表格内单元格的内容和边框的间距。
- “单元格间距”：用于设置表格内单元格间的距离。
- “格式化首行”：在下拉列表中有“无格式”、“粗体”、“斜体”和“粗斜体”4 个选项。

03 在该对话框中设置需要引入数据的位置和输入数据时所用的分隔符类型逗号“，”。

姓名	数学	物理
小王	93	98
小刘	78	90

图 6-36 导入数据后的效果

04 单击“确定”按钮。此时在 Dreamweaver 文档窗口中出现数据表格，如图 6-36 所示。

6.3.8 表格排序

在表格中输入内容时，常常需要对这些内容进行排序。Dreamweaver CS6 提供了表格排序的功能。下面以一个示例介绍表格排序的具体的步骤。

01 新建一个表格，效果如图 6-37 所示。

02 将光标定位在表格内，然后执行“命令”|“排序表格”命令，弹出“排序表格”对话框，如图 6-38 所示。

对话框中各选项功能说明如下：

- “排序按”：在“排序按”下拉列表中列出所有列号，用于确定哪个列的值将用于对表格的行进行排序。

姓名	数学	物理
王	93	98
吴	69	73
刘	78	90

图 6-37　排序前的表格

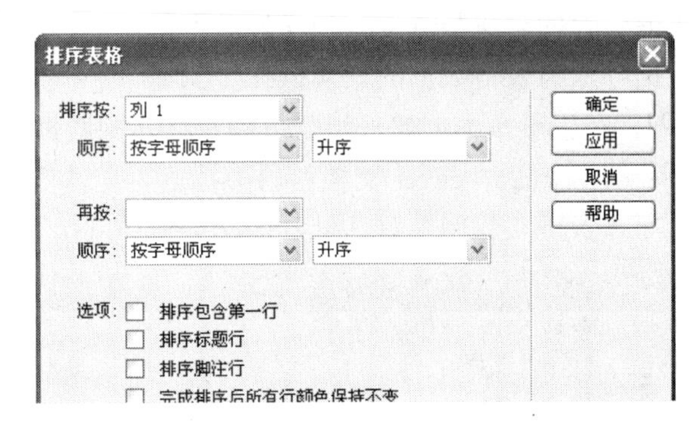

图 6-38　“排序表格”对话框

- “顺序”：确定是“按字母顺序”还是“按数字顺序”，是以“升序”（A 到 Z，小数字到大数字）还是“降序”对列进行排序。
- “再按”/“顺序”：确定在不同列上第二种排序方法的排序顺序。在“再按”弹出式菜单中指定应用第二种排序方法的列，并在“顺序”弹出式菜单中指定第二种排序方法的排序顺序。
- “排序包含第一行”：指定表格的第一行应该包括在排序中。如果第一行是标题，不应移动，则不选择此选项。
- “排序标题行”：指定使用与 body 行相同的条件对表格 thead 部分（如果存在）中的所有行进行排序。（请注意，即使在排序后 thead 行仍将保留在 thead 部分中并仍显示在表格的顶部）。
- “排序脚注行”：指定使用与 body 行相同的条件对表格 tfoot 部分（如果存在）中的所有行进行排序。（请注意，即使在排序后 tfoot 行仍将保留在 tfoot 部分中并仍显示在表格的底部。）
- “完成排序后所有行颜色保持不变”：指定排序后表格行的颜色保持与排序前表格行的颜色一致。如果表格行使用两种交替的颜色，则取消选择此选项以确保排序后的表格仍具有颜色交替的行。

03 在“排序按”下拉列表框选择需要进行排序的列。本例按数学成绩排序，各项具体设置如图 6-39 所示。

04 单击“确定”按钮，完成操作。排序结果如图 6-40 所示。

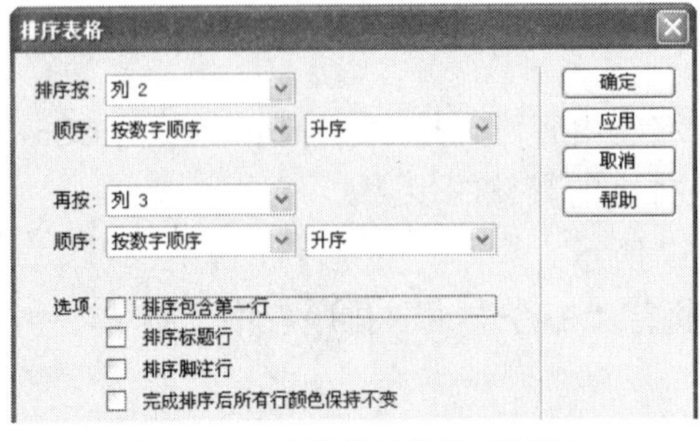

图 6-39　“排序表格”对话框

姓名	数学	物理
吴	69	73
刘	78	90
王	93	98

图 6-40　排序后的表格

提示：当列的内容是数字时，选择“按数字顺序”。如果对一组由一位或两位数组成的数字按字母顺序进行排序，则会将这些数字作为单词进行排序（排序结果是 1、10、2、20、3、30），而不是将它们作为数字进行排序（排序结果是 1、2、3、10、20、30）。

6.4 扩展表格模式

通常表格是在“标准”模式下直接插入的，其最初的用途是显示表格式数据。虽然它也能任意改变大小和行列，但在页面中编辑表格和表格中的数据并不方便。

在本节中，我们将介绍 Dreamweaver CS6 中的扩展表格模式。“扩展表格”模式临时向文档中的所有表格添加单元格边距和间距，并且增加表格的边框以使编辑操作更加容易。

下面通过一个简单示例介绍切换到表格“扩展”模式下的具体操作步骤。

01 由于在“代码”视图下无法切换到表格的“扩展”模式，所以应先将当前文档窗口的视图切换到“设计”视图或“拆分”视图。

02 在文档窗口插入一个表格，如图 6-41 所示。

03 执行以下操作之一：

- 执行“查看”/“表格模式”/“扩展表格模式”菜单命令。
- 按下 Alt + F6 快捷组合键。
- 在“插入”面板的“布局”类别中，单击“扩展”按钮，如图 6-42 所示。

图 6-41　标准模式下的表格

图 6-42　切换到扩展模式

此时，文档窗口的顶部会出现标有“扩展表格模式”的条。且文档窗口工作区中的所有表格自动添加了单元格边距与间距，并增加表格边框，如图 6-43 所示。

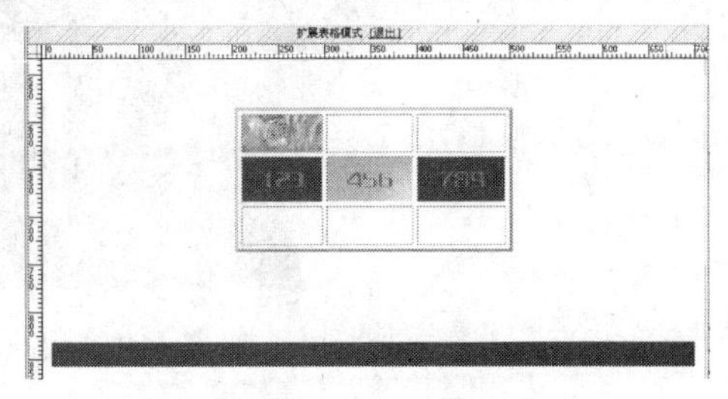

图 6-43　表格的扩展模式

利用扩展模式，用户可以选择表格中的项目或者精确地放置插入点。例如，用户可以将插入点放置在图像的左边或右边，从而避免无意中选中该图像或表格单元格。

> **注意：**
> 一旦做出选择或放置插入点，就应该回到“设计”视图的“标准”模式下进行编辑。诸如调整大小之类的一些可视操作在“扩展表格”模式中不会产生预期结果。

如果要退出扩展表格模式，可以执行以下操作之一：

- 单击文档窗口顶部“扩展表格模式”右侧的“退出”。
- 执行“查看”/“表格模式”/“标准模式”菜单命令。
- 在“插入”面板的“布局”类别中，单击“标准”按钮。
- 按下 Alt + F6 快捷组合键。

6.5　利用表格布局页面

Dreamweaver CS6 提供了多种对 Web 页面进行布局的方法，利用表格设计网页布局是其中常用的一种。

本节将通过一个简单的例子介绍使用表格进行页面布局的方法。

01 新建一个 HTML 页面。

02 打开“插入”浮动面板中的“常用”面板，单击表格图标，在弹出的对话框中设置表格的行为 1，列为 2，宽为 850 像素，然后单击“确定”插入表格。

03 选中表格，在属性面板上的“对齐”下拉列表中选择“居中对齐”，使表格在页面中居中。

04 选中第一行第二列的单元格，在属性面板上设置其宽度为 300 像素，然后执行“插入”/“图像”命令，在此插入一张图片。效果如图 6-44 所示。

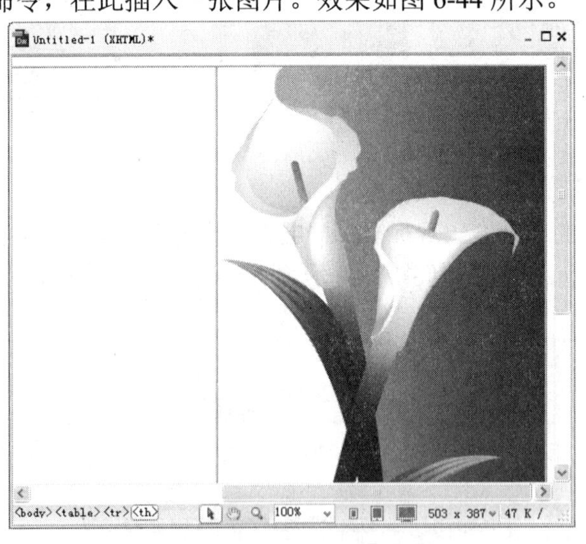

图 6-44　在单元格中插入图片

05 将光标定位在第一行第一列的单元格中，单击属性面板上的拆分单元格按钮，在弹出的对话框中将单元格拆分为五行一列。

06 将光标定位在拆分后的第一行单元格中，输入文本“welcome”。切换到 CSS 属性面板，新建一个 CSS 规则，选择器类型为“标签”，选择器名称为 h1，在弹出的规则定义对话框中设置大小为 24、加粗。然后在属性面板上设置其格式为“标题 1”，单元格水平对齐方式为“居中对齐”。

07 将光标定位在拆分后的第二行单元格中，输入文本“财经”。然后在属性面板上设置其单元格水平对齐方式为“左对齐”。

08 将光标定位在拆分后的第三行单元格中，单击属性面板上的拆分单元格按钮，在弹出的对话框中将单元格拆分为两列。在拆分后的第一列的单元格中插入一幅图片。此时的效果如图 6-45 所示。

图 6-45　在单元格中插入图片

09 将光标定位在拆分后的第三行第二列的单元格中，执行“插入”/“表格”命令，插入一个七行四列的表格，并在属性面板上设置其宽度为 100%，边框粗细为 0。

10 将嵌套表格的第三行单元格合并为一行，然后在其中输入文本，并添加链接，此时的效果如图 6-46 所示。

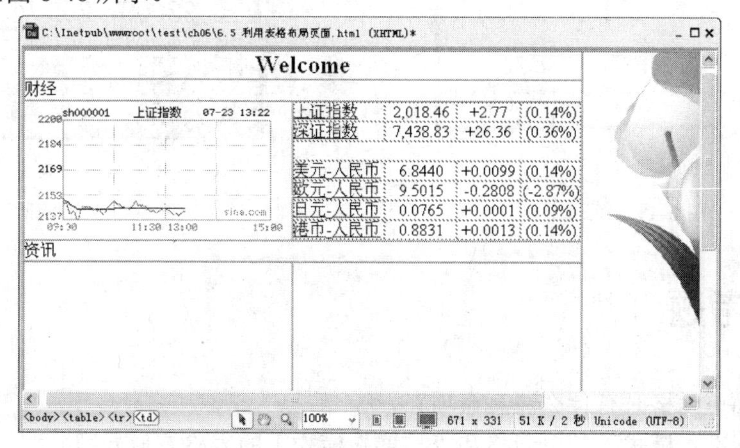

图 6-46　页面效果

11 同理，在其他两行单元格中插入相应的内容。最终的页面效果如图 6-47 所示。

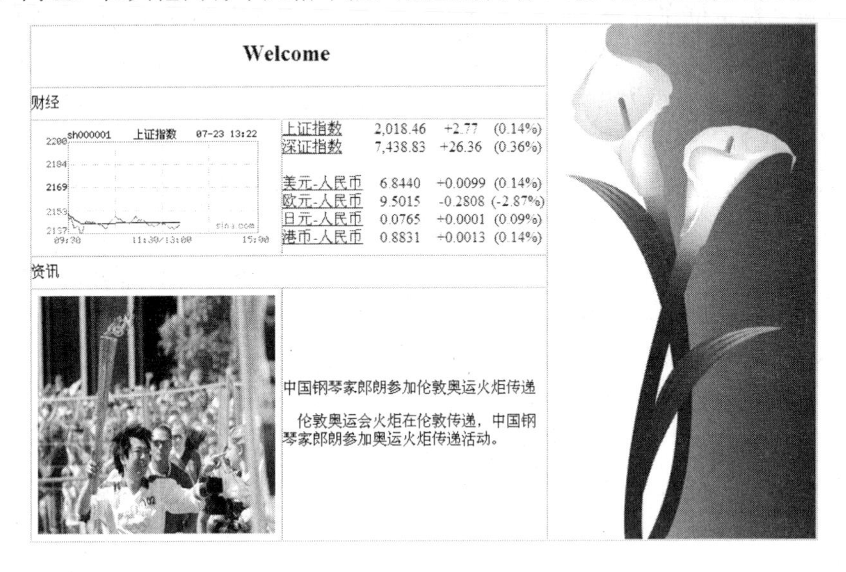

图 6-47 页面效果

12 保存页面。按 F12 键即可在浏览器中预览页面效果。

6.6 动手练一练

1. 制作一个如图 6-48 所示的表格。
2. 制作一个如图 6-49 所示的表格。
3. 在 Dreamweaver CS6 中对图 6-49 所示表格进行排序。
4. 把图 6-49 所示表格数据导出到文本文件中，数据以逗号分隔。

图 6-48 练习 1

姓名	工号	年龄	工资
张三	98056	26	3600
李四	98231	23	2900
王五	97864	34	3300
朱八	99001	19	1800

图 6-49 练习 2

6.7 思考题

1. 粘贴单元格时有什么注意事项？
2. “标准”模式下的单元格和“扩展”模式下的表格有何异同？

第7章 行　　为

本章导读

本章将介绍行为的基本知识及使用方法。内容包括：行为、事件的基本知识；行为的绑定；行为属性的设置和修改；第三方行为的安装；详细介绍 Dreamweaver CS6 各个内置行为的使用方法，包括调用 JavaScript 代码、跳转菜单、打开浏览器窗口、设置状态条文本、显示–隐藏 AP 元素等行为。使用行为制作网页特效，将使网页动起来，令页面更加丰富多彩。

- 行为和事件的概念与关系
- 应用行为创建交互
- Dreamweaver CS6 的内置行为

7.1 行为

行为（Behaviors）是 Dreamweaver CS6 提供的一种实现页面交互控制的机制。要使网页更丰富多彩的话，就要使用行为来感知外界的信息并作出相应的响应。Dreamweaver CS6 提供了丰富的内置行为，这些行为的设置是利用简单直观的语句设置手段，不需要编写任何代码，就可以实现一些强大的交互性与控制功能。它还可以从互联网上下载一些第三方提供的动作来使用。

7.1.1 认识行为

利用行为可以实现用户和网页之间的交互，通过用户在网页中触发一定的事件来引发一些相应的动作。

一般来说，行为由一个事件（Event）和一个动作（action）组成。事件通常由浏览器确定，比如单击鼠标左键事件、鼠标经过事件和文件下载事件等。动作通常由一段 JavaScript 代码组成，通过在网页中执行这段代码就可以完成相应的任务，比如打开新的浏览窗口、播放声音或弹出信息等。行为代码是客户端 JavaScript 代码，即它运行于浏览器中，而不是服务器上。Dreamweaver 本身提供了很多常用内置行为，而且会把 JavaScript 代码添加在页面中，而不需要自己写。当然，也可以对有的代码进行手工修改，使之更符合自己的需要。

单个事件可以触发多个不同的动作，这些动作发生的顺序可以在 Dreamweaver 中被指定，从而达到需要的效果。

7.1.2 行为面板

在 Dreamweaver 中，主要是在行为面板上实现对行为的添加和控制。如果有必要，还可以直接打开 HTML，在其中进行必要的修改。

若要打开“行为”面板，执行“窗口”｜“行为”命令。打开的“行为”面板如图 7-1 所示。

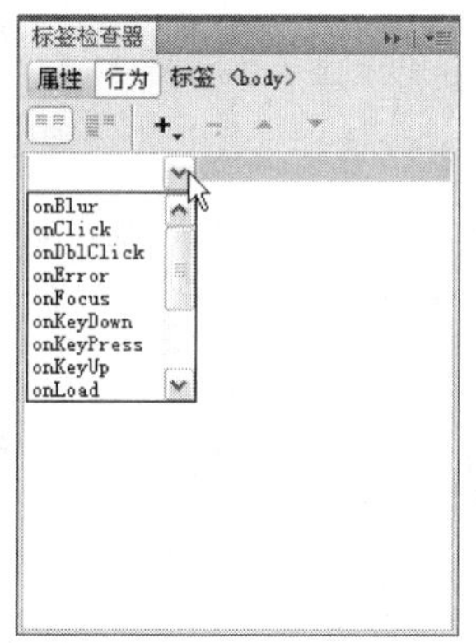

图 7-1 “行为”面板

该面板中各个部分功能如下：

- ：仅显示附加到当前文档的那些事件。事件被分别划归到客户端或服务器端类别中。每个类别的事件都包含在一个可折叠的列表中，可以单击类别名称旁边的加号/减号按钮展开或折叠该列表。
- ：在行为列表中按字母降序列出可应用于当前元素的所有事件。
- +：单击该按钮，弹出行为列表，列表中包含可以附加到当前所选元素的动作。对当前不能使用的行为，以灰色显示，没有变灰的其他行为表示可以使用。当选择一个行为时，就会打开参数对话框。
- -：单击该按钮，删除当前选择的行为。
- ▲和▼：用于在行为列表中移动选定的动作，改变执行动作的顺序。给定事件的动作是以特定的顺序执行的。
- onLoad：单击行为列表中所选事件名称旁边的箭头按钮时出现的弹出式菜单（如图 7-1 所示），其中包含可以触发该动作的所有事件。只有在选择了行为列表中的某个事件时才显示此菜单。根据所选对象的不同，显示的事件也有所不同。如果未显示预期的事件，则检查是否选择了正确的网页元素或标签。一个对象可以有多个触发事件。通常一个事件是针对页面对象或标记而言。

7.1.3 认识事件

每个浏览器都提供一组事件，这些事件可以与“行为”面板所提供的动作相关联。当 Web 页的访问者与页面进行交互时（如单击某个链接），浏览器生成事件，这些事件可用于调用引起动作发生的 JavaScript 函数。没有用户交互也可以生成事件，例如设置页面每 10s 自动重新载入。事件触发动作，这就是行为，Dreamweaver 提供许多可以使用这些事件触发的常用动作。下面简要介绍网页制作过程中常用的事件：

- onAbort：当用户终止浏览器对一幅图像的载入时会触发该事件。例如，在图像下载过程中，用户单击浏览器的“停止”按钮时，就会触发该事件。
- onBlur：当指定的元素不再是用户交互行为的焦点时，触发该事件。例如，光标原停留在文本框中，当用户单击此文本框之外的对象时，触发该事件。
- onChange：当用户改变了页面中的值时，触发该事件。
- onClick：当用户单击在页面上某一特定的元素时，触发该事件。
- onDblClick：当用户双击在页面上某一特定的元素，触发该事件。
- onError：当浏览器在载入页面或图像过程中发生错误时，触发该事件。
- onFocus：本事件与 onBlur 事件正好相反，当用户将光标定位在指定的焦点时，触发该事件。
- onKeyDown：当用户按下键盘上的一个键，无论是否释放该键都会触发该事件。
- onKeyPress：当用户按下键盘上的一个键，然后释放该键时，触发该事件。该事件可以看作是 onKeyUp 和 onKeyDown 两个事件的组合。
- onKeyUp：当用户按下键盘上的一个键，在释放该键时，触发该事件。
- onLoad：当一幅图像或页面完成载入之后，触发该事件。
- onMouseDown：当用户按下鼠标左键尚未释放时，触发该事件。

- onMouseOver：当用户将鼠标指针移开指定元素的范围时，触发该事件。
- onMouseUp：当按下的鼠标按钮被释放时，触发该事件。
- onMove：当浏览窗口或框架移动时，触发该事件。
- onReadyStateChange：当指定的状态发生改变时，触发该事件。可能的元素状态包括：未初始化（uninitialiazed）、载入（loading）和完成（complete）。
- onReset：当一个表单中的数据被重置时，触发该事件。
- onScroll：当用户利用滚动条或箭头键上下滚动显示内容时，触发该事件。
- onSelect：当用户从文本框中选取文本时，触发该事件。
- onSubmit：当用户提交表单时，触发该事件。
- onUnload：当用户离开页面时，触发该事件。

请注意，大多数事件只能用于特定的页面元素。若要查明对于给定的页面元素及给定的浏览器支持哪些事件，请在文档中插入该页元素并向其附加一个行为，然后查看“行为”面板中的“事件”弹出式菜单。

7.2 应用行为

7.2.1 安装第三方行为

Dreamweaver CS6最有用的功能之一就是它的扩展性，即它为精通JavaScript的用户提供了编写JavaScript代码的机会，这些代码可以扩展 Dreamweaver 的功能。然而要创建行为，必须精通HTML和JavaScript语言，这有很大的难度。好在网上有许多可用的第三方行为供下载。

若要从Exchange站点下载和安装新行为，请执行以下操作：

（1）打开“行为”面板并单击“添加行为”按钮+，在弹出菜单中执行“获取更多行为”。这时会自动启动浏览器，连接到Dreamweaver的官方站点下载行为。

（2）下载并解压缩所需的行为扩展包。

（3）将解压的文件存入 Dreamweaver 安装目录下的 Configuration\Behaviors\Actions 文件夹中。

（4）重新启动Dreamweaver CS6。

7.2.2 绑定行为

行为可以绑定到整个文档（即附加到body标签）、链接、图像、表单元素或多种其他HTML元素中的任何一种，但是不能将行为绑定到纯文本。诸如<p>和<span>等标签不能在浏览器中生成事件，因此无法从这些标签触发动作。

可以为每个事件指定多个动作。动作以它们在行为面板的动作列表中列出的顺序发生。绑定行为的操作步骤如下：

（1）执行“窗口”｜“行为”命令，打开“行为”面板。

（2）在页面上选择一个元素，例如一个图像或一个链接等非纯文本元素。

（3）单击“添加行为”按钮 +，从弹出式菜单中选择一个行为，如图 7-2 所示。不能选择菜单中灰显的行为。它们灰显的原因可能是当前文档中不存在所需的对象。如果所选的对象无可用事件，则所有行为都灰显。

（4）选择某个动作时，将出现一个对话框，显示该动作的参数和说明。

（5）为该动作输入参数，然后单击“确定”。

（6）触发该动作的默认事件显示在事件栏中。如果这不是所需的触发事件，则可以单击事件名称后面的下拉箭头从事件弹出式菜单中选择所需要的事件，如图 7-3 所示。

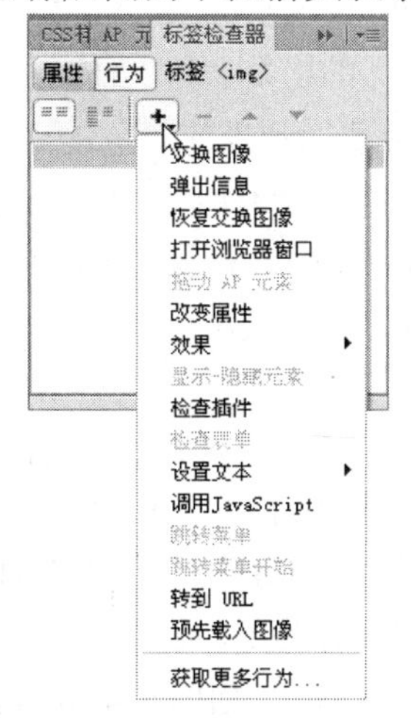

图 7-2　选择行为

图 7-3　选择事件

根据所选对象的不同，显示在事件弹出式菜单中的事件将有所不同。如果未显示预期的事件，则检查是否选择了正确的对象。一些事件（例如 onMouseOver）在其前面显示有<A>，代表此事件仅用于链接，若所选对象不是链接时这些事件将不可选。

行为不能附加到纯文本，但是可以将行为附加到链接。因此，若要将行为附加到文本，最简单的方法就是向文本添加一个空链接（不指向任何内容），然后将行为附加到该链接上。若要将某个行为附加到所选的文本，请执行以下操作：

（1）在属性检查器的“链接”文本框中输入 javascript:;。一定要包括冒号和分号。

也可以在“链接”文本框中改用数字符号 (#)。使用数字符号的问题在于当访问者单击该链接时，某些浏览器可能跳到页的顶部。单击 JavaScript 空链接不会在页面上产生任何效果，因此 JavaScript 方法通常更可取。

（2）在文本仍处于选中状态时打开“行为”面板。

（3）从“动作”弹出菜单中选择一个动作，输入该动作的参数，然后选择一个触发该动作的事件。

7.2.3　修改行为

在附加了行为之后，可以更改触发动作的事件、添加或删除动作以及更改动作的参数。修改行为的的操作步骤如下：

（1）执行“窗口”｜“行为”命令，打开“行为”面板。

（2）选择一个绑定有行为的对象。

（3）按需要执行以下操作：

➢ 若要编辑动作的参数，则双击该行为名称，然后更改弹出对话框中的参数。
➢ 若要更改给定事件的多个行为的顺序，选择某个行为后单击▲或▼按钮。
➢ 若要删除某个行为，将其选中后单击“删除事件”按钮−或按 Delete 键。

7.3 Dreamweaver 的内置行为

执行“窗口”｜“行为”命令，弹出“行为”面板，单击“行为”面板中的“添加行为”按钮+，则会弹出行为列表，可从中选择一个行为添加到当前对象的“行为”面板中。在文档窗口中选择的对象不一样，则可以使用的行为也不一样。给一个对象添加行为时，在“行为”面板的标题栏中会显示该对象的 HTML 标记，在行为列表中不可用的行为都以灰色显示。本节将对 Dreamweaver CS6 内置行为的具体使用方法进行说明。

7.3.1 调用 JavaScript

“调用 JavaScript”动作允许用户使用行为面板指定当发生某个事件时应该执行的自定义函数或 JavaScript 代码行。JavaScript 代码可以是用户自己编写或使用 Web 上多个免费的 JavaScript 库中提供的代码。下面介绍调用 JavaScript 行为的步骤。

01 新建一个 HTML 文档，插入一个表单域和一个按钮，如图 7-4 所示。

02 选中按钮并打开“行为”面板。

03 单击“添加行为”按钮+，从行为弹出菜单中选择“调用 JavaScript”命令，弹出“调用 JavaScript”对话框，如图 7-5 所示。

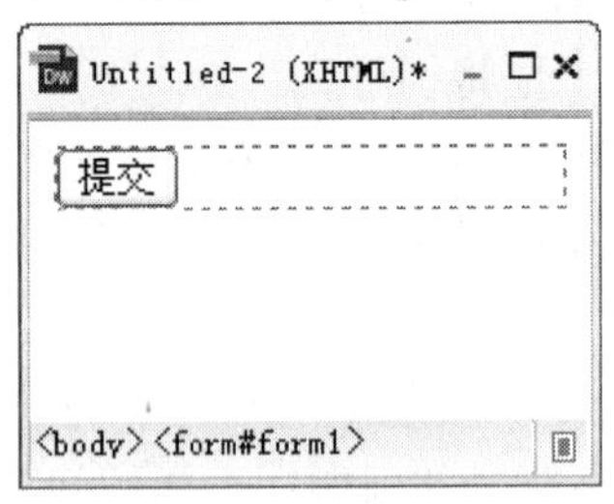

图 7-4 插入表单按钮

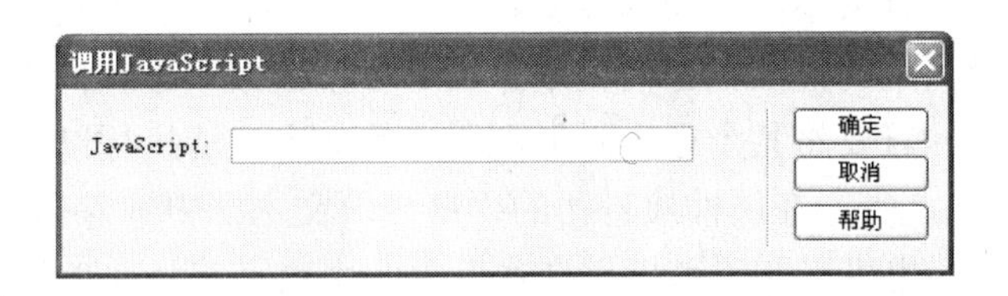

图 7-5 “调用 JavaScript”对话框

04 输入要执行的 JavaScript：“alert("欢迎使用 Dreamweaver CS6")”。

05 单击“确定”。此时“行为”面板显示如图 7-6 所示。

至此实例制作完毕，按 F12 键打开浏览器预览效果。单击“提交”按钮，即可弹出一个对话框，如图 7-7 所示。

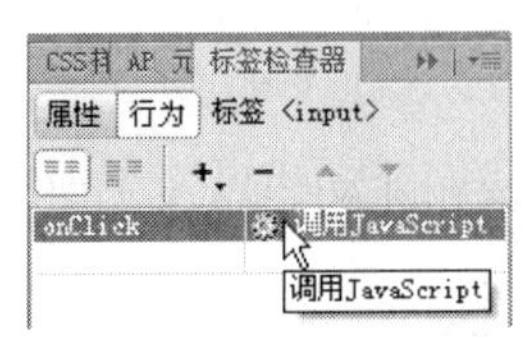

图 7-6 添加行为后的“行为”面板

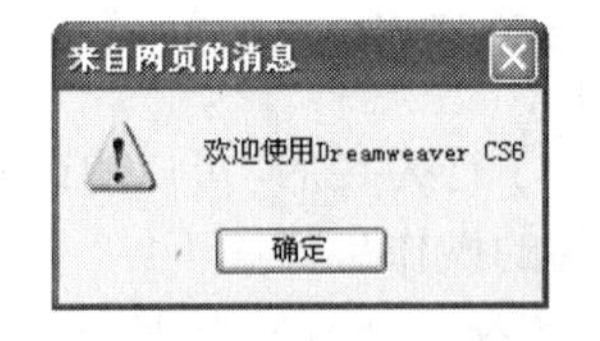

图 7-7 “调用 JavaScript”行为的效果

7.3.2 改变属性

“改变属性”动作的作用是动态地改变某一个对象的属性值。下面介绍改变属性的步骤。

01 打开“插入”浮动面板，并切换到“常用”面板，然后单击“插入 div 标签”图标，打开对应的对话框。

02 在“插入”下拉列表框中选择“在插入点”，在“ID”文本框中输入标签的名称，本例输入 dd。然后单击“新建 CSS 规则”按钮，弹出“新建 CSS 规则”对话框。

03 在“选择器类型”下拉列表中选择“标签”，在“选择器名称”下拉列表中选择 div，然后单击“确定”按钮打开对应的规则定义对话框。

04 在对话框左侧的分类列表中选择“区块”，设置文本对齐方式为“居中对齐”，然后单击“确定”按钮。

05 在页面中插入的 div 标签中插入文字，并在属性面板上设置文本的格式为“标题 1”。如图 7-8 所示。

图 7-8　在 div 标签中插入文字

06 在标签选择器中单击<div>标签，单击“行为”面板上的“添加行为”按钮，并从行为弹出式菜单中执行“改变属性”命令，弹出“改变属性”对话框。

07 在“元素类型”下拉列表中选择 DIV，在“元素 ID”下拉列表中选择 DIV“dd”，在“属性”下拉列表中选择 backgroundColor，并在“新的值”文本框中输入新的颜色值 #FF0，对各项参数具体设置如图 7-9 所示。

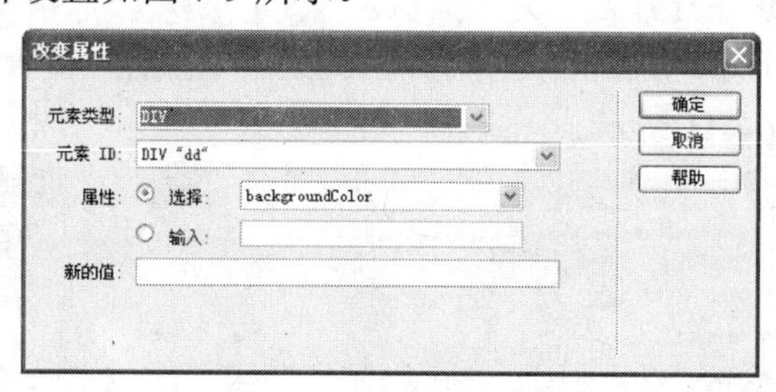

图 7-9　“改变属性”对话框

各项参数说明如下：

- “元素类型”：用于选择要改变属性的对象类型，有 LAYER、DIV、SPAN 等。

- “元素 ID”：在对象类型中设置了对象的类型后，命名对象选择框列出了可以改变属性的对象。
- “选择”：选中此项，则可以从后面的列表项中选择一项要改变的属性，然后再从后面的浏览器列表中选择一种浏览器来浏览网页。
- “输入”：选中此项，就可以直接在后面的编辑框中输入要改变的对象属性。
- “新的值”：设置所选择对象新的属性值。

08 单击“确定”按钮关闭对话框，并在“行为”面板为行为选择需要的事件onMouseOver。

09 制作完毕，可以按下 F12 键打开浏览器进行测试。在浏览器中将鼠标移到“Welcome”上时，表格背景将变为黄色，如图 7-10 所示。

图 7-10　改变属性后的效果

7.3.3　检查插件

当一个站点的网页中设置了某些插件时，应通过“检查插件”动作检查用户的浏览器中是否安装了这些插件（Plug in），如果用户安装了这些插件，则跳转到一个网页中，如果没有安装这些插件，则不进行跳转或跳转到另一个网页。如果不进行检查，当用户没有安装这些插件的播放器时就无法浏览网页中的插件。“检查插件”动作功能就是根据浏览器安装插件的情况打开指定的网页。

使用“检查插件”动作的步骤如下：

（1）选择一个对象并打开“行为”面板。

（2）单击“添加行为”按钮并从行为弹出式菜单中执行“检查插件”命令，弹出“检查插件”对话框，如图 7-11 所示。

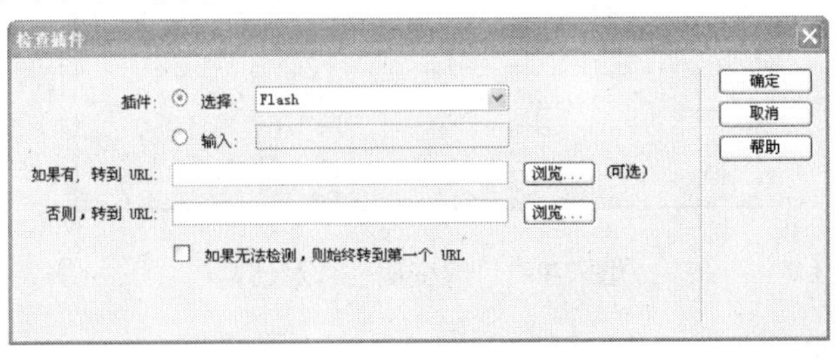

图 7-11　“检查插件”对话框

（3）对该对话框各个选项进行设置，各选项的功能介绍如下：

- “选择”：选中此项，可以从后面的插件下拉列表框中选择一种插件。
- “输入”：选中此项，可以直接在后面文本框中输入插件的类型，类型只能是 Flash、Shockwave、LiveAudio、Netscape Media Player、Quicktime 等 5 种类型插件中的一种。
- “如果有，转到 URL”：如果找到前面设置的插件类型，则跳转到后面文本框中设定的网页。
- “否则，转到 URL”：如果没有找到前面设置的插件类型，则跳转到后面文本框中设定的网页。若要让不具有该插件的访问者留在同一页上，请将此域留空。
- “如果无法检测，则始终转到第一个 URL”：选择该项后，如果不能进行检查插件，则跳转到第一个 URL 地址设定的网页。Macintosh 上的 Internet Explorer 中不能实现插件检测。Windows 上的 Internet Explorer 中也检测不到大多数插件。因此，此选项只适用于 Internet Explorer。Netscape Navigator 总是可以检测到插件。

（4）单击“确定”按钮，之后为动作选择所需的事件。

7.3.4 Spry 效果

在如今 Web 2.0 盛行、AJAX 流行的时代背景下，Adobe 将轻量级的 AJAX 框架 Spry 集成到了 Dreamweaver CS6 中，这无疑是令广大网页设计者兴奋的事情。本节只简要介绍 Spry 所带来的 Ajax 视觉效果。效果可以修改元素的不透明度、缩放比例、位置和样式属性（如背景颜色）。Dreamweaver CS6 内置的十多种精美的 Spry 效果可直接应用于使用 JavaScript 的 HTML 页面上几乎所有的元素，轻松地向页面元素添加视觉过渡，而无需其它自定义标签。由于这些效果都基于 Spry，因此当用户单击应用了效果的对象时，只有对象会进行动态更新，而不会刷新整个 HTML 页面。

如果要向某个元素应用效果，该元素当前必须处于选定状态，或者它必须具有一个有效的 ID。如果该元素未选中，且没有有效的 ID 值，则需要向 HTML 代码中添加一个 ID 值。因此，对页面元素应用 Spry 效果的一般步骤如下：

（1）选择要应用效果的内容或布局对象，也可以直接进入下一步。

（2）单击“行为”面板中的“添加行为”按钮 +，从弹出菜单中选择“效果”，并在效果子菜单下选择需要的效果。

（3）从“目标元素”菜单中选择要应用效果的对象的 ID。如果已经选择了一个对象，请选择“<当前选定内容>”。

（4）设置对话框中的其他内容。

下面简要介绍一下 Dreamweaver CS6 中几种常用的 Spry 效果的功能和参数设置。

- 增大/收缩：使元素变大或变小。此效果适用于 address、dd、div、dl、dt、form、p、ol、ul、applet、center、dir、menu 或 pre 对象。其属性设置对话框如图 7-12 所示。

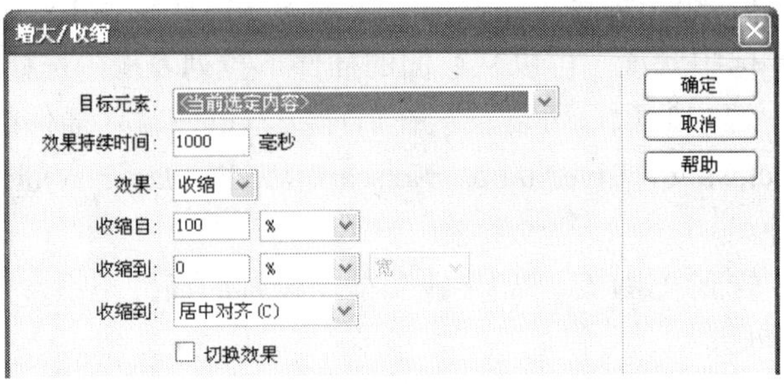

图 7-12 “增大/收缩”对话框

在“增大/收缩”对话框的“目标元素”菜单中选择某个对象的 ID。如果已经在窗口中选择了一个对象，则选择“<当前选定内容>”。

在“效果持续时间”文本框中指定效果持续的时间，单位为毫秒。

在“效果”下拉列表框中选择要应用的效果。

分别在“增大自/收缩自”和“增大到/收缩到”文本框中，以百分比大小或像素值指定对象在效果开始时和结束时的大小。

在“增大到/收缩到”列表框中选择元素增大或收缩到的位置，可以是页面的左上角或是页面的中心。

如果希望连续单击可以在增大或收缩间切换，请选中“切换效果”复选框。

- 挤压：使元素从页面的左上角消失。此效果仅适用于 address、dd、div、dl、dt、form、img、p、ol、ul、applet、center、dir、menu 或 pre 对象。
- 显示/渐隐：使元素显示或渐隐。此效果适用于除 applet、body、iframe、object、tr、tbody 或 th 以外的其他 HTML 对象。

在“渐隐自/显示自”文本框中定义显示此效果所需的不透明度百分比。

在“渐隐到/显示到”文本框中设置要渐隐到的不透明度百分比。

如果选择“切换效果”，则该效果是可逆的，即连续单击可从“渐隐”转换为“显示”或从“显示”转换为“渐隐”。

- 晃动：模拟从左向右晃动元素。此效果仅适用于 address、blockquote、dd、div、dl、dt、fieldset、form、h1、h2、h3、h4、h5、h6、iframe、img、object、p、ol、ul、li、applet、dir、hr、menu、pre 或 table 对象。
- 滑动：向上或向下移动元素。此效果仅适用于 blockquote、dd、div、form 或 center 对象。滑动效果要求在要滑动的内容周围有一个 <div> 标签。

分别在“上滑自/下滑自”和“上滑到/下滑到”文本框中，以百分比或像素值形式定义起始滑动点和结束滑动点。

如果希望通过连续单击实现上下滑动，请选中“切换效果”。

- 遮帘：模拟百叶窗效果，向上或向下滚动百叶窗来隐藏或显示元素。此效果仅适用于 address、dd、div、dl、dt、form、h1、h2、h3、h4、h5、h6、p、ol、ul、li、applet、center、dir、menu 或 pre 对象。

在“向上遮帘自/向下遮帘自”文本框中，以百分比或像素值形式定义遮帘的起始滚动点。这些值是从对象的顶部开始计算的。

在“向上遮帘到/向下遮帘到”域中，以百分比或像素值形式定义遮帘的结束滚动点。这些值是从对象的顶部开始计算的。

如果希望连续单击实现上下滚动，请选择“切换效果”。

- 高亮颜色：更改元素的背景颜色。此效果适用于 applet、body、frame、frameset 或 noframes 以外的其他 HTML 对象。

在“起始颜色”和“结束颜色”后面的颜色井中分别选择开始高亮显示、结束高亮显示的颜色。

在“应用效果后的颜色”后面的颜色井中选择该对象在完成高亮显示之后的颜色。

如果希望通过连续单击来循环使用高亮颜色，选择“切换效果”选项。

与其他行为一样，可以将多个效果行为与同一个对象相关联以产生有趣的结果。

注意：

当使用效果时，系统会在代码视图中将不同的代码行添加到您的文件中。其中的一行代码用来标识 SpryEffects.js 文件，该文件是包括这些效果所必需的。请不要从代码中删除该行，否则这些效果将不起作用。

7.3.5 拖动 AP 元素

“拖动 AP 元素”动作只对网页中的 AP 元素起作用，它允许将 AP 元素拖放到网页中特定的位置。使用此动作，可以创建拼板游戏、滑块控件和其他可移动的界面元素。

使用“拖动 AP 元素”动作的步骤如下：

（1）在文档窗口的“设计”视图中绘制一个 AP 元素对象，并在属性面板上为 AP 元素对象设置名称。

（2）单击“文档”窗口底部标签选择器中的 <body> 选择 body 标签。

（3）打开行为面板，单击“添加行为”按钮 +，并从动作弹出式菜单中执行“拖动 AP 元素”命令，弹出“拖动 AP 元素”对话框，如图 7-13 所示。

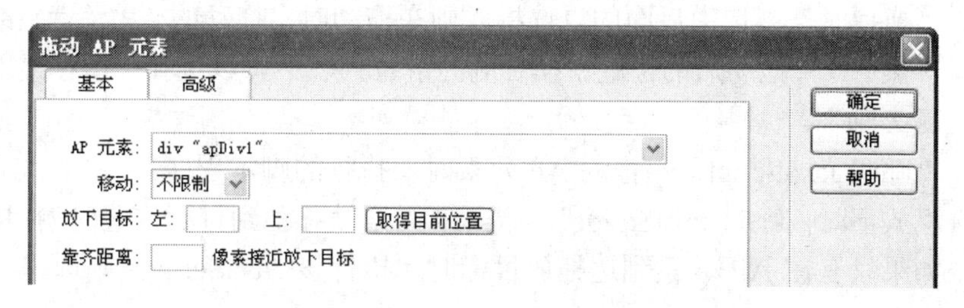

图 7-13 “拖动 AP 元素”对话框的基本设置

（4）设置对话框中各个选项，该对话框中由“基本”和“高级”两个标签组成，主要选项的功能介绍如下：

- “AP 元素”：选择“拖动 AP 元素”行为的对象。单击右侧的下拉键，在下拉列表框内列出了本页面中所有 AP 元素，从中选择要控制的 AP 元素。
- “移动”：AP 元素的移动方式。在下拉列表中可以选择“不限制”或“限制”。当选择“限制”时，对话框中会添加“上”、“下”、“左”和“右”四个参数。在参数后面的文本框中填入数字，单位是像素，即确定了 AP 元素的拖动范围。

它们分别表示 AP 元素移动范围距其初始位置（AP 元素拖动前，AP 元素的左上角位置）“向上”、“向下”、“向左”、“向右”的距离。

- “拖放目标”：目的地位置。在“左”和“上”后的文本框内分别输入该位置距页面左端和上端的距离，单位是像素。后面有“取得目前位置”按钮，单击可以在文本框中得到 AP 元素目前的位置参数。
- “靠齐距离”：产生吸附效果的像素数。表示当距目标位置的距离为设置值时，自动吸附到目标位置。
- 对于简单的拼板游戏和布景处理，到此步骤为止即可。若要定义 AP 元素的拖动控制点、在拖动 AP 元素时跟踪其移动以及在放下 AP 元素时触发动作，请单击“高级”标签切换，如图 7-14 所示。主要选项的功能介绍如下：

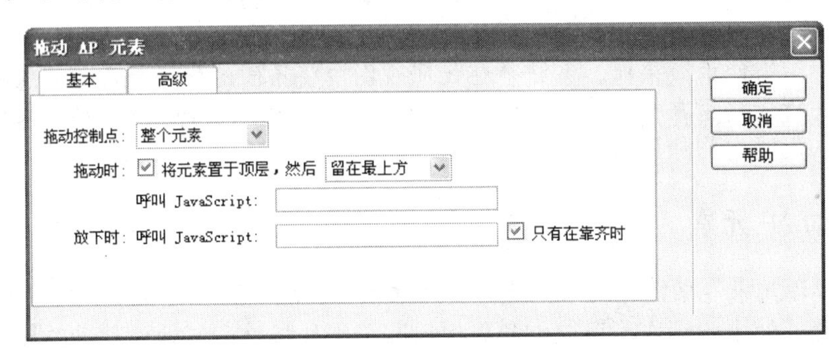

图 7-14　“拖动 AP 元素”对话框的高级设置

- “拖拽控制点”：在右侧下拉列表框内可以选择“整个元素”和“元素内的区域”。指定访问者单击 AP 元素可以触发动作的区域。若必须单击 AP 元素的特定区域才能拖动 AP 元素，则选择“元素内的区域”； 若单击 AP 元素中的任意位置拖动此 AP 元素，则不要选择此项。
- “拖拽时”：选中后面的复选框，则在拖动时，拖动的 AP 元素始终在最上层。
- “然后”：拖动后的位置。在右侧的下拉列表中可以选择“留在最上方”或“恢复 Z 轴”。
- “呼叫 JavaScript”：拖动 AP 元素时要执行的脚本程序。
- “放下时，呼叫 JavaScript”：当 AP 元素被移动到目标位置时调用的脚本程序。如果只有在 AP 元素到达拖放目标时才执行该 JavaScript，则选择“只有在靠齐时”。

（5）单击“确定”，之后为动作选择所需的事件。

7.3.6　转到 URL

“转到 URL”行为的网页满足特定的触发事件时，会跳转到特定的 URL 地址，并显示设定的网页。

使用“转到 URL”动作的步骤如下：

（1）选择一个对象，并打开行为面板。

（2）单击“行为”面板上的“添加行为”按钮 +，并从行为弹出式菜单中执行“转到 URL”命令，弹出“转到 URL”对话框，如图 7-15 所示。该对话框中的两个选项的功能如下：

- “打开在”：选择网页打开的窗口。默认窗口为“主窗口”，即浏览器的主窗口。若正在编辑的网页有多个帧（实际上就是窗口），则每个帧的名称将在“打开在”列表框中，从该列表框可选择在哪个帧中打开网页。

注意：
如果任何框架命名为 top、blank、self 或 parent，则此动作可能产生意想不到的结果。浏览器有时将这些名称误认为保留的目标名称。设置对话框中各个选项。

- URL：输入要打开的网页。

图 7-15 “转到 URL”对话框

（3）单击“确定”按钮，之后为动作选择所需的事件。

7.3.7 跳转菜单

当使用“插入”|“表单”|“跳转菜单”创建跳转菜单时，Dreamweaver 创建一个菜单对象并向其附加一个“跳转菜单”（或“跳转菜单转到”）行为。“跳转菜单”动作只有在文档窗口中选择一个跳转菜单后才能使用，可以通过该动作修改跳转菜单及改变默认的触发事件。在文档窗口中插入一个跳转菜单后，该跳转菜单会作为一个动作出现在其对应的“行为”面板中，对应的事件是 onChange。

使用“跳转菜单”动作的步骤如下：

（1）选择一个跳转菜单对象，并打开“行为”面板。

（2）单击“行为”面板上的“添加行为”按钮 +，并从动作弹出式菜单中执行“跳转菜单”命令，弹出“跳转菜单”对话框，如图 7-16 所示。

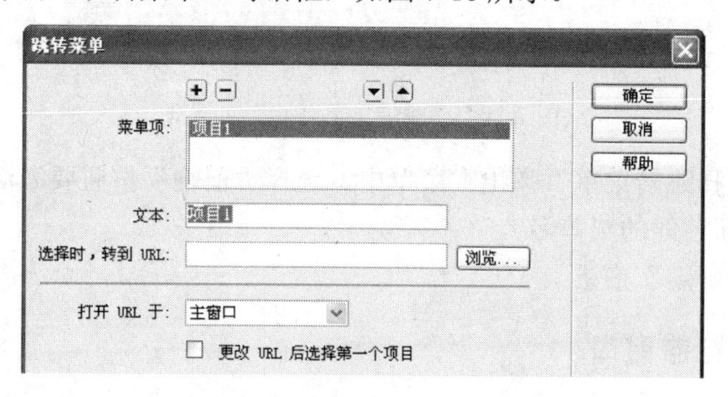

图 7-16 “跳转菜单”对话框

（3）设置对话框中各个选项，该对话框中各个参数功能如下：

- “菜单项”：用于设置跳转菜单的条目。用户可以使用+、-、▲、▼按钮对每个条目进行编辑。
- “文本”：用于设置条目的名称，这将显示在跳转菜单中。
- “选择时，转到 URL”：用于设置该条目所对应的超链接。
- “打开 URL 于”；用于设置打开链接的位置。
- “更改 URL 后选择第一个项目”：选中此复选框，则当 URL 改变后自动选择第一个条目。

（4）单击“确定”按钮，然后为动作选择所需的事件。

7.3.8 跳转菜单开始

如果在插入跳转菜单时，选择了其对话框中的“菜单之后插入前往按钮”选项，则会在跳转菜单后面添加一个“前往”按钮，同时行为面板中也会添加其对应的动作及触发事件。“跳转菜单开始”动作用于设置跳转菜单的“前往”按钮来控制不同的跳转菜单。

“跳转菜单开始”动作与“跳转菜单”动作密切关联。“跳转菜单开始”允许将一个“前往”按钮和一个跳转菜单关联起来（在使用此动作之前，文档中必须已存在一个跳转菜单）。单击“前往”按钮打开在该跳转菜单中选择的链接。通常情况下，并不是跳转菜单都需要一个“前往”按钮。从跳转菜单中选择一项通常会引起 URL 的载入，不需要任何进一步的用户操作。但是如果访问者选择已在跳转菜单中选择的同一项，则不发生跳转。通常情况下这不会有多大关系，但是如果跳转菜单出现在一个框架中，而跳转菜单项链接到其他框架中的页，则通常需要使用“前往”按钮，以允许访问者重新选择已在跳转菜单中选择的项。

使用“跳转菜单开始”动作的步骤如下：

（1）选择一个跳转菜单的“前往”按钮，并打开“行为”面板。

（2）单击“行为”面板上的“添加行为”按钮+，并从行为弹出式菜单中执行“跳转菜单开始”命令，弹出“跳转菜单开始”对话框，如图 7-17 所示。

图 7-17 “跳转菜单开始”对话框

（3）在“选择跳转菜单”弹出式菜单中，选择“前往”按钮要激活的菜单（一般是紧挨“前往”按钮前面的菜单名）。

（4）单击“确定”按钮。

7.3.9 打开浏览器窗口

使用“打开浏览器窗口”动作在打开当前网页的同时，还可以再打开一个新的窗口。同时，还可以编辑浏览窗口的大小、名称、状态栏、菜单栏等属性。

使用“打开浏览器窗口”动作的步骤如下：

（1）选择一个对象并打开“行为”面板。

（2）单击“行为”面板上的“添加行为”按钮，并从动作弹出式菜单中执行“打开浏览器窗口”命令，弹出“打开浏览器窗口”对话框，如图 7-18 所示。

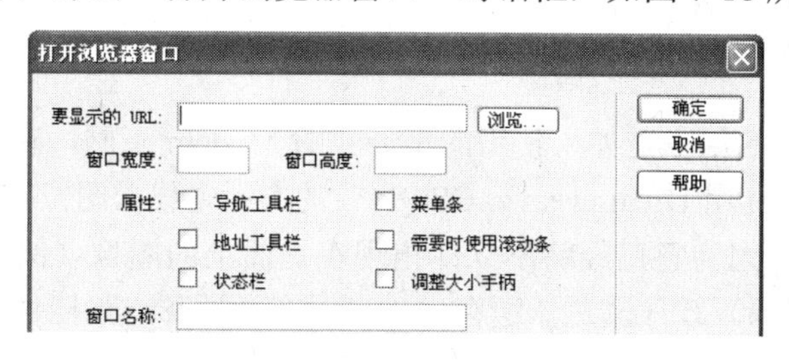

图 7-18 “打开浏览器窗口”对话框

（3）对该对话框中各个参数进行设置，该对话框中各个参数的功能如下：

- “要显示的 URL”：可以在其后的框中直接输入网页的地址，也可以通过“浏览”按钮打开一个文件选择窗口，从中选择一个文件。
- “窗口宽度”：用于设置打开的浏览器窗口的宽度。
- “窗口高度”：用于设置打开的浏览器窗口的高度。
- “属性”：用于设置打开的浏览器窗口的一些显示属性，它有 6 个选项，可以选中其中的一个或多个显示特性。其中“导航工具栏”选项表示显示导航按钮；“菜单条”选项表示显示菜单条；“地址工具栏”选项表示显示地址栏；“需要时使用滚动条”选项表示根据内容的多少自动添加滚动条；“状态栏”选项表示显示状态条；“调整大小手柄”选项表示显示调整尺寸的手柄。
- “窗口名称”：给打开的浏览器窗口设置一个名字。

（4）单击“确定”按钮，之后为动作选择所需的事件。

7.3.10 弹出信息

“弹出信息”动作显示一个带有指定消息的 JavaScript 警告。因为 JavaScript 警告只有一个“确定”按钮，所以使用此动作可以提供信息，而不能为用户提供选择。

使用“弹出信息”动作的步骤如下：

（1）选择一个对象，并打开行为面板。

（2）单击“行为”面板上的“添加行为”按钮，并从动作弹出式菜单中执行“弹出信息”命令，弹出“弹出信息”对话框，如图 7-19 所示。

（3）在“消息”域中输入需要的消息。

（4）单击“确定”按钮，之后为动作选择所需的事件。

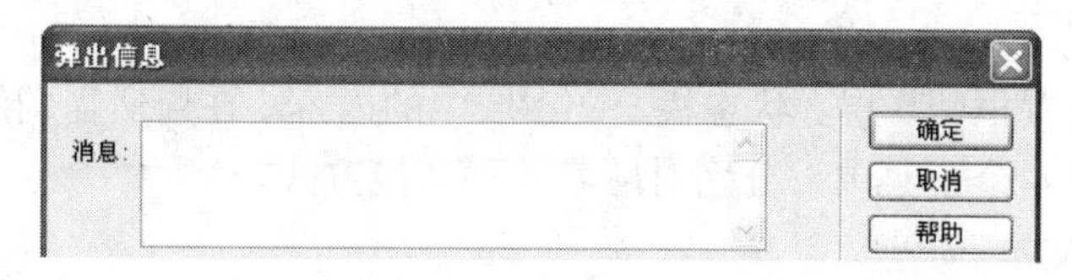

图 7-19 “弹出信息”对话框

提示：不能控制 JavaScript 警告的外观，这是由访问者的浏览器决定的。如果希望对消息的外观进行更多的控制，可考虑使用“打开浏览器窗口”行为。

7.3.11 预先载入图像

经常在网上浏览的用户，如果使用的是一般的 Modem 上网，感受最深的当然是显示图像时的漫长等待。利用 Dreamweaver CS6 自带的“预先载入图像”动作，可以使图像的下载时间明显加快。因为它已经将不立即出现在页面上的图像（例如那些将通过行为或 JavaScript 换入的图像）载入浏览器缓存中，可以有效地防止当图像该出现时由于下载速度导致的延迟。这样可以大大提高网站的访问量。

使用“预先载入图像”动作的步骤如下：

（1）选择一个对象，并打开“行为”面板。

（2）单击“行为”面板上的“添加行为”按钮 +，并从动作弹出式菜单中执行“预先载入图像”命令，弹出“预先载入图像”对话框，如图 7-20 所示。

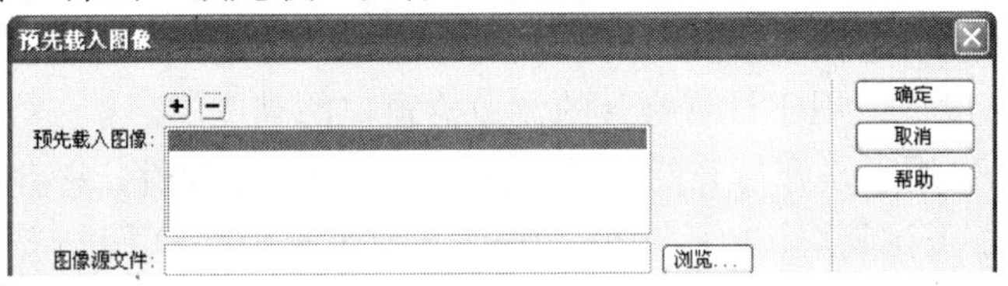

图 7-20 “预先载入图像”对话框

（3）单击“浏览”按钮选择要预先载入的图像文件，或在“图像源文件”文本框中输入图像的路径和文件名。

（4）单击对话框顶部的“添加项”按钮 + 将图像添加到“预先载入图像”列表中。

（5）对所有剩下的要预先载入当前页的图像重复第 3 步和第 4 步。

（6）若要从“预先载入图像”列表中删除某个图像，请在列表中选择该图像，然后单击“删除项”按钮 −。

（7）单击“确定”按钮，然后为行为选择所需的事件。

提示：如果在输入下一个图像之前没有单击加号按钮，则列表中上次选择的图像将被“图像源文件”文本框中新输入的图像替换。

“交换图像”动作自动预先载入在“交换图像”对话框中选择“预先载入图像”选项时所有高亮显示的图像，因此当使用“交换图像”时不需要手动添加要预先载入的图像。

7.3.12 设置文本

该动作可以设置框架、层、状态栏、文本域中的内容，在用适当的触发事件触发后显示新的内容。它有 4 个子菜单，分别对应着 4 种切换方式。

1．设置框架文本

“设置框架文本”行为用于设置框架内容的动态变化，当适当的触发事件触发后在某一个框架显示新的内容，该动作将替换框架的格式设置。

使用“设置框架文本”动作的步骤如下：

（1）选择一个对象，并打开“行为“面板。

（2）单击“行为”面板上的“添加行为”按钮 +，并从动作弹出式菜单中执行“设置文本”|“设置框架文本”命令，弹出“设置框架文本”对话框，如图 7-21 所示。

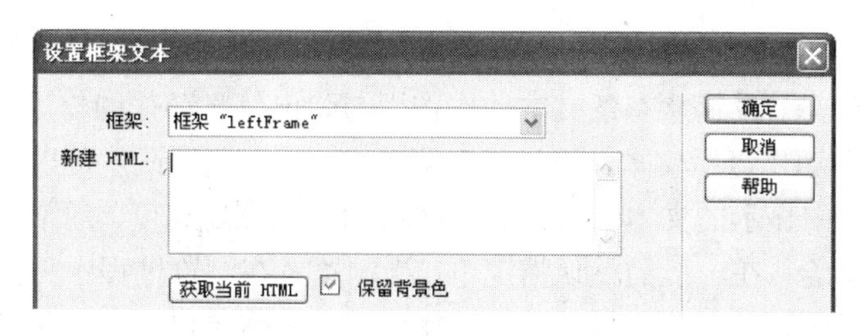

图 7-21　“设置框架文本”对话框

（3）对该对话框各个选项进行设置，该对话框中各个选项的功能如下：

- “框架”：用于设置内容进行动态变化的框架，可从右边下拉列表中选择一个框架。
- “新建 HTML”：用于设置当前框架新加入的内容，在其文本框中可输入任何的 HTML 语句以及 JavaScript 代码，这些内容将代替原来该框架的内容。
- “获取当前 HTML”：单击该按钮，则当前框架的内容会以 HTML 代码的形式显示在上面的文本框中。
- “保留背景色”：选中该复选框，则保留该框架以前设置的背景颜色和文本颜色。

（4）单击“确定”按钮，之后为动作选择所需的事件。

2．设置容器的文本

“设置容器的文本”行为用于设置页面上的现有容器（可以包含文本或其他元素的任何元素）的内容和格式进行动态变化，但保留容器的属性（包括颜色）。当适当的触发事件触发后在某一个窗口中显示新的内容，该内容可以包括任何有效的 HTML 源代码。。

使用“设置容器的文本”动作的步骤如下：

（1）选择一个对象，并打开行为面板。

（2）单击“行为”面板上的“添加行为”按钮 +，并从动作弹出式菜单中执行“设置文本”|“设置容器的文本”命令，弹出“设置容器的文本”对话框，如图 7-22 所示。

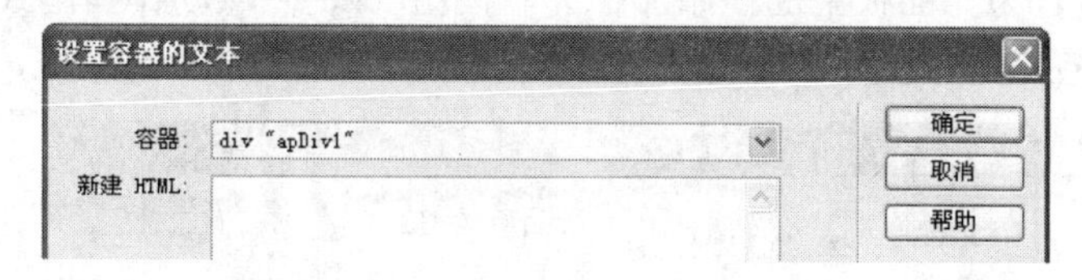

图 7-22　“设置容器的文本”对话框

（3）对该对话框各个选项进行设置，该对话框中各个参数的功能如下：

- “容器”：用于设置内容进行动态变化的容器。
- “新建 HTML”：用于设置当前容器新加入的内容，在该文本框中可输入任何有效的 HTML 语句、JavaScript 函数调用、属性、全局变量或其它表达式，这些内容将代替原来该容器中的内容。若要嵌入一个 JavaScript 表达式，其将其放置在大括号（{}）中。若要显示大括号，其在它前面加一个反斜杠（\{）。

（4）单击“确定”按钮，之后为动作选择所需的事件。

3．设置状态栏文本

“设置状态栏文本”行为用于设置层状态栏显示的信息，当用适当的触发事件触发后在状态栏中显示信息。设置状态条文本动作作用与弹出信息动作的作用很相似，不同的是如果使用弹出消息动作显示文本，访问者必须单击“确定”按钮才可以继续浏览网页中的内容。而在状态栏中显示的文本信息不会影响访问者的浏览速度，通常使用 onMouseOver 事件和这个动作配合。在一般的默认情况下，当浏览者在浏览过程中将鼠标移动到超级链接上时，在状态栏中显示的是链接的地址。使用这个动作可以改变这种默认设置，使网页更加丰富多彩、吸引更多的访问者。

使用“设置状态栏文本”动作的步骤如下：

（1）选择一个对象，并打开行为面板。

（2）单击“行为”面板上的“添加行为”按钮 +，并从动作弹出式菜单中执行“设置文本”｜“设置状态栏文本”命令，弹出“设置状态栏文本”对话框，如图 7-23 所示。

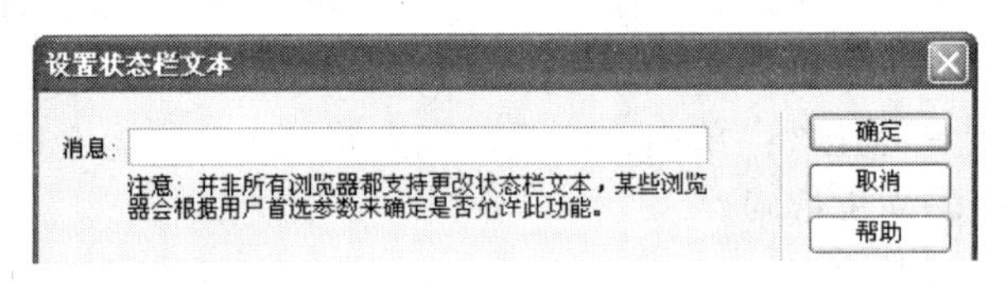

图 7-23　“设置状态栏文本”对话框

（3）将需要显示的信息输入到“消息”文本框中。

（4）单击“确定”按钮，之后为动作选择所需的事件。

4．设置文本域文字

“设置文本域文字”行为用于设置文本域的内容进行动态变化，在用适当的触发事件触发后，在某一个文本域中显示新的内容。使用本行为前必须先插入文本域表单对象。

使用“设置文本域文字”动作的步骤如下：

（1）选择一个对象，并打开“行为“面板。

（2）单击“行为”面板上的“添加行为”按钮 +，并从动作弹出式菜单中执行“设置文本”｜“设置文本域文字”命令，弹出“设置文本域文字”对话框，如图 7-24 所示。

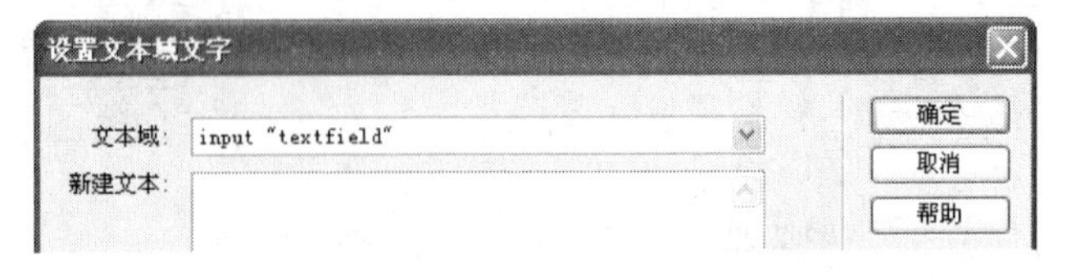

图 7-24　“设置文本域文字”对话框

（3）对该对话框各个选项进行设置，该对话框中各个参数的功能如下：

➢ “文本域”：用于设置内容进行动态变化的文本域，可从右边的下拉列表中选择一个文本域。

- “新建文本”：用于设置当前文本域新加入的内容，在该文本框中可输入任何的HTML语句以及JavaScript代码，这些内容将代替原来该文本域的内容。若嵌入一个 JavaScript 表达式，要将其放置在大括号（{}）中。

（4）单击“确定”按钮，之后为动作选择所需的事件。

7.3.13 显示-隐藏元素

“显示-隐藏元素”动作用于显示、隐藏或恢复一个或多个AP元素的默认可见性。此动作用于当用户与页面进行交互时显示信息。例如，当用户将鼠标指针滑过一个人物的图像时，可以显示一个包含有该人物的姓名、性别、年龄和星座等详细信息的页面元素。还可用于创建预先载入页面元素，即一个最初挡住页内容的较大页面元素，在所有页组件都完成载入后该页面元素即消失。

使用“显示-隐藏元素”动作的步骤如下：

（1）选择一个对象，并打开行为面板。

（2）单击“行为”面板上的“添加行为”按钮+，并从动作弹出式菜单中执行“显示-隐藏元素”命令，弹出“显示-隐藏元素”对话框，如图7-25所示。

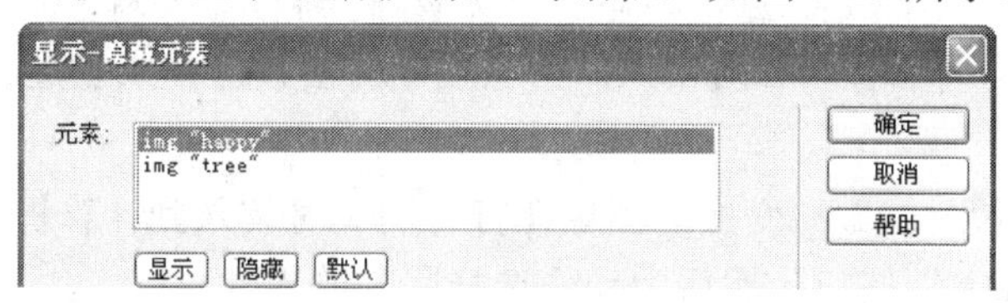

图7-25 “显示-隐藏元素”对话框

（3）对该对话框各个选项进行设置，该对话框中各个参数的功能如下：

- “元素”：在列表框中列出可用的所有元素的名称供选择。
- “显示”：单击此按钮，则执行动作后元素可见。
- “隐藏”：单击此按钮，则执行动作后元素不可见。
- “默认”：单击此按钮，则执行动作后按默认值决定元素是否可见，一般是可见。

（4）单击“确定”按钮，之后为动作选择所需的事件。

7.3.14 交换图像/恢复交换图像

“交换图像/恢复交换图像”动作通过更改<img>标签的src属性将一个图像和另一个图像进行交换。使用此动作可以使一幅图像产生变换。“恢复交换图像”动作只有在“交换图像”动作之后使用才有效，前者很简单，在此只介绍后者的使用方法。

使用“交换图像”动作的步骤如下：

（1）选择一个对象，并打开行为面板。

（2）单击“行为”面板上的“添加行为”按钮+，并从动作弹出式菜单中执行“交换图像”命令，弹出“交换图像”对话框如图7-26所示。

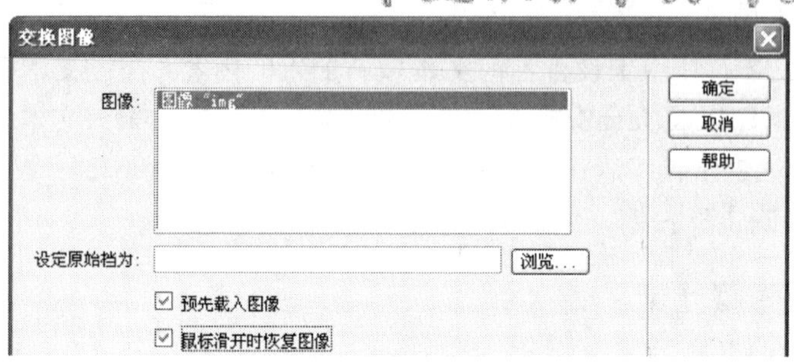

图 7-26 “交换图像”对话框

（3）对该对话框各个选项进行设置，该对话框中各个参数的功能如下：

- “图像”：在该列表框中显示出当前文档窗口中所有的图像名，可以从该列表中选择一幅图像并使其进行图像变换。
- “设定原始档为”：设置原来图像的替换图像，可直接在该文本框中输入图像的文件名，也可单击浏览按钮，打开图像文件选择窗口，浏览并选择一个图像文件。

注意：

由于只有 src 属性受此动作的影响，所以应该换入一个与原图像尺寸（高度和宽度）相同的图像。否则换入的图像显示时会被压缩或扩展，以使其适应原图像的尺寸。

- “预先载入图像”：变换的图像在打开网页时装入到计算机的缓冲区中。

（4）单击“确定”按钮，然后为动作选择所需的事件。

7.3.15 检查表单

“检查表单”动作检查指定文本域的内容以确保输入了正确的数据类型。使用 onBlur 事件将此动作附加到单个文本域，在填写表单时对表单对象的值进行检查；或使用 onSubmit 事件将其附加到表单，在单击“确定”按钮时，同时对多个文本域进行检查。将此动作附加到表单，防止表单提交到服务器后任何指定的文本域含有无效的数据。

使用“检查表单”动作的步骤如下：

（1）选择一个文本域对象，并打开行为面板。

（2）单击“行为”面板上的“添加行为”按钮 +，并从动作弹出式菜单中执行“检查表单”命令，弹出“检查表单”对话框如图 7-27 所示。

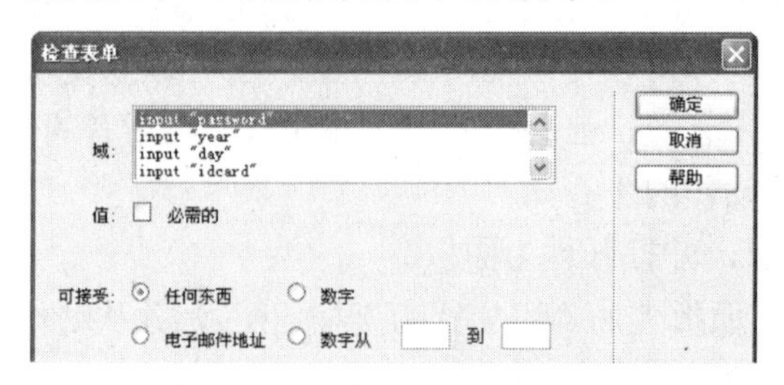

图 7-27 “检查表单”对话框

（3）对该对话框各个选项进行设置，该对话框中各个参数的功能如下：

- “域”：在该列表框中列出可用的所有域名供选择设置。
- “必需的”：选中此项，则表单对象必须填有内容不能为空。
- “任何东西”：选中此项，则该表单对象是必需的，但不需要包含任何特定类型的数据。如果没有选择“必需的”选项，则该选项就无意义了，也就是说它与该域上未附加“检查表单”动作一样。
- “数字”：选中此项，则检查该域是否只包含数字。
- “电子邮件地址”：选中此项，则检查该表单对象内是否包含一个 @ 符号。
- “数字从”：选中此项，则表单对象内只能输入指定范围的数字。

（4）单击“确定”按钮，然后为动作选择所需的事件。

在 Dreamweaver CS6 中，利用 Adobe 预制的表单验证组件，如 Spry 验证文本域、Spry 验证复选框、Spry 验证选择等构件，新手也可轻松快捷地检查表单，构建 AJAX 页面。

7.4 动手练一练

1. 在文档中插入一张图片，并把图片设为虚链接，为图片绑定调用 JavaScript 行为。当鼠标移到图像上时弹出对话框提示“这是虚链接”。

2. 新建一个文件，往文档添加一个表单，以及姓名文本域、密码文本域、电子邮件文本域和电话文本域等。利用“检查表单”行为，对各表单对象进行有效性验证。要求姓名、密码非空，电话号码只能输入数字，电子邮件地址必须为有效地址（即XXX@XXX.XXX格式）。

7.5 思考题

1. 在网页中插入一张图片后，为什么不能使用“显示-隐藏元素”行为？
2. 行为“跳转菜单”和“跳转菜单开始”有什么区别，分别适用于什么情况？

第8章 AP元素与框架

本章导读

本章将介绍 AP 元素与框架的基本知识及使用方法。内容包括：AP 元素及嵌套 AP 元素的创建、AP 元素的属性设置、AP 元素的管理、AP 元素的操作、实现 AP 元素与表格之间的相互转化以及显示与隐藏 AP 元素；框架的创建、框架的基本操作、框架和框架集的属性设置、设置框架背景、保存框架和框架集文件、使用链接控制框架的内容及框架的实际应用等。

- 插入 AP 元素
- 设置 AP 元素的属性
- 框架集与框架的创建
- 设置框架背景
- 保存、删除框架

8.1 AP 元素的概念

AP 元素是 Dreamweaver CS6 中最有价值的对象之一。所谓 AP 元素，就是绝对定位元素，是分配有绝对位置的 HTML 页面元素，它由层叠样式表发展而来，提供了一种对网页对象进行有效控制的手段。AP 元素可以包含文本、图像、表单、插件，甚至 AP 元素内还可以包含其他 AP 元素。也就是说，在 HTML 文档的正文部分可以放置的元素都可以放入 AP 元素中。由于 AP 元素可以放置在网页中的任何位置，从而能有效地控制网页中的对象。AP 元素是在制作网页时经常用到的对象，元素的定位是一个最简单也是大多数人都掌握的技巧。用表格对页面进行排版非常方便，但有时需要在文字上放一些图片之类的应用，表格就不能胜任了，这时就需要用 AP 元素来排版。在 Dreamweaver CS6 中 AP 元素还可以转换成表格，这也是很方便的。利用 Dreamweaver 可以在不进行任何 JavaScript 或 HTML 编码的情况下放置 AP 元素和制作 AP 元素动画。可以将 AP 元素前后放置，隐藏某些 AP 元素而显示其他 AP 元素，以及在屏幕上移动 AP 元素。可以在一个 AP 元素中放置背景图像，然后在该 AP 元素的前面放置第二个 AP 元素，它包含带有透明背景的文本。这样就可以制作 AP 元素渐进和渐出的动画。Dreamweaver CS6 中的 AP 元素有如下优点：

（1）能够定位精确。插入一个 AP 元素后，可以很方便地在属性设置面板中定出它的大小及在页面中的绝对坐标，并且 AP 元素与 AP 元素之间的定位也相当精确，几乎可以不通过属性栏，直接用眼观看就可以了。

（2）插入自如。如果用表格实现在页面的某处插入一段文本或一幅图片，可能会将表格拆分得乱七八糟，最后还可能因定位不好，在浏览器中预览还不尽如人意。如果用 AP 元素就方便多了，随便画一个 AP 元素，可以插入任何网页对象，然后拖到安放的地方，绝对精确。

（3）加速浏览。在网页制作的过程中，为了完成图片、文字之间的精确定位，往往通过将表格制得很大，然后拆成数个单元格或将表格进行嵌套，在各个单元中插入图片或文字来实现。然而在 IE 浏览器中，一个表格只有被完全下载完后，才能显示其内容，如果这个表格很大的话，往往让浏览者等上半天。运用 AP 元素来制作的网页，定位会很精确，使用不同版本的浏览器浏览网页内容时就没有上述的问题。

（4）具有可叠加性。表格是不能叠加的，而 AP 元素可以叠加，并且后面创建的 AP 元素会覆盖先创建的 AP 元素。利用这一特性，可以达到各种微妙的效果，例如在数个 AP 元素中插入不同的图片，然后叠起来。AP 元素中还可以插入表格，将 AP 元素和表格综合利用起来，以便更好地实现图文混排。

8.2 创建 AP 元素

8.2.1 AP 元素管理面板

通过 AP 元素管理面板可以管理文档中的所有 AP 元素。执行“窗口”|“AP 元素”

命令，可以显示 AP 元素管理面板，如图 8-1 所示。

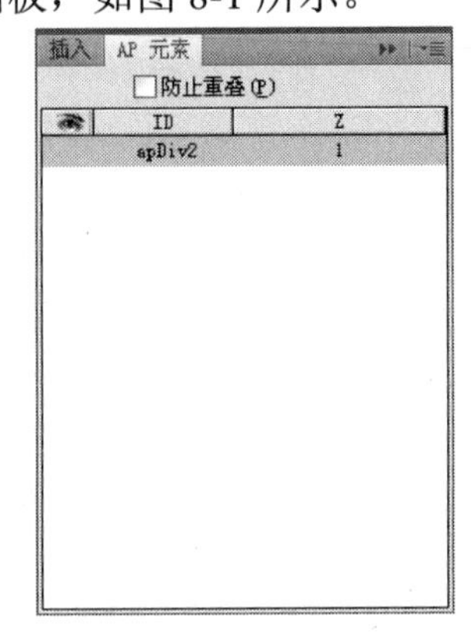

图 8-1　AP 元素管理面板

AP 元素显示为按 Z 轴顺序排列的名称列表。若创建 AP 元素时使用 AP 元素的默认属性，则首先创建的 AP 元素出现在列表的底部，最新创建的 AP 元素出现在列表的顶部。嵌套的 AP 元素显示为连接到父 AP 元素的名称。也就是说各 AP 元素之间若有重叠部分，则重叠部分总是显示位于列表上边的 AP 元素的内容。

使用 AP 元素管理面板可以防止 AP 元素重叠，改变 AP 元素的可见性及堆叠顺序等。

（1）防止 AP 元素重叠。防止 AP 元素重叠的操作方法如下：执行“窗口”|“AP 元素”命令，调出 AP 元素管理面板，选择“防止重叠”复选框即可防止 AP 元素重叠。选中该项后，其选择框内会出现一个“√”。

（2）改变 AP 元素的可见性。改变 AP 元素的可见性的操作方法如下：执行“窗口”|“AP 元素”命令，调出 AP 元素管理面板，然后选择需要改变可见性的 AP 元素所在的行，单击眼睛图标列，设置为需要的可见性。其中睁开的眼睛表示 AP 元素可见；闭上的眼睛表示不可见；没有眼睛表示继承其父 AP 元素的可见性，如果没有父 AP 元素，则继承文档主体的可见性，它总是可见的。

（3）改变 AP 元素的堆叠顺序。改变 AP 元素的堆叠顺序的操作方法如下：执行“窗口”|“AP 元素”命令，调出 AP 元素管理面板，然后选择需要改变堆叠顺序的 AP 元素所在的行，单击 Z 列，输入需要的堆叠顺序号。如果输入一个较大的数字，则 AP 元素在堆叠顺序中往前移动；输入较小的数字，则 AP 元素在堆叠顺序中往后移动。

8.2.2　创建新的 AP 元素

（1）执行“窗口”|“插入”命令，打开“插入”面板，单击“插入”面板上的“布局”标签，切换到“布局”面板。

（2）单击“布局”面板中的“绘制 AP Div”按钮，此时鼠标显示为＋形。

（3）在文档窗口中需要插入 AP 元素的位置单击，或用鼠标拖出一个矩形 AP 元素，插入 AP 元素后的效果如图 8-2 所示。

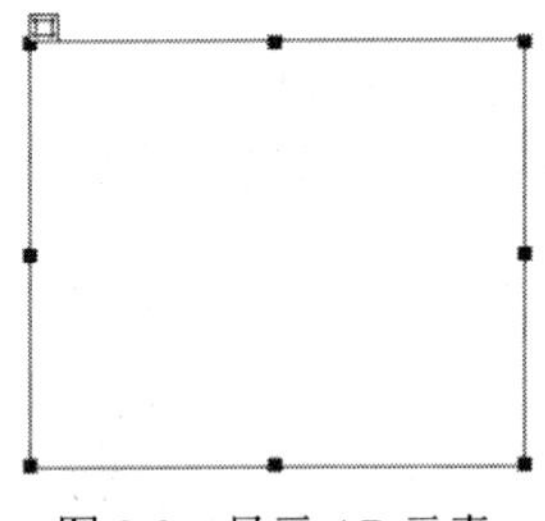
图 8-2　显示 AP 元素

此外，也可以将光标放置在文档窗口中需要插入 AP 元素的位置，然后执行“插入”|“布局对象”|“AP 元素”命令，插入一个默认大小的 AP 元素。

提示： 如果需要画多个 AP 元素，在单击插入面板上会“绘制 AP Div”的图标后，按住 Ctrl 键，在文档窗口中画出一个 AP 元素。只要不释放 Ctrl 键，就可以连续画多个 AP 元素。

8.2.3 创建嵌套 AP 元素

嵌套 AP 元素就是在一个 AP 元素中的 AP 元素。嵌套的 AP 元素随着父 AP 元素移动并且继承父 AP 元素的可见性。

下面介绍在文档中创建嵌套 AP 元素的具体步骤：

（1）单击“插入”栏“布局”面板“绘制 AP Div”按钮，在文档设计视图中插入一个 AP 元素。

（2）在没有选中“AP 元素”面板中的“防止重叠”复选框的前提下，把光标定位到已创建的 AP 元素内。

（3）单击“插入”栏“布局”面板中的“绘制 AP Div”图标，用插入 AP 元素的方法创建新的 AP 元素。先创建的一个 AP 元素成为父 AP 元素，后创建的 AP 元素成为子 AP 元素。

如果已在“首选参数”对话框中将 AP 元素的嵌套功能禁用，则绘制子 AP 元素时需要按下键盘上的 Alt 键。

插入嵌套 AP 元素后的效果如图 8-3 所示。在 AP 元素管理面板中可以看出 apDiv3 是 apDiv2 的子 AP 元素，如图 8-4 所示。

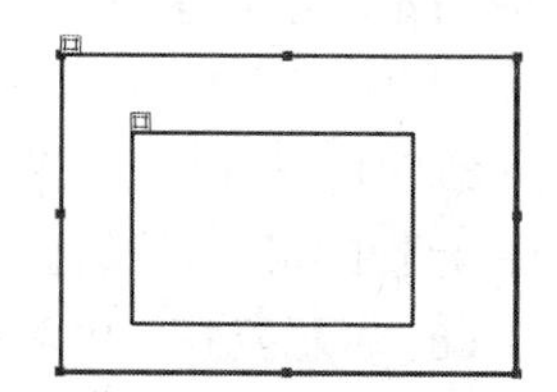

图 8-3 直接创建嵌套 AP 元素

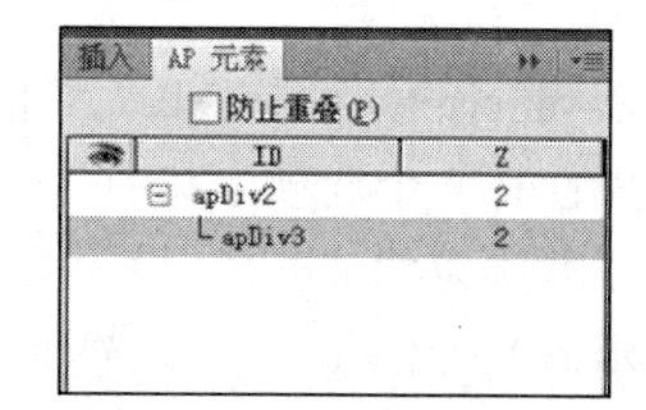

图 8-4 嵌套 AP 元素在管理面板的显示

提示： 如果在 AP 元素参数选择中启用了嵌套，当从另一个 AP 元素内开始绘制 AP 元素时将实现 AP 元素的自动嵌套。操作如下：“编辑”|“首选参数”，显示“首选参数”对话框。在左侧的“类别”列表中选择“AP 元素”，选中“如果在 AP 元素中则使用嵌套”。

8.2.4 AP 元素的属性设置

在设计视图中选择一个 AP 元素，显示的 AP 元素属性面板如图 8-5 所示。面板中各个属性的作用如下：

图 8-5　AP 元素属性设置面板

（1）“CSS-P 元素”：用于设置 AP 元素的名字，名字只能使用英文字母及数字，且只能使用字母开头。

（2）“左”：在该文本框中指定 AP 元素的左边框相对于页面或父 AP 元素左边框的位置。可以在文本框中直接输入具体的数值，使用的计量单位为 px（像素）、pt（点）、pc（十二点活字）、in（英寸）、mm（毫米）、cm（厘米）或%（在父对象中所占的百分比）等。系统默认的计量单位为像素。

（3）“上”：在该文本框中指定 AP 元素顶部边框与页面或父 AP 元素的距离，可以在文本框中直接输入具体的数值。计量单位同“左”。

（4）“宽”和“高”：在这两个文本框中指定 AP 元素的宽度和高度。如果 AP 元素的内容超过指定大小，AP 元素的底边缘会延伸以容纳这些内容。当 AP 元素在浏览器中出现时，如果 AP 元素的“溢出”属性没有设置为“visible”，那么底边缘将不会延伸，超出的那部分内容将自动被剪切掉。计量单位同“左”。

（5）“Z 轴”：在该文本框中指定 AP 元素的 Z-编号（或堆叠顺序号）。Z 轴编号较大的 AP 元素出现在编号较小的 AP 元素的上面。编号可以为正数或负数，也可以是 0。如果 AP 元素不重叠，则该值没有实际用途。可以在 AP 元素管理面板中修改 AP 元素的序列值。

（6）“可见性”：该下拉列表框用于控制 AP 元素的初始显示状态。可使用脚本语言（如 JavaScript）控制 AP 元素的可见性和动态显示 AP 元素的内容。

该属性有 4 个选项，其中“Default”表示不指定 AP 元素的可见性属性，但多数浏览器把该项默认为“Inherit”（继承）；“Inherit”表示继承父 AP 元素的可见性属性；“Visible”表示显示 AP 元素的内容，忽略父 AP 元素是否可见；“Hidden”表示隐藏 AP 元素的内容，忽略父 AP 元素是否可见。

（7）“背景图像”：用于设置 AP 元素的背景图像。

（8）“背景颜色”：用于设置 AP 元素的背景颜色。

（9）“类”：用于设置 AP 元素中的内容所使用的 CSS 样式。

（10）“溢出”：用于设置 AP 元素内容超过了元素大小将以何种方式显示。该选项仅适用于 CSS AP 元素。

该属性共有 4 个选项：其中“Visible”表示增加 AP 元素的大小，AP 元素向下或向右扩大，以便 AP 元素的所有内容都可见；“Hidden”表示保持 AP 元素的大小，剪切掉超出 AP 元素范围的任何内容，不显示滚动条；“Scroll”表示给 AP 元素添加滚动条，不管内容是否超过了 AP 元素的大小，特别是通过提供滚动条来避免在动态环境中显示和不显示滚动条导致的混乱；“Auto”表示在 AP 元素的内容超过边界时自动显示滚动条。

（11）“剪辑”：用于设置 AP 元素的可见区域，指定左侧、顶部、右侧和底边坐标可在 AP 元素的坐标空间中定义一个矩形（从 AP 元素的左上角开始计算）。AP 元素经过“剪辑”后，只有指定的矩形区域才是可见的。这些值都是相对于 AP 元素本身，不是相对于文档窗口或其他对象的。

8.3 AP 元素的操作

创建复杂的页面布局，可以使用 AP 元素来布局页面。要能正确运用 AP 元素来设计网页，必须了解 AP 元素的一些基本操作。AP 元素被插入到文档窗口后，可以进行选择、移动、调整大小、嵌套及删除等操作。

8.3.1 激活 AP 元素

如果需要在 AP 元素中插入对象，必须激活 AP 元素。将鼠标在 AP 元素内的任何地方单击，即可激活 AP 元素。此时，插入点位于 AP 元素内。被激活的 AP 元素的边界突出显示，选择手柄▣也同时显示出来。

提示： 激活 AP 元素的操作不等于选择 AP 元素。

8.3.2 选定 AP 元素

要对 AP 元素进行移动、调整大小等操作，必须先选择 AP 元素。可以选择一个 AP 元素或选择多个 AP 元素，它们的操作不尽相同。

（1）选择一个 AP 元素可使用如下方法之一：

在“AP 元素”面板中单击该 AP 元素的名称。

单击一个 AP 元素的选择柄▣。如果选择柄不可见，在该 AP 元素中的任意位置单击后显示该选项柄。

单击一个 AP 元素的边框。

单击 AP 元素代码标记（在设计视图中），它表示 AP 元素在 HTML 代码中的位置。如果 AP 元素代码标记不可见，执行“查看”｜“可视化助理”｜“不可见元素”命令。

（2）选择多个 AP 元素。有时需要对多个 AP 元素进行操作，比如使多个 AP 元素顶部对齐，或使它们的宽度和高度相同，就需要选择多个 AP 元素，再设置其相应的属性。要选择多个 AP 元素，可执行以下操作之一：

先在文档窗口中选择一个 AP 元素，然后按住 Shift 键，再用鼠标单击其他 AP 元素的边框，则可以同时选择多个 AP 元素。

执行“窗口”｜“AP 元素”命令，调出 AP 元素管理面板，先用鼠标选择一个 AP 元素的名字，然后按住 Shift 键，再用鼠标单击其他 AP 元素的名字，也可以同时选择多个 AP 元素。

8.3.3 调整 AP 元素的大小

在文档窗口中插入一个 AP 元素后，接着的操作过程中常常会根据需要对 AP 元素的大小作适当调整。可以调整单个 AP 元素的大小，也可以同时调整多个 AP 元素的大小以使其具有相同的宽度和高度。

1．调整单个 AP 元素的大小

要调整单个 AP 元素的大小，可执行以下操作之一：

（1）先选择需要调整大小的 AP 元素，然后将光标移动到 AP 元素边框上的小黑方块上，当光标变为垂直双向箭头时，按住鼠标左键向上或向下拖拉鼠标，则可以调整 AP 元素的高度；当光标变为水平双向箭头时，按住鼠标左键向左或向右拖拉光标，则可以调整 AP 元素的宽度；当光标变为斜向双箭头时，按住鼠标左键斜向上或斜向下拖拉光标，则可以调整 AP 元素的高度及宽度。

（2）在设计视图选中 AP 元素，出现属性设置面板，在 AP 元素属性设置面板中直接设置属性宽和高的具体数值。

提示：可以每次一个像素地调整 AP 元素的大小。方法是，选择 AP 元素后在想要扩展的方向上按下键盘上的箭头键和 Ctrl 键就可以完成。

2．同时调整多个 AP 元素的大小

（1）在设计视图中选择两个或更多个 AP 元素。

（2）执行“修改”|“排列顺序”|“设成宽度相同”或“修改”|“ 排列顺序”|“设成高度相同”命令，设成宽度或高度相同，先选定的 AP 元素将调整为最后一个选定 AP 元素（黑色突出显示）的宽度或高度。也可以在属性面板中输入宽度和高度值，这些值将应用于所有选定的 AP 元素。

8.3.4 AP 元素的移动与对齐

在文档窗口中要移动一个 AP 元素，可执行以下操作之一：

（1）先选择一个 AP 元素，然后在该 AP 元素的选择手柄回上按下鼠标左键拖动光标，则可移动 AP 元素。也可以选中 AP 元素后按键盘上的方向键来一个一个像素地移动 AP 元素。

（2）将光标移动到需要移动 AP 元素的边框位置，光标形状变为 4 向箭头时，按住鼠标左键并拖动光标，则可以移动 AP 元素。

（3）在设计视图选中要移动的 AP 元素，在 AP 元素属性设置面板中直接设置“左”、“上”的数值。

当文档窗口中有多个 AP 元素时，可以使用对齐命令使多个 AP 元素对齐。操作方法是：先在文档窗口中选择需要对齐的 AP 元素。然后执行“修改”|“ 排列顺序”子菜单下的“左对齐”、“右对齐”、“对齐上缘”或“对齐下缘”命令。

例如，图 8-6 中的 AP 元素在执行顶对齐命令后的效果如图 8-7 所示。

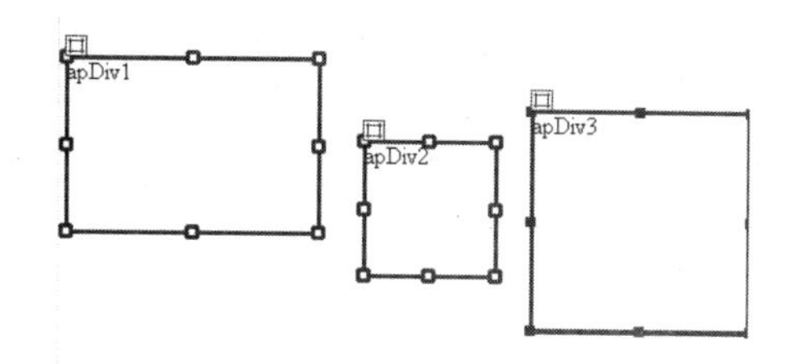

图 8-6　AP 元素对齐前

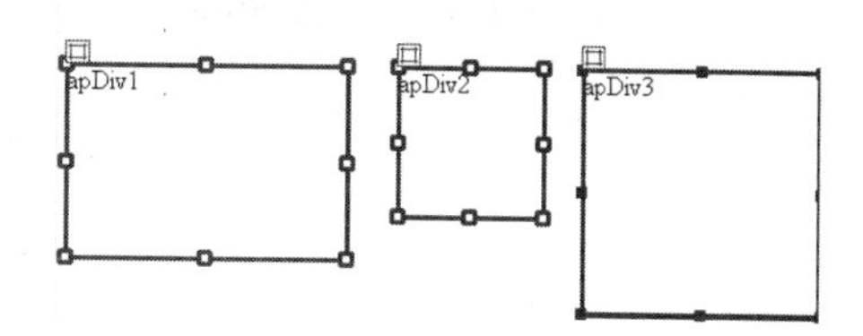

图 8-7　AP 元素对齐后

提示： 如果同时选择多个 AP 元素，在任一个被选择的 AP 元素的手柄上按住鼠标左键并拖拉光标移动该 AP 元素，则其他被选择的 AP 元素也跟着移动。

8.3.5　改变 AP 元素的堆叠顺序

下面以一个图片堆叠效果示例介绍改变 AP 元素堆叠顺序的具体操作。本例最终效果如图 8-8 所示。

01 新建一个文档，单击“插入”栏“布局”面板中的“绘制 AP Div”图标，在文档设计视图中插入一个 AP 元素。

02 光标定位在 AP 元素内，单击“插入”栏“常用”面板中的插入图像的图标，在 AP 元素里插入一张图像。

03 在“AP 元素”面板中取消选中“防止重叠”复选框，按照前两步的方法再建两个 AP 元素，以及在 AP 元素中插入图像。此时的页面效果如图 8-9 所示。

图 8-8　示例效果

图 8-9　效果

04 选中 AP 元素 apDiv1，设置 AP 元素的堆叠顺序。打开 AP 元素管理面板，选中需要调整堆叠顺序的 AP 元素 apDiv2，按下鼠标左键，上下拖动 apDiv2 使之处于 apDiv3 的上面，然后释放鼠标左键。也可单击 Z 索引区后修改 Z 值为 3（Z 值越大，越处于 AP 元素面板的上部）。

另一种方法是选中需要调整堆叠顺序的 AP 元素 apDiv3，然后修改 Z-Index 的值为 3。

05 以同样的方法设置 apDiv1 和 apDiv2 的堆叠顺序。设置后的 AP 元素管理面板如图 8-10 所示。

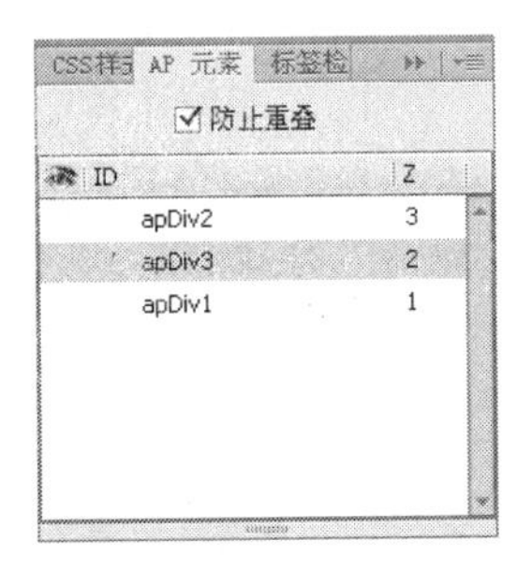

图 8-10　AP 元素的堆叠顺序

06 完成以上步骤，按 F12 键预览网页得到图 8-8 的效果。

8.4　AP 元素与表格的相互转换

由于早期的一些浏览器不支持 AP 元素，所以使用 AP 元素建立的网页需要转换成表格的形式；同样，一些使用表格布局的页面如果希望利用 AP 元素的灵活性，也需要把表格转换成 AP 元素。

8.4.1　将 AP 元素转换成表格

使用 AP 元素能够更方便、精确地将页面的内容定位，还可以迅速地进行复杂的页面设计。所以可以先使用 AP 元素创建复杂的页面布局，然后再把 AP 元素布局转换成表格布局供不支持 AP 元素的浏览器浏览。在 Dreamweaver CS6 中，执行“修改”|“转换”|“将 AP Div 转换为表格”命令即可将 AP 元素转换成表格。弹出的“将 AP Div 转换为表格”对话框如图 8-11 所示。

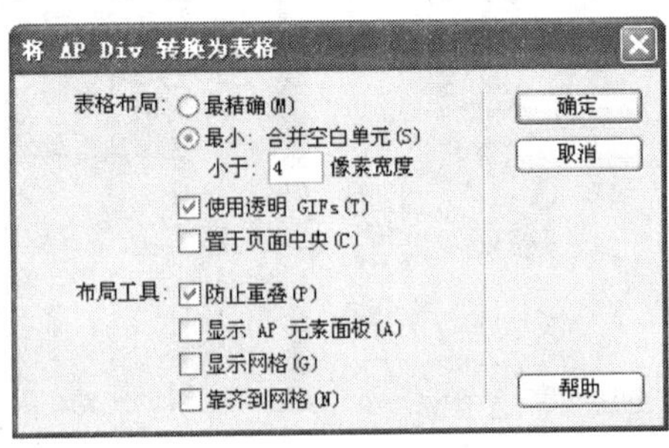

图 8-11　“将 AP 元素转换为表格”对话框

对话框中各参数的功能如下：

“最精确”：如果选择该项，则为每一个 AP 元素建立一个表格单元，同时 AP 元素之间的空隙也建立相应的单元格。

“最小：合并空单元”：如果选择该项，当 AP 元素之间的距离小于设定值时，则这些空隙不生成独立的单元格，它们被合并到较近的 AP 元素生成的单元格中。最小值可以改变，系统默认最小值为 4 个像素。选择该项生成表格的空行、空列最少。

“使用透明 GIFs”：如果选择该项，则生成表格的最后一行用透明的 GIF 文件格式填充，这样在不同的浏览器中可以确保表格以相同的列宽显示。

“置于页面中央”：如果选择该项，生成的表格将在文档窗口中居中放置。

“防止重叠”：如果选择该项，可以防止 AP 元素重叠。

“显示 AP 元素面板”：如果选择该项，转换后显示 AP 元素管理面板。

“显示网格”：如果选择该项，转换后显示网格。

“靠齐到网格”：如果选择该项，启用吸附到网格功能。

注意： 在模板文档或已应用模板的文档中，不能将 AP 元素转换为表格或将表格转换为 AP 元素。所以，应该在非模板文档中创建布局，然后在将该文档另存为模板之前进行转换。

8.4.2 表格转换成 AP 元素

当对页面布局不满意必须进行调整时，如果是使用表格布局的页面，调整没有使用 AP 元素布局的页面灵活，这时可以把表格布局的页面转换为 AP 元素布局的页面，再进行调整。

在文档窗口中，选择需要转换的表格，执行“修改”|“转换”|“将表格转换为 AP Div”命令，出现“将表格转换为 AP Div”对话框，如图 8-12 所示。该对话框中各选项的功能如下：

“显示网格”使网格在“设计”视图中可见。

“靠齐到网格”：使页面元素靠齐到网格线。

“防止重叠”：在创建、移动 AP 元素和调整 AP 元素大小时会约束 AP 元素的位置，使 AP 元素不会重叠。

“显示 AP 元素面板”：显示“AP 元素”面板。

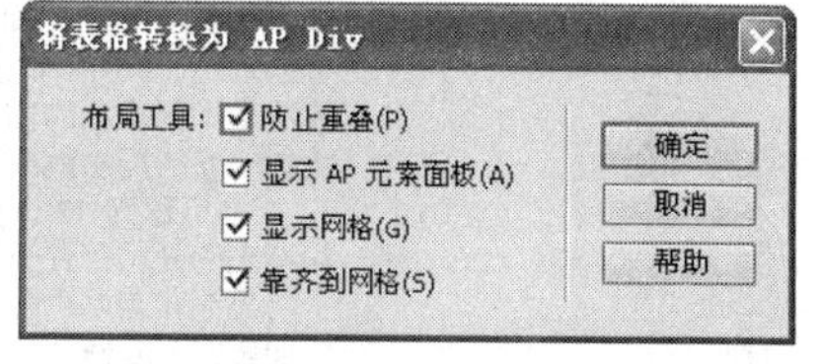

图 8-12 “将表格转换为 AP Div”对话框

使用“将表格转换为 AP Div”命令转换表格时，位于表格外的页面元素也会放入 AP 元素中。表格中的空单元格不会转换为 AP 元素，除非它们具有背景颜色。

8.5 显示与隐藏 AP 元素

上网时常遇到这样的网页：页面上只显示一张图片，当光标移动到图片上时，就会显示一个隐藏的 AP 元素，而光标从图片上移开时，AP 元素又被隐藏起来。这是比较常用的处理技巧，会非常节约版面空间。例如：当光标移动到图 8-13 所示图片上时，隐藏的 AP 元素显示，如图 8-14 所示。光标离开图片时 AP 元素内容隐藏。

实现此例的操作步骤如下：

01 启动 Dreamweaver CS6，新建一个 HTML 文档，并设置其背景图像。新建一个 CSS 规则，设置选择器类型为“类”，选择器名称为“.bgstyle”。单击“确定”按钮打开

规则定义对话框，选择“背景”分类，设置背景不平铺，背景位置（X）为“right”，背景位置（Y）为“bottom”。单击“确定”按钮关闭对话框。在“文档”窗口选中<body>标签，单击鼠标右键，在弹出的下拉菜单中选择“设置类”|“bgstyle”。

图 8-13　实例图片

图 8-14　显示效果

02 在文档窗口中插入一个一行二列的表格，表格宽度为 600 像素，并在属性面板中设置“对齐”方式为“居中对齐”。然后设置单元格内容水平和垂直对齐方式均为居中，在第一行第一列的单元格中插入图片。

03 在第二列单元格中输入文本“Dreamweaver CS6 DIY 教程”，并新建 CSS 规则，设置文本居中放置，字体大小设为 56，颜色设为“＃F00”（红色）。

04 单击“插入”栏“布局”面板中的插入 AP 元素的图标，在文档设计视图中插入一个 AP 元素。调整 AP 元素大小及位置。这时在设计视图中的效果如图 8-15 所示。

05 在 AP 元素内输入文本，然后执行“窗口”｜“AP 元素”命令打开 AP 元素管理面板，单击 AP 元素名称前的眼睛使之闭眼，如图 8-16 所示。这样，AP 元素在网页打开时是不可见的。

06 用鼠标单击图片或单击文档窗口中状态栏上 HTML 标识符<img>，表示选择该图片，执行“窗口”｜“行为”命令，出现“行为”面板。

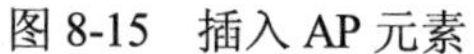

图 8-15　插入 AP 元素

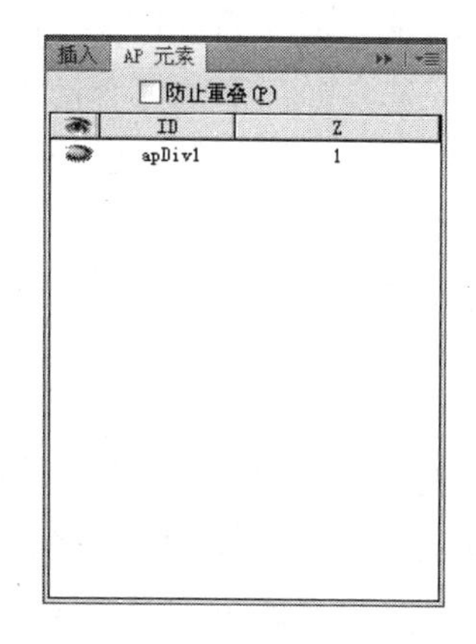

图 8-16　设置 apDiv 为不可见

07 单击行为面板左边的加号（+）按钮，从弹出的下拉菜单中执行“显示-隐藏元素”命令，弹出“显示-隐藏元素”对话框如图 8-17 所示。

图 8-17　“显示-隐藏元素”对话框

08 在“显示-隐藏元素”对话框中单击“显示”按钮后，单击“确定”按钮。返回文档窗口。

09 单击事件下拉列表按钮，从弹出的事件列表菜单中选择 OnMouseOver。

10 为图像添加第二个“显示-隐藏元素”行为，将元素隐藏，这时事件选为 OnMouseOut。

这只是应用 AP 元素的显示与隐藏属性的一个例子。其实利用 AP 元素的这个属性可以制作很多特殊的效果，如当用户单击某个按钮时显示一个交互表单，单击另一个按钮时隐藏这个交互表单。利用这个属性也可以制作下拉菜单，当用户把光标移动到某个项目上时或在某个项目上单击鼠标，就会显示一个下拉菜单，当用户把光标移走时，显示的下拉菜单会被隐藏起来。

8.6　框架

框架可以将文档窗口水平或垂直地分成若干部分，使浏览者能够一次浏览更多的内容。在一般情况下，需要不停地在文章内容和导航内容之间进行切换。但是，如果利用框架结构，把导航内容永远固定在页面的顶部或右边，那任何时候都可以直接选择上面或右边的导航内容，切换到想要浏览的内容。

前面讲过可以使用表格排列 Web 页面中的内容，但是如果页面中的每一个超级链接打开时都链接到新的页面是很不方便的。而且在一个站点中有很多东西是相关的，如每一个页面都要有返回主页的链接，每个页面必须具备网站的导航栏，这样浏览者才能自由地访问一个站点。如果这些内容都需要创建不同的文件，既增大了工作量，也浪费了宝贵的网络空间。通过使用框架，这些问题都会得到解决。简单地说，框架功能就是将一个Web页面分成几个部分，其中每一个部分都是独立的，在一个框架中的超级链接可以指定到目标框架，这样在打开超级链接的时候，整个页面保持不变，链接的内容在目标框架中显示。

使用框架使访问者的浏览器不需要为每个页面重新加载与导航相关的图形。而且每个框架都可以具有自己的滚动条（如果内容太大窗口显示不下时），因此访问者可以独立滚动这些框架。其好处是，当框架中的内容页面较长时，如果导航条位于不同的框架中，那么向下滚动到页面底部的访问者就不需要再滚动回顶部来使用导航条。

但是使用框架也可能难以实现不同框架中各元素图形的精确对齐；导航测试可能很耗时间；各个带有框架的页面的URL不显示在浏览器中，因此访问者可能难以将特定页面设为书签。

本节将讲解框架的几种形式，建立框架，以及框架的编辑和修改等，再通过一个具体的示例让读者更清楚地了解框架知识。

8.6.1 创建框架

在Dreamweaver CS6中创建框架集有两种方法，用户可以自己设计，或者从预设的框架集中选择。选择一个预设的框架集将自动地建立所有需要的框架集和框架来创建布局，这也是向页面中插入框架布局的最简便的方法。不过它只能在文档窗口的设计视图中创建框架。

1．插入预设框架集

预设的框架集让用户很容易地从中选择想要创建的框架的类型。预设框架集的图标位于“插入”/“HTML”/“框架”菜单中，如图8-18所示。

使用预设框架集创建网页，首先新建一个HTML文件。其次执行“插入”|“HTML”|“框架”|“右侧及下方嵌套”命令。这样，在文档窗口的设计视图中就出现了图8-19所示的框架。

提示：在对象面板中所有预先定义的框架集图标都是由两种颜色组成的。其中蓝色的区域就是用来表示在创建框架后，原文档内容所在的位置，其余的空白区域是指新创建的框架文档所在的位置。

2．自建框架

（1）在创建框架集或处理框架前，先执行“查看”|“可视化助理”|“框架边框”命令，使“框架边框”前打上勾号。这样就可以看到文档窗口中的框架边框了。当框架边框显示出来后，文档窗口边框周围会加上一些空间，这在文档中的框架区域提供了一个视觉化指示器，光标停留在边框上时会变成双向箭头，如图8-20所示。

图 8-18 预设框架集

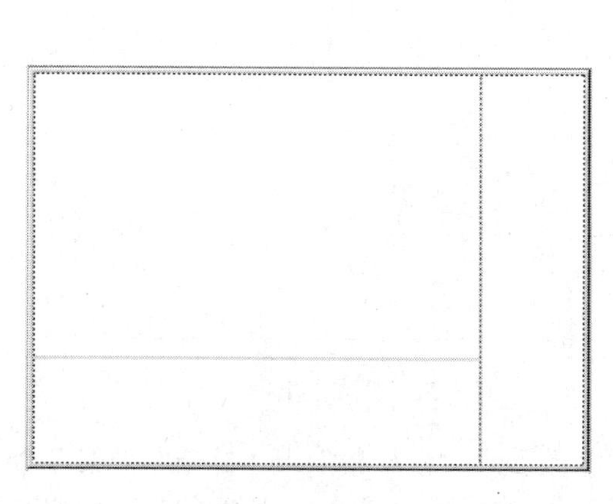

图 8-19 框架

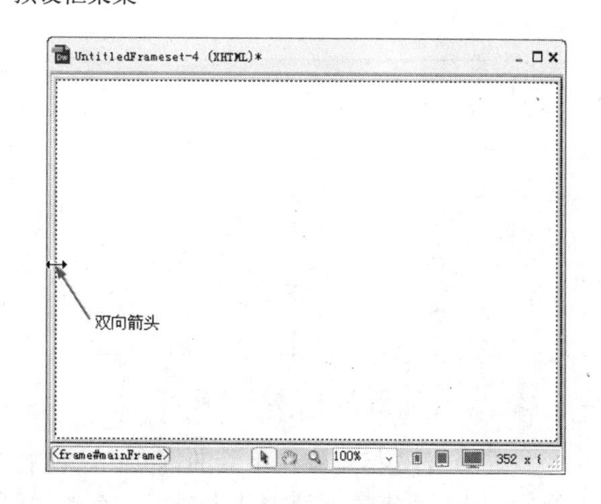

图 8-20 显示框架边框

（2）在文档窗口中拖动左边的框架边框到中间位置，这时文档的设计视图如图 8-21 所示。

（3）在文档窗口中拖动底部的框架边框到中间位置，完成的边框制作如图 8-22 所示。

3．创建嵌套框架集

框架集之内放入另一个框架集称为嵌套框架集。每个新创建的框架集都包括它自己的框架集 HTML 文档和框架文档。大多数网页使用的框架实际上是嵌套框架，而且在

Dreamweaver CS6 中的几个预设框架集也使用嵌套框架。

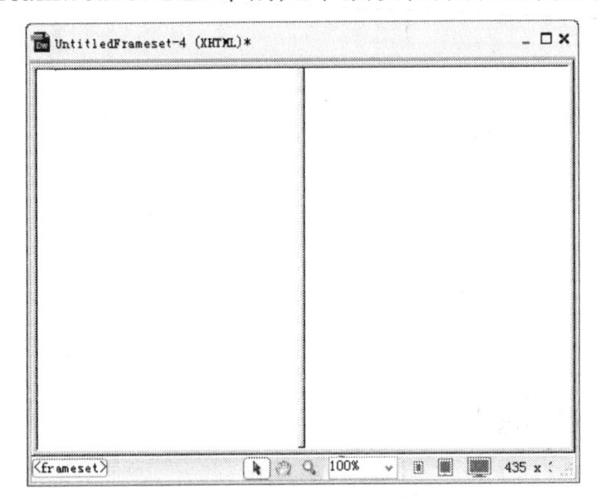

图 8-21　分成左、右两个框架

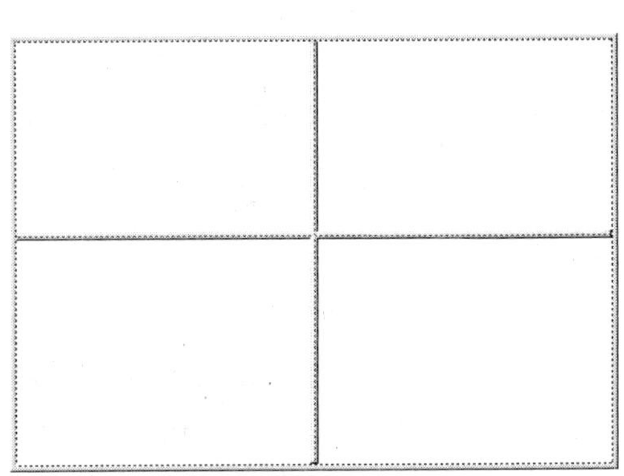

图 8-22　最终效果

创建一个嵌套框架集的过程很简单，只要选取一个框架，然后以这个框架为整体设置一个框架集就可以了。可以使用 Dreamweaver CS6 自带的框架集，也可自行设定框架。下面创建一个图 8-23 所示的框架。

本例执行以下操作：

01 新建一个文档，然后执行“查看”｜“可视化助理”｜“框架边框”命令，使文档窗口中的框架边框可见。

02 在文档窗口中拖动顶部的框架边框到中上部位置，这时文档的设计视图，如图 8-24 所示。

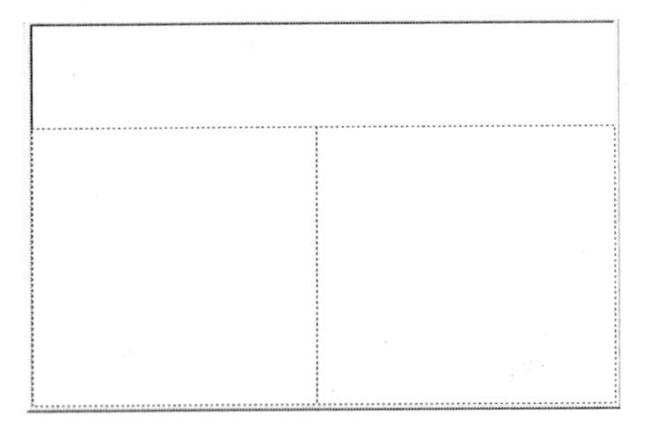

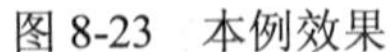

图 8-23　本例效果

图 8-24　分成上下两框架

03 把光标定位在下面的框架内，执行“修改”｜“框架集”｜“拆分左框架”命令，此时在原来的框架中就出现了一个新的框架集，构成了如图 8-23 所示的嵌套框架结构。

8.6.2　创建 NOFRAMES 内容

由于早期版本的浏览器不支持框架，当页面中含有框架时，浏览器就不能正确显示页面的内容，这时必须编辑一个无框架文档。当不支持框架的浏览器载入框架体文件时，浏览器只会显示出无框架内容。

编辑无框架内容的具体操作步骤如下：

（1）打开一个包含框架集的文件，执行“修改”|“框架集”|“编辑无框架内容”菜单命令。

（2）此时当前的文档内容会被清除，正文区域的上方出现“无框架内容”字样。在状态栏中也出现了一个<noframe>标签，如图 8-25 所示。可以在该窗口中输入文本、插入图像、编辑表格、制作表单等，但是不能在该窗口中创建框架。

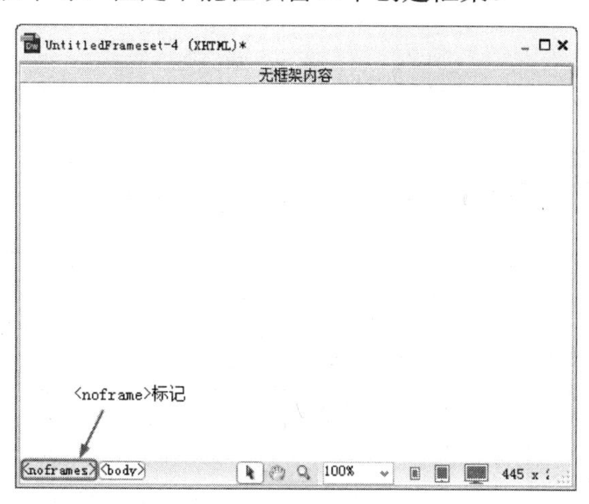

图 8-25　编辑 NOFRAMES 内容

（3）再次执行“修改”|“框架集”|“编辑无框架内容”命令，返回到文档窗口中。

8.6.3　选定框架或框架集

1．选取整个框架

默认情况下，建立框架组时会自动选择整个框架作为操作对象，此时框架组中所有框架的边界都会被虚线包围。

如果当前选择的是一个子框架，需要重新选择整个框架组，可以将光标移动到某个边框位置，当光标变为水平双向箭头（左右边框）或垂直双向箭头（上下边框）时，单击边框即可选中整个框架组；或者可以将光标移动到第一次分割框架的边框位置，当光标变为水平双向箭头（左右边框）或垂直双向箭头（上下边框）时，单击边框即可选中整个框架组。

2．选择子框架

执行“窗口”｜“框架”命令，出现框架管理面板，如图 8-26 所示。

在框架管理面板中要选的子框架的位置上单击鼠标，或在文档窗口中按住 Alt 键，然后用鼠标单击文档窗口中欲选择的子框架。文档窗口中该子框架的周围被虚线包围，表示它已经被选中，如图 8-27 所示。

3．选择嵌套框架组

将光标移动到嵌套框架组中子框架公共的边框，当光标变为水平双向箭头（左右边框）或垂直双向箭头（上下边框）时，单击边框即可选中嵌套框架组，此时文档窗口中嵌套框架组的周围被虚线包围，表示已经被选中，如图 8-28 所示。

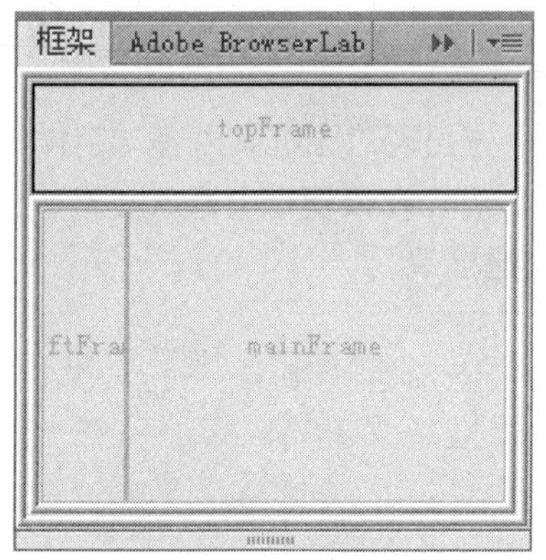

图 8-26 框架管理面板

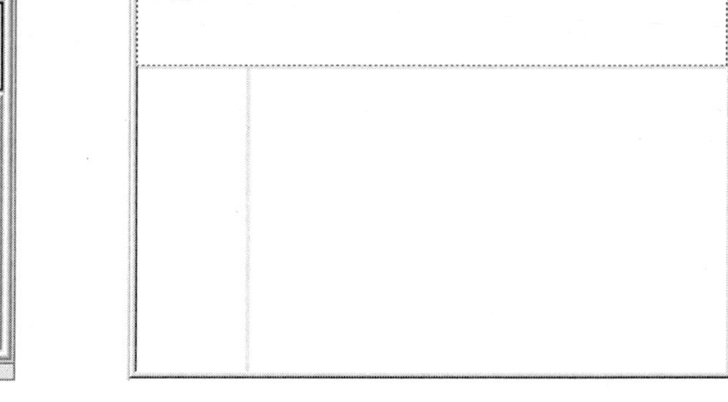

图 8-27 选择一个子框架

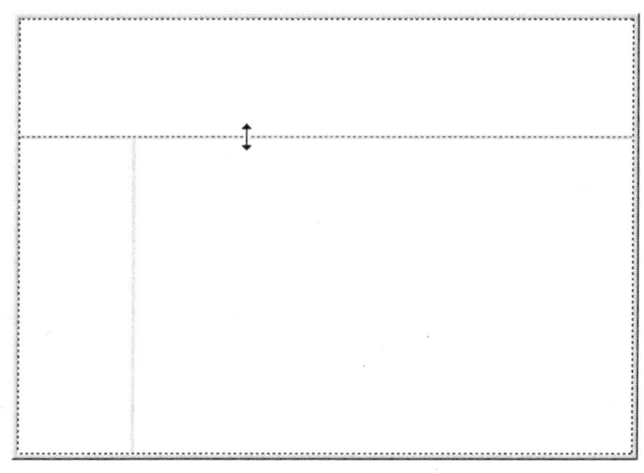

图 8-28 选择一个嵌套框架

8.6.4 框架与框架集属性

1. 框架的属性

在对框架或者框架集进行属性设置的时候，首先要选取所要进行属性设置的框架或者框架集。选取了框架后，文档窗口下端将出现框架属性面板，如图 8-29 所示。

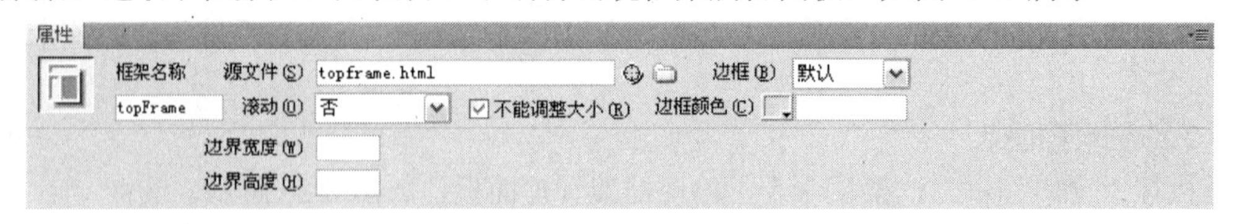

图 8-29 框架属性面板

通过对面板中的各个属性设置来设置框架的属性。

（1）“框架名称”：可以对框架进行命名，以方便在代码中进行编辑，在左边的缩略图中显示了当前选择的框架在框架集中的位置。框架名称必须是单个单词，且允许使用下划线 (_)，但不允许使用连字符 (-)、句点 (.) 和空格，或是 JavaScript 中的保留字（例如 top 或 navigator）。框架名称必须以字母起始，区分大小写。

（2）“源文件”：指定框架源文件的路径与名称。

（3）“滚动”：指定在框架中是否显示滚动条。将此选项设置为“默认”将不设置相应属性的值，从而使各个浏览器使用其默认值。大多数浏览器默认为“自动”，这意味着只有在浏览器窗口中没有足够空间来显示当前框架的完整内容时才显示滚动条。

（4）“边框”：选择是否在浏览器中显示框架的边框，共有 3 个选项，分别是“是”（显示边框）、“否”（隐藏边框）和“默认”。

（5）“边框颜色”：设置当前框架边框的颜色。选择一种颜色后，其右边的文本框中将自动填入颜色的十六进制值。

（6）“不能调整大小”：决定是否允许读者改动框架的大小。选中此项访问者将无法通过拖动框架边框在浏览器中调整框架大小。。

（7）“边界宽度”：设置内容与框架边框左右的距离（框架边框和内容之间的空间）。

（8）“边界高度”：设置内容与框架边框上下的距离（框架边框和内容之间的空间）。

2．框架集的属性

选中了一个框架集后，文档窗口的下端将出现框架集属性面板，如图 8-30 所示。

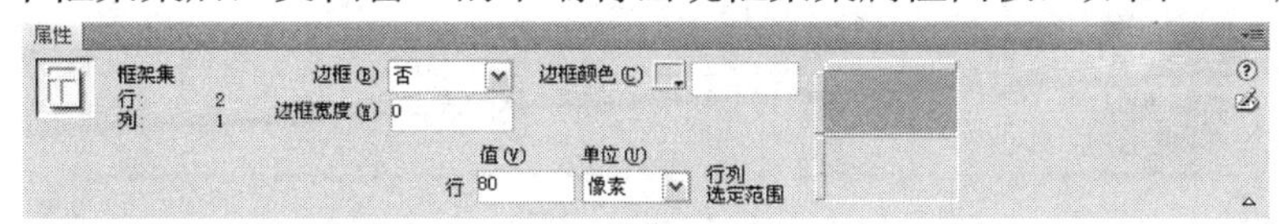

图 8-30　框架集属性面板

在框架集属性面板中，各项属性功能介绍如下：

“框架集”：此属性显示了当前选定的框架集中所包含的框架行数和列数。

“边框”：选择是否在浏览其中显示框架的边框。要显示边框，选择“是”；要使浏览器不显示边框，选择“否”；由浏览器确定是否显示边框，选择“默认”。

“边框颜色”：用于设置边框的颜色。

“边框宽度”：用于设置边框的宽度。

“行列选定范围”：用于设置选定框架集各行和各列框架的大小。点击“行列选定范围”框内的标签，选取行或列，然后在“值”域中输入数字设置所选行或列的尺寸，在“单位”中设置“值”域内数字的单位。

8.6.5　改变框架的背景色

如果需要改变框架中文档的背景颜色，可以改变所在框架的背景颜色来改变文档的背景颜色。要改变框架中文档背景颜色，先将光标放置在需要改变背景颜色的框架中，执行“修改”|“页面属性”命令，出现“页面属性”对话框。再在“背景颜色”文本框中输入所需要的背景颜色。

8.6.6　框架的删除

删除框架的操作比较特殊，因为 Delete 键不能删掉框架。删除框架的方法是：将光标放在欲删除框架的边框上，当光标会变为双向箭头时，按住鼠标左键将它拖出父框架或页面之外即可删除。如果对 HTML 语言熟悉的话，可以直接在文档的 HTML 代码中删除框架集。

8.6.7 保存框架和框架集文件

建立框架结构的文档时，由于每一个子框架代表一个单独的网页，所以在保存文件时不但要保存整个文档的框架结构，也必须要保存各个子框架，否则框架中的内容会丢失。框架和框架集的文件保存方法如下：

执行“文件”｜“保存全部”命令，弹出一个保存文件窗口，同时会显示整个框架被选中的状态，如图 8-31 所示。

在弹出的保存文件窗口中输入文件名，然后单击“保存”按钮保存整个框架。接着，又会弹出下一个保存文件的窗口，同时文档窗口正要保存的文件所在的子框架被选中。在弹出的保存文件窗口中输入文件名，然后单击“保存”按钮保存该子框架。这样可以保存多个子框架。如果有 n 个框架，就必须保存 n+1 次文件。

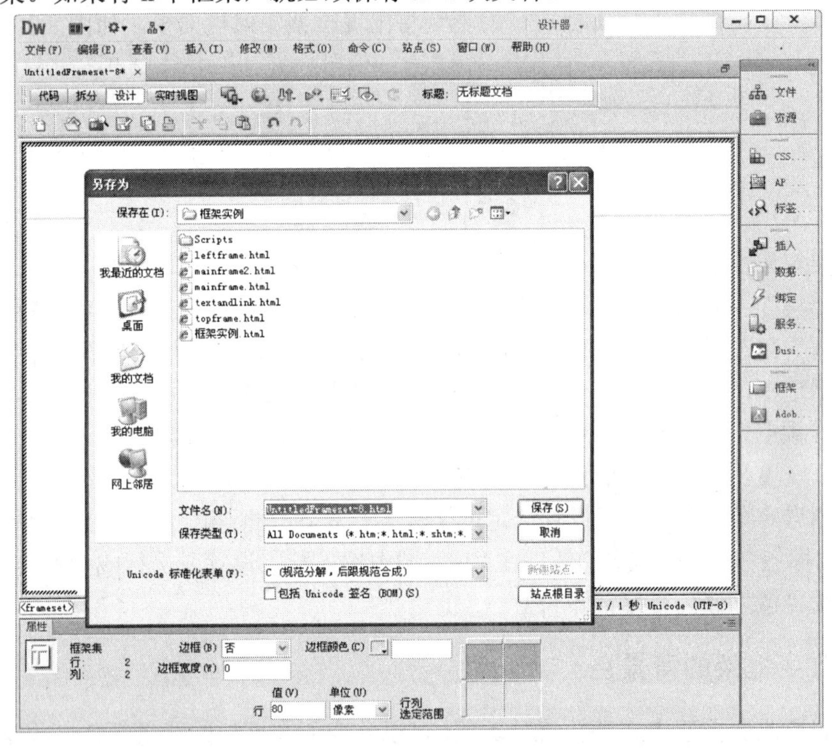

图 8-31　保存整个框架的显示

如果执行“文件”｜“保存框架页”命令，或是执行“文件”｜“框架集另存为”命令，则只会保存整个框架文件。不过在最后退出时，会弹出对话框询问是否保存各个子框架的内容。

8.6.8 使用链接控制框架的内容

采用框架结构，一个原因是为了在同一窗口中可以同时显示多个文件，另一个原因是可以采用导航条技术方便地实现各文件之间的切换。

要在一个框架中使用链接以打开另一个框架中的文档，必须设置链接目标。链接的“目标”属性指定打开链接内容的框架或窗口。例如，导航条位于左框架，并且希望链接的材料显示在右侧的主要内容框架中，则必须将主要内容框架的名称指定为每个导航条链接的目标。当访问者单击导航链接时，将在主框架中打开指定的内容。

要选择将在其中打开文件的框架，应使用属性检查器中的“目标”弹出式菜单。

设置目标框架执行以下操作：

（1）在设计视图中，选择文本或对象。

（2）在属性检查器的“链接”域中，单击文件夹图标并选择要链接到的文件。

（3）在“目标”弹出式菜单中，选择链接文档要显示的框架或窗口。

如果在属性检查器中命名了框架，则框架名称将出现在此菜单中。选择一个命名框架以打开该框架中链接的文档。

“目标”下拉列表的各选项功能介绍如下：

_blank：在新的浏览器窗口中打开链接的文档，同时保持当前窗口不变。

_parent：在显示链接的框架的父框架集中打开链接的文档，同时替换整个框架集。

_self：在当前框架中打开链接，同时替换该框架中的内容。

_top：在当前浏览器窗口中打开链接的文档，同时替换所有框架。

其他框架名：在以该名称命名的框架中打开页面，同时替换该框架中的内容。

提示：只有在框架集内编辑文档时才显示框架名称。在文档自身的文档窗口中编辑该文档时（在框架集之外），框架名称不显示在“目标”弹出式菜单中。如果正编辑框架集外的文档，则可以将目标框架的名称键入“目标”文本框中。

如果正链接到站点外的某一页面，请始终使用“目标”="_top"或“目标”="_blank"来确保该页面不会显示为站点的一部分。

8.6.9 框架的应用

利用框架结构，可以把导航条内容固定在页面的顶部或右边。任何时候用户都可以直接选择上面或右边的导航内容，切换到想要浏览的内容。下面通过一个示例说明该操作的过程。本例最终效果，如图 8-32 所示。页面由上框架、左下框架和右下框架组成，分别用于显示主题、导航和教程的内容。单击导航按钮时，右下框架将显示相应的内容。

01 新建一个 HTML 文档。

02 选择“插入”|“HTML”|“框架”|“上方及左侧嵌套”菜单命令插入框架，调整各框架大小至如图 8-33 所示效果。

03 执行“窗口” | “框架”命令，调出框架管理面板。

04 在框架管理器中单击顶部的框架，自动选择文档窗口顶部的框架。这时出现框架属性设置面板，在框架属性设置面板的“框架名称”文本框中输入框架的名称 TopFrame，其余选项保持系统默认的设置。

05 用同样的方法给左下部和右下部的框架分别命名为 LeftFrame 和 MainFrame。

06 用鼠标右键单击 TopFrame 框架内部，在弹出上下文菜单中执行“页面属性”命令，调出“页面属性”对话框，在该对话框中对选中“分类”列表框中的“外观”进行设置，具体设置值见图 8-34 所示。

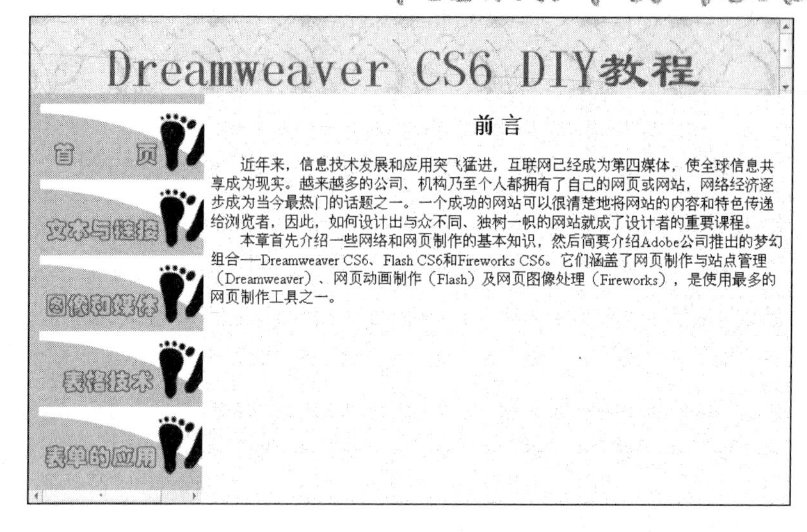

图 8-32　实例效果图

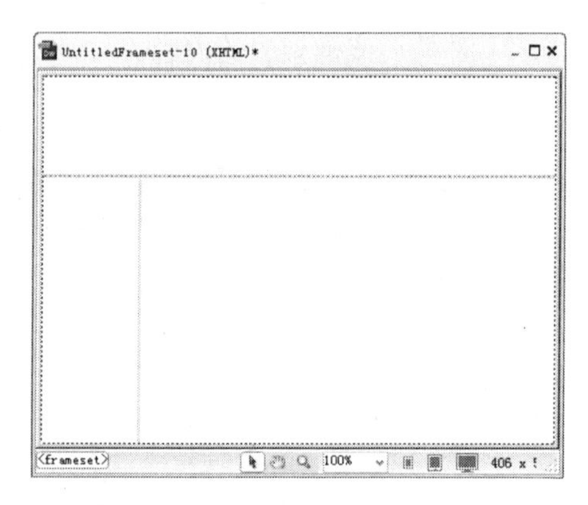

图 8-33　创建框架

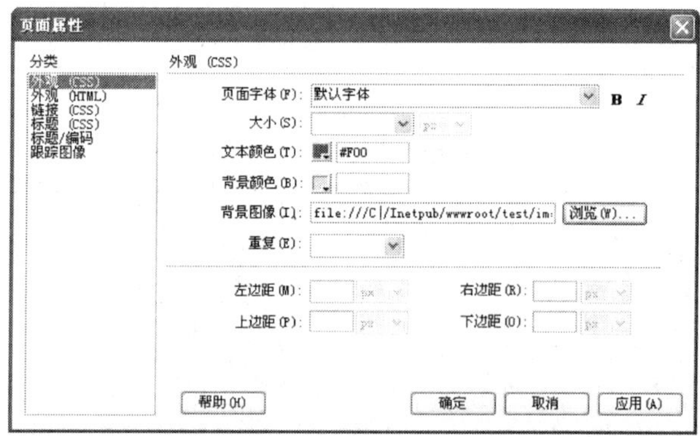

图 8-34　设置 TopFrame 的页面属性

07 在 TopFrame 框架内输入文本：“Dreamweaver CS6 DIY 教程”。然后新建 CSS 规则设置文本的属性：“字体”为隶书、“大小”为 56、文本颜色设置为“#F00”，居中放置。

08 用鼠标右键单击 LeftFrame 框架内部，在弹出上下文菜单中执行“页面属性”命令，调出“页面属性”对话框，在对话框设置属性“背景颜色”值为“#AED433”。

09 在 LeftFrame 框架内，插入一个 5 行 1 列的表格，然后在属性面板上设置表格的宽度为 220 像素，边框粗细为 0。

10 将光标放置在表格第 1 行的单元格中，设置单元格内容水平左对齐，垂直居中，然后单击“常用”插入面板中的“图像”按钮，在该单元格中插入一个导航图像。选中图像，新建 CSS 规则，选择器类型为“类”，单击“确定”按钮，在弹出的规则定义对话框中选择“边框”分类，设置图片边框为 0。

11 用同样的方法插入其余 4 个导航图像，如图 8-35 所示。然后在属性面板上的“链接”文本框中设置链接目标，目标文件打开方式为 mainframe。

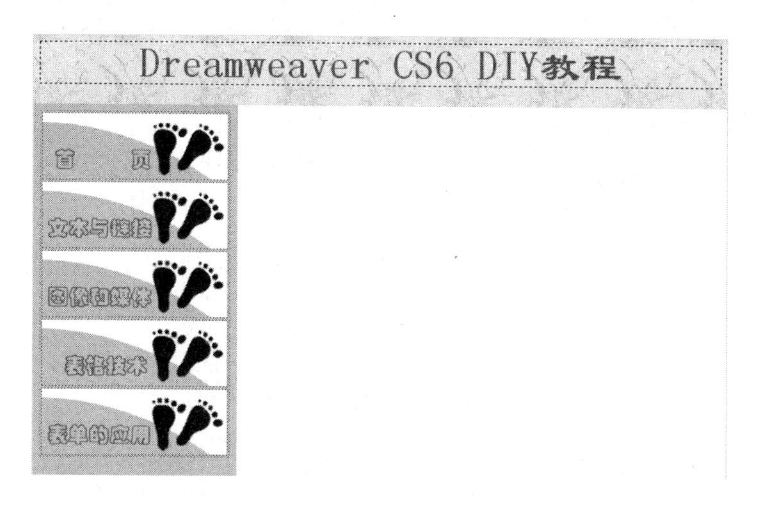

图 8-35　插入导航图像后的页面

12 用鼠标右键单击 MainFrame 框架内部，在弹出上下文菜单中执行“页面属性”命令，调出“页面属性”对话框，在对话框设置背景图像。

13 在 MainFrame 框架内输入文本并调整文字格式。

14 执行“文件”|“保存全部”命令，出现保存文件窗口，同时会显示整个框架被选中的状态。在文件保存窗口中选择合适的保存目录后，在文件名的输入框内输入一个文件名，再单击“保存”按钮保存整个框架。接着会要求保存下一个子框架文档，同时在文档窗口中，被选择保存的子框架周围会出现一个虚线框，在保存文件窗口中的文件名输入框内输入一个文件名后保存。此后，还会同样出现两次保存文件的窗口，同时会选择其他的子框架，依次保存这些文档。

15 执行“文件”|“新建”命令，新建一个无框架普通文档，如图 8-36 所示。

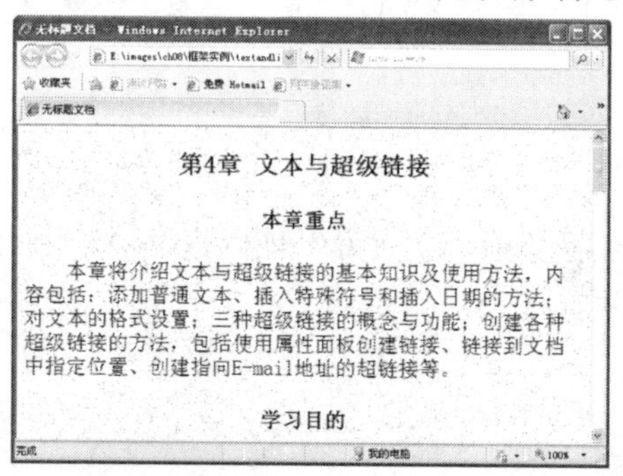

图 8-36　textandlink.html

16 保存文件为“文本与链接”按钮设置时链接属性所指向的文件名 textanlink.html。再用同样方法制作其他文件。

完成以上步骤就可在浏览器中测试作品效果了，浏览器窗口顶部的“Dreamweaver CS6 DIY 教程”和左边的导航按钮是固定不变的，右边则根据用户选择不同的导航图像而显示相应的内容。例如，当用户单击左边的“文本与链接”按钮时，在右边的框架中会打开相应的内容，如图 8-37 所示。

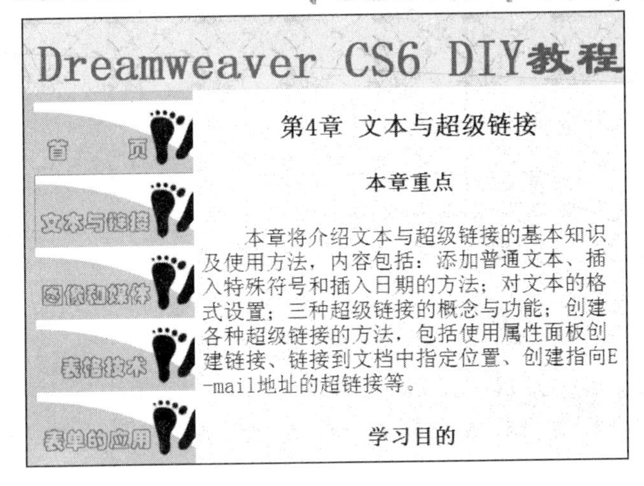

图 8-37　实例效果图

8.7　动手练一练

1．在文档窗口中插入多个大小不同的 AP 元素，然后将这些 AP 元素调整到大小一致、间隔相同、水平对齐。

2．利用 AP 元素技术实现图片交换，即网页中放一张图像，当光标移到图像上时，此图像被隐藏的同时显示另一张图像。

3．在文档窗口中创建一个先上下划分再对下边框架进行左右划分的框架，在 leftframe 框架中输入多行文本，并分别对这些文本创建链接，这些链接的文件显示在 mainframe 框架中。保存框架和所有文档。

8.8　思考题

1．有几种方法可以创建嵌套 AP 元素？使用嵌套 AP 元素能实现哪些效果？

2．使用框架实现网页布局有哪些优缺点？

第9章 表单的应用

本章导读

本章将介绍表单的基本知识及使用方法。内容包括：表单的创建，各种表单对象的添加及属性设置。这些表单对象包括文本域、单选框、复选框、文件域、按钮、图像域、列表/菜单、跳转菜单、隐藏域、Spry 表单验证构件，以及表单的简单处理等。其中文本域、单选框、复选框、按钮是表单常用的基本对象，要重点掌握。

- 创建表单
- 插入表单对象
- 设置表单对象属性
- 处理表单

9.1　创建表单

在某一网站上注册时，所填写的那些内容就是由表单来实现的。使用表单可以收集来自用户的信息，建立网站与浏览者之间沟通的桥梁。获取用户购物订单，收集、分析用户的反馈意见，做出科学合理的决策，是一个网站成功的重要因素。有了表单，网站不仅是信息提供者，同时也是信息收集者。信息由被动提供转变为主动收集。表单是交互式网站的基础，在网页中得到广泛应用。

9.1.1　表单概述

表单中包含多种对象，或者称作控件，例如可以用文本框输入文字，用按钮发送命令等。所有这些控件与在 Windows 各种应用程序中遇到的非常相似。

要完成从用户处收集信息的工作，仅仅使用表单是不够的，一个完整的表单应该有两个重要组成部分：一是描述表单的 HTML 源码，即表单对象，用于在网页中进行描述，接受用户信息；另一个用于处理用户在表单域中输入信息的服务器端应用程序，也可以是客户端的脚本，如 CGI、JSP、ASP 等。

使用 Dreamweaver CS6 可以创建带有文本域、密码域、单选按钮、复选框、弹出式菜单、可单击按钮等表单对象的表单。还可以通过使用文本编辑器自行编写脚本或应用程序来验证用户输入信息的正确性，例如可以检查某个必须填写的文本域是否包含了一个特定的值。

常用的脚本处理语言有 Java、C、Perl 和 JavaScript 等。

此外 Dreamweaver CS6 集成了 Adobe 公司的轻量级的 AJAX 框架 Spry。利用 Adobe 添加的一系列预制的表单验证组件，用户可以更加轻松快捷地以可视方式设计、开发和部署动态用户界面，在减少页面刷新的同时，提高交互性、速度和可用性。

9.1.2　插入表单

“插入”栏的“表单”面板如图 9-1 所示。

在插入表单对象之前，必须在文档中插入表单。先在文件中，将光标置于表单要插入的位置。再执行“插入”|“表单”|“表单”命令，或者单击“表单”插入面板中的“表单”按钮，完成添加表单对象。最终的创建效果如图 9-2 所示。

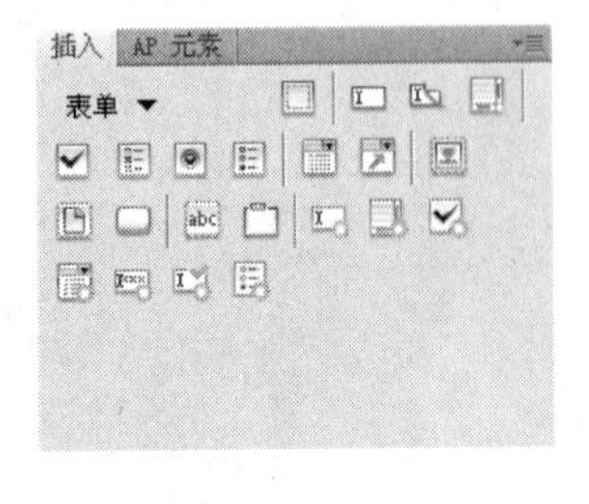

图 9-1　表单面板

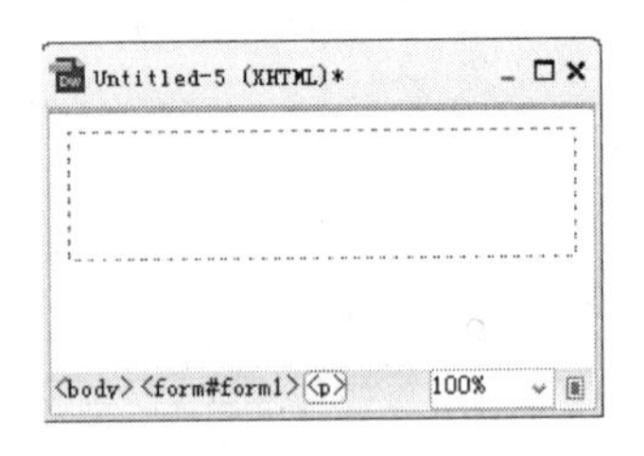

图 9-2　表单边框

> **提示**：创建好一个表单后，文件中会出现一个红色的点线轮廓，如图 9-2 所示。如果看不到这个轮廓的话，执行“查看”|“可视化助理”|“隐藏所有”命令。
>
> 表单标记可以嵌套在其他 HTML 标记中，其他 HTML 标记也可以嵌套在表单中。然而，一个表单不能嵌套在另一个表单中。

9.1.3 设置表单属性

表单的属性设置可以通过属性面板得以实现。创建完表单后，选中表单即可打开表单属性面板，如图 9-3 所示。

图 9-3 表单属性面板

在属性面板中各参数介绍如下：

- “表单 ID”：对表单命名以进行识别，只有为表单命名后表单才能被 JS 或 VBS 等脚本语言引用或控制。
- “动作”：注明用来处理表单信息的脚本或程序所在的 URL。
- “方法”：选择将表单数据传输到服务器的方法。“POST”方法将在 HTTP 请求中嵌入表单数据，将表单值以消息方式送出；“GET”方法将被提交的表单值作为请求该页面的 URL 的附加值发送；“默认”方法使用浏览器的默认设置将表单数据发送到服务器。通常，默认方法为 GET 方法。
- “目标”：在目标窗口中显示调用程序所返回的数据。如果命名的窗口尚未打开，则打开一个具有该名称的新窗口。目标值有：_blank、_parent、_self 和 _top 等。
- “编码类型”：指定对提交给服务器进行处理的数据使用 MIME 编码类型。

默认设置 application/x-www-form-urlencode 通常与 POST 方法协同使用。如果要创建文件上传域，请指定 multipart/form-data MIME 类型。

> **提示**：不要使用 GET 方法发送长表单。URL 的长度限制在 8192 个字符以内。如果发送的数据量太大，数据将被截断，从而导致意外的或失败的处理结果。而且在发送机密用户名和密码、信用卡号或其他机密信息时，用 GET 方法传递信息不安全。

9.2 表单对象

在创建表单之后，就可以通过表单插入面板在表单中插入各种表单对象，也可以通过相应的菜单在表单中插入相应的表单对象。

9.2.1 文本字段

1. 插入“文本字段”

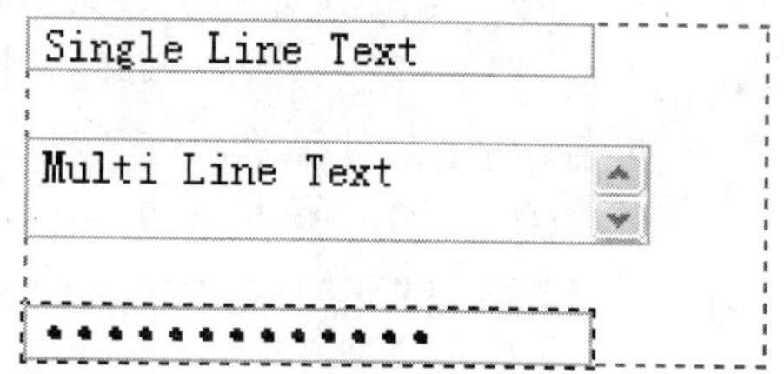

图 9-4 插入文本域效果

“文本字段”即网页中的供用户输入文本的区域，可以接受任何类型的文本、字母或数字。下面通过一个简单示例介绍在文档中插入“单行文本域”、“多行文本域”和“密码域”的具体操作，最终的创建效果如图 9-4 所示。

01 执行“插入”|“表单”|“表单”命令，或者单击“表单”插入面板中的“表单”按钮，添加表单。

02 选中表单，执行“插入”|“表单”|“文本域”，或单击“表单”插入面板中“文本字段”图标按钮，即可向表单中添加一个文本域。

03 选中文本域，在属性设置面板的“类型”单选按钮组中单击“单行”，在“初始值”文本框输入“Single Line Text”。

04 回车后单击添加第二个文本域，“类型”单选按钮组中单击“多行”，在“初始值”文本框输入“Multi Line Text”。

05 回车后单击添加第三个文本域，“类型”单选按钮组中单击“密码”，在“初始值”文本框输入“Password Text”。

06 保存文档。至此，文档创建完毕。可以按下快捷键 F12 在浏览器中预览整个页面。

提示： 插入表单对象之前，如果未创建表单域，就会弹出对话框询问是否要为表单对象创建一个表单域。单击“Yes”，则添加表单对象同时添加表单域。单击“No”则仅添加表单对象，不添加表单域。表单对象不在表单域里时，其对应的参数值是不能被提交的。若选中对话框中的“不再显示此信息”复选框，则以后不再出现该对话框。

2．“文本字段”属性

选中“文本字段”，可以看见其属性设置面板如图 9-5 所示，文本域属性设置面板上的各项属性的功能分别介绍如下：

- “文本域”：用于设置文本域的名称。该名称可以被脚本或程序所引用。表单对象名称不能包含空格或特殊字符,可以使用字母、数字、字符和下划线的任意组合。请注意，为文本域指定的标签是将存储在该域的值（输入的数据）的变量名，这是发送给服务器进行处理的值。

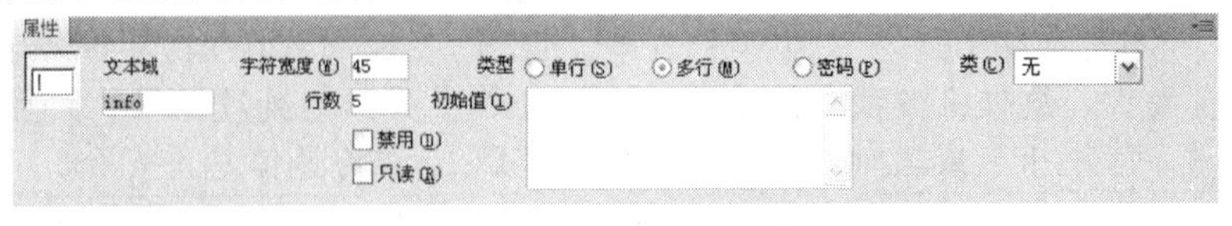

图 9-5　文本域属性面板

- “字符宽度”：用于设置文本域的字符宽度，单位为字符数或像素。
- “行数”：当文本域类型为多行时，用于设置显示的行数。
- “类型”：用于设置文本域的类型。共有 3 种可以选择：“单行”，用于输入用户名、电子邮件等单行信息；“多行”，用于输入留言、意见等内容较多的文本；“密码”，用于输入密码，在密码域显示*代替输入的内容。
- “类”：设置用于文本域的 CSS 样式。

➢ “初始值”：用于设置文本域的初始值。

9.2.2 单选按钮

1．插入单选按钮

单选按钮是提供给用户在众多选项中选择其中的一项。下面通过一个简单示例介绍在文档中插入单选按钮组的具体操作，最终的创建效果如图 9-6 所示。

01 执行“插入”|“表单”|“表单”命令，或者单击“表单”面板中的“表单”按钮，添加表单。

02 执行“插入”|“表单” | “单选按钮组”，或单击“表单”面板中“单选按钮组”的图标按钮，打开“单选按钮组”对话框，如图 9-7 所示。各参数介绍如下：

➢ “名称”：用于设置单选按钮组的名字。
➢ “单选按钮”：用于设置单选按钮的 “标签”和 “值”。用户可以使用、、、按钮对每个按钮进行编辑。
➢ “布局，使用”：用于设定单选按钮的布局方式，有两种选项：“换行符（<tr>标签）”，用换行符排版；“表格”，用表格排版，即 Dreamweaver 创建一个单列表，并将这些单选按钮放在左侧，将标签放在右侧。

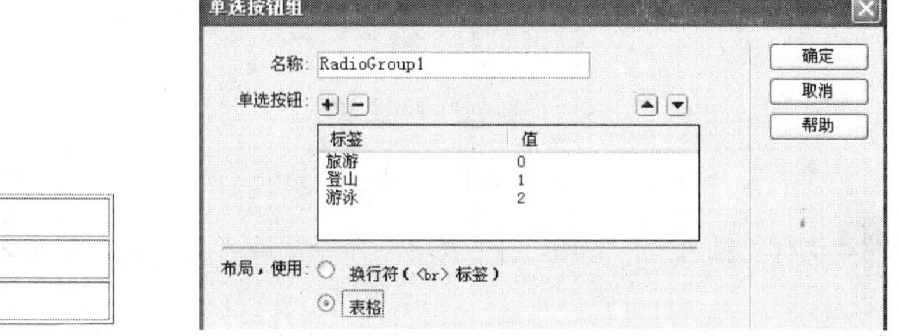

图 9-6 插入单选按钮效果　　图 9-7 单选按钮组对话框

03 设置单选按钮组对话框中的参数，具体见图 9-7 所示。单击“确定”完成单选按钮组的添加。

04 选中单选按钮组表格，“对齐”设为“居中对齐”，“边框”文本框中输入 1。

05 保存文档。至此，文档创建完毕。可以按下快捷键 F12 在浏览器中预览整个页面。

另外也可以通过执行“插入”|“表单” | “单选按钮”命令或单击表单插入面板中插入单选按钮的图标按钮，向表单中添加一个单选按钮。添加单选按钮和单选按钮组的区别在于后者成批插入，并且提供了简单排版控制，可以大大提高编辑效率。

提示： 同一组单选按钮必须设置相同的“名称”，否则起不到单选按钮组的作用。

2．单选按钮属性

选中单选按钮，可以看见其属性设置面板如图 9-8 所示，它包含了下面几项属性值：

图 9-8 单选按钮的属性设置面板

- “单选按钮”：用于设置单选按钮的名称。该名称可以被脚本或程序所引用。
- “选定值”：用于设置该单选按钮被选中时的值，这个值将会随表单提交。
- “初始状态”：用于设置单选按钮的初始状态，有“已钩选”和“未选中”两类。同一组单选按钮中只能有一个按钮的初始状态被选中。
- “类”：用于设置应用于单选框域的 CSS 样式。

9.2.3 复选框

1．插入“复选框”

复选框供用户在提供的多个选项中选择其中的一项或多项。下面通过一简单示例介绍在文档中插入复选按钮组的具体操作，最终的创建效果如图 9-9 所示。

图 9-9 插入复选框效果

01 执行“插入”|“表单”|“表单”命令，或者单击插入栏中表单面板的按钮，添加表单。

02 在表单里输入“访问权限”后插入换行符（Shift+Enter）。

03 执行“插入”|“表单”|“复选框”或单击表单插入面板中插入复选按钮的图标按钮，即可向表单中添加一个复选按钮，输入文字“QQ 好友”。

04 重复步骤 03 插入“关注友人”和“其他人使用‘密码问题’访问”两个复选框。

05 保存文档。文档创建完毕。可以按下快捷键 F12 在浏览器中预览整个页面。

2．复选框属性

选中任一个复选按钮，其属性设置面板如图 9-10 所示，它包含了下面几项属性值：

- “复选框名称”：用于设置复选框的名称。该名称可以被脚本或程序所引用。
- “选定值”：用于设置该复选框被选中时的值，这个值将会随表单提交。
- “初始状态”：用于设置复选框的初始状态，有“已勾选”和“未选中”两种。
- “类”：用于设置应用于复选框的 CSS 样式。

图 9-10 复选框的属性设置面板

9.2.4 文件域

1. 插入“文件域”

“文件域”能够在网页中建立一个文件地址的输入选择栏。下面通过一个简单示例介绍在文档中插入文件域的具体操作，最终的创建效果如图 9-11 所示。

图 9-11 插入文件域效果

01 执行“插入”|“表单”|“表单”命令，或者单击“表单”面板中的“表单”按钮，添加表单。

02 执行“插入”|“表单”|“文件域”，或单击“表单”插入面板中的“文件域”图标按钮，即可向表单中添加一个文件域。

03 保存文档。至此，文档创建完毕。可以按下快捷键 F12 在浏览器中预览整个页面。

2. 文件域属性

选中文件域，其属性设置面板如图 9-12 所示，它包含了下面几项属性值：

图 9-12 文件域的属性设置面板

- “文件域名称”：用于设置文件域的名称。该名称可以被脚本或程序所引用。
- “字符宽度”：用于设置文件域中最多可显示的字符数。
- “最多字符数”：用于设置文件域中最多可容纳的字符数。
- “类”：用于设置应用于文件域的 CSS 样式。

9.2.5 按钮

1. 插入“按钮”

表单中的按钮对象是用于触发服务器端脚本处理程序的工具。只有通过按钮的触发，才能把用户填的信息传送到服务器端去，实现信息的交互。下面通过一个简单示例介绍在文档中插入按钮的具体操作，最终的创建效果如图 9-13 所示。

图 9-13 插入按钮效果

01 执行“插入”|“表单”|“表单”命令，或者单击“表单”面板中的“表单”按钮，添加表单。

02 执行“插入”|“表单”|“按钮”，或单击“表单”插入面板中的“按钮”图标，向表单中添加三个按钮。

03 选中第一个按钮，在属性面板的“动作”单选框中选中“提交表单”。

04 选中第二个按钮，在属性面板的“动作”单选框中选中“重置表单”。

05 选中第三个按钮，在属性面板的“动作”单选框中选中“无”。

06 保存文档。至此，文档创建完毕。可以按下快捷键 F12 在浏览器中预览整个页面。

2．按钮属性

选中一个按钮，其属性设置面板如图 9-14 所示，它包含了下面几项属性值：

图 9-14 按钮的属性设置面板

- “按钮名称”：用于设置按钮的名称。该名称可以被脚本或程序所引用。
- “标签”：用于设置按钮的标识，这将显示在按钮上。
- “动作”：用于设置按钮的动作，有 3 种选择：“提交表单”将表单中的数据提交给表单的处理程序；“重设表单”将表单内所有对象恢复到初始值；“无”表示无动作。
- “类”：用于设置应用于按钮上文字的 CSS 样式。

9.2.6 图像域

1．插入“图像域”

“图像域”可以替代“提交”按钮执行将表单数据提交给服务器端程序的功能。使用图像按钮，可以使文档更为美观。下面通过一个简单示例介绍在文档中插入图像域的具体操作，以及利用图标代替提交按钮的技术。最终的创建效果如图 9-15 所示。

01 执行“插入”|“表单”|“表单”命令，或者单击“表单”面板中的“表单”按钮，添加表单。

02 执行“插入”|“表格”命令插入一个三行两列的表，如图 9-16 所示。

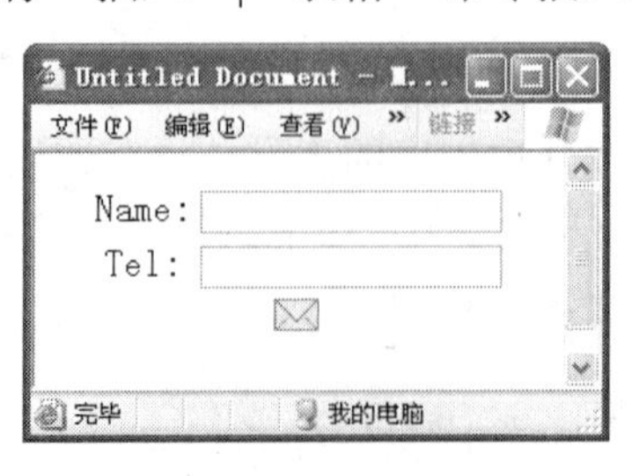

图 9-15 实例效果

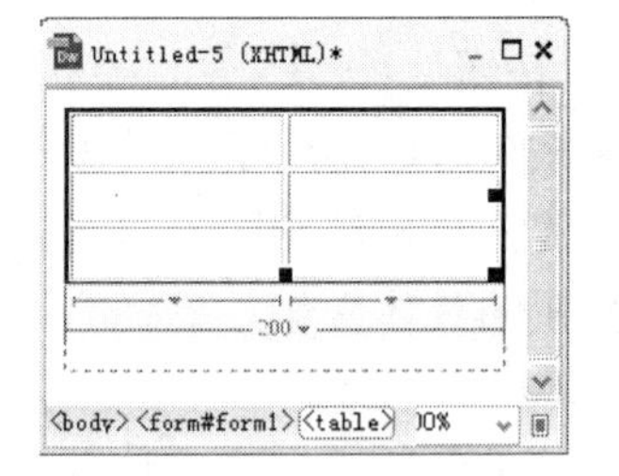

图 9-16 插入表

03 在表格相应位置输入文本和文本域。

04 选中表格第三行的两个单元格，执行“修改”|“表格”|“合并单元格”命令。

05 光标定位于表格第三行的单元格内，执行“插入”|“表单”|“图像域”命令，或单击“表单”插入面板上的“图像域”图标，弹出“选择图像”对话框。

06 选择一个需要的图像文件，单击“确定”按钮。

07 此时若按 F12 键预览页面，将发现单击图像后页面没有变化，没有实现提交表格。要实现提交表格功能还得继续下面的步骤。

08 单击文档窗口顶部的 拆分 按钮，切换到代码和设计视图。在“设计”视图单击图像域，这时在代码视图中相关的代码背景色将显示为灰色。

09 在图像域代码末尾加上“value=Submit”，这时图像域代码成为：<input name="imageField" type="image" src="mail.gif" width="23" height="16" border="0" value="Submit">。

10 保存文档。至此，文档创建完毕。可以按下快捷键 F12 在浏览器中预览整个页面。当单击图像时就会跳转到表单处理页面。

2．图像域属性

选中图像域的属性设置面板如图 9-17 所示，它包含了下面几项属性值：

图 9-17 图像域的属性设置面板

- “图像区域”：用于设置图像域的名称,该名称可以被脚本或程序所引用。
- “源文件”：用于设置图像的 URL 地址，用户可以单击右方文件夹图标，选择所需图像，也可在文本框中直接输入图像地址。
- “对齐”：用于选择图像在文档中的对齐方式。
- “替换”：用于设置图像的替换文字，当浏览器不显示图像时，会以这里的文字替换图像。
- “类”：用于设置应用于图像域的 CSS 样式。
- “编辑图像”：启动默认的图像编辑器，并打开该图像文件进行编辑。

9.2.7 列表/菜单

1．插入“列表/菜单”

“列表/菜单”可以在网页中以列表的形式为用户提供一系列的预设选择项。下面通过一个简单示例介绍在文档中插入列表/菜单的具体操作，最终的创建效果如图 9-18 所示。

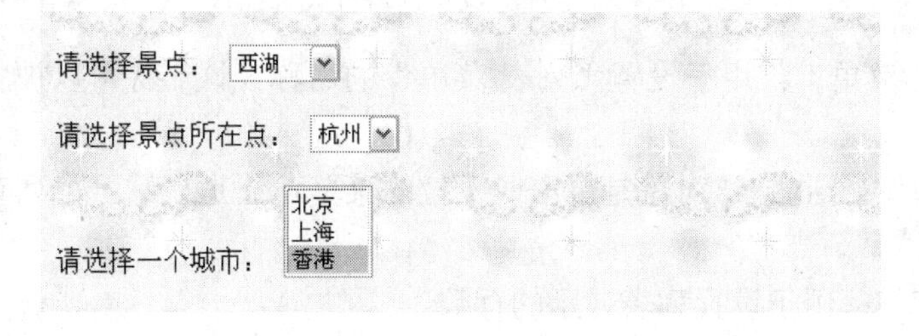

图 9-18 插入列表/菜单效果

01 执行“插入”|“表单”|“表单”命令，或者单击“插入”栏中“表单”面板上的“表单”按钮，添加表单。

02 执行“插入”|“表单”|“列表/菜单”命令，或单击表单插入面板的“列表/菜单”图标按钮，向表单中添加一个“列表/菜单”对象。

03 在属性设置“类型”单选框选中“菜单”按钮。再单击属性面板上的“列表值”弹出“列表值”对话框，如图 9-19 所示。

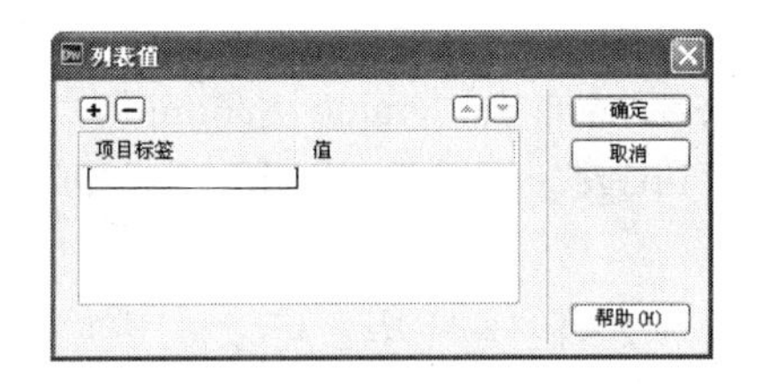

图 9-19 “列表值”对话框

04 单击按钮添加 3 个项目，“项目标签”值分别为：西湖、灵隐寺和龙井山。单击“确定”完成列表值设置。

05 向表单添加第二个“列表/菜单”对象，“类型”选“列表”，再单击属性面板上“列表值”为“列表/菜单”对象添加 3 个项目，“项目标签“值分别为：杭州、苏州和扬州。再在“初始化时选定”列表框中单击“杭州”。

06 向表单添加第三个列表/菜单对象，“类型”选“列表”，再单击“列表值”为列表/菜单对象添加 3 个项目标签，分别为：北京、上海和香港。再在“初始化时选定”列表框单击“香港”，“高度”设置为 3。

07 保存文档。至此，文档创建完毕。可以按下快捷键 F12 在浏览器中预览整个页面。

2．列表/菜单属性

选中一个列表/菜单对象，其属性设置面板如图 9-20 所示，它包含了下面几项属性值：

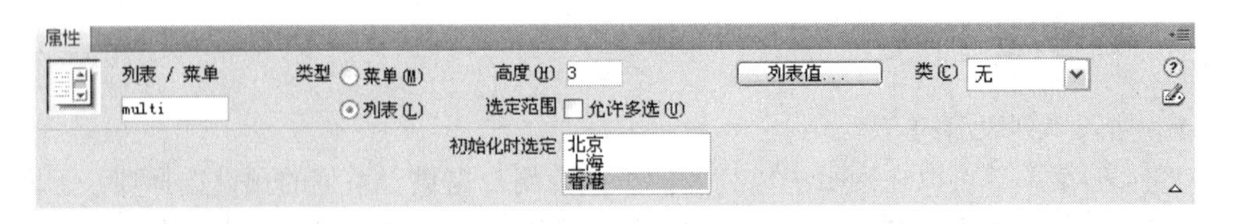

图 9-20 列表/菜单的属性设置面板

- “列表/菜单”：用于设置“列表/菜单”的名称。该名称可以被脚本或程序所引用。
- “类型”： 指定该对象是单击时下拉的菜单，还是显示一个列有项目的可滚动列表。
- “高度”：用于设置列表显示的行数。
- “允许多选”：用于设置是否允许选多项列表值。

➢ “列表值”：用于设置列表内容。单击此按钮打开“列表/菜单”条目对话框，如图 9-21 所示。在这个对话框中可以添加或修改“列表/菜单”的条目。
➢ “类”：用于设置应用于“列表/菜单”的 CSS 样式。
➢ “初始化时选定”：用于设置“列表/菜单”的默认选项。

9.2.8 跳转菜单

1. 插入“跳转菜单”

在“表单”面板中有一个跳转菜单的图标，利用其特性，可以从其打开的下拉菜单中选择一个选项，跳转到选择的菜单项所链接的网页。跳转菜单和下拉菜单基本相似，所不同的是，跳转菜单一般是用于选择一个网页地址，并在浏览器中打开这个网页。下面通过一个简单示例介绍在文档中插入跳转菜单的具体操作，最终的创建效果如图 9-21 所示。单击菜单项后会跳转到相应的网站。

图 9-21 插入跳转菜单效果

01 执行“插入”|“表单”|“表单”命令，或者单击“表单”插入面板上的“表单”按钮，添加表单。

02 执行“插入”|“表单”|“跳转菜单”命令，或单击“表单”插入面板上的“跳转菜单”按钮，会跳出“插入跳转菜单”对话框，各参数具体设置见图 9-22 所示。

“插入跳转菜单”对话框中各参数的功能介绍如下：

➢ “菜单项”：用于设置跳转菜单的条目名称。用户可以使用+、-、▲、▼按钮对每个条目进行编辑。
➢ “文本”：用于设置条目的名称，这将显示在跳转菜单中。
➢ “选择时，转到 URL”：用于设置该条目所对应的超级链接。
➢ “打开 URL 于”；用于设置打开链接的位置。
➢ “菜单 ID”：用于设置跳转菜单的名称。
➢ “菜单之后插入前往按钮”：在菜单后面添加“前往”按钮。
➢ “更改 URL 后选择第一个项目”：当 URL 改变后选择第一个条目。

03 插入第二个跳转菜单，各参数具体设置见图 9-23 所示。

04 保存文档，至此文档创建完毕。可以按下快捷键 F12 在浏览器中预览整个页面。

2. 跳转菜单属性

选中一个跳转菜单对象，其属性设置面板如图 9-24 所示，它包含了下面几项属性值：

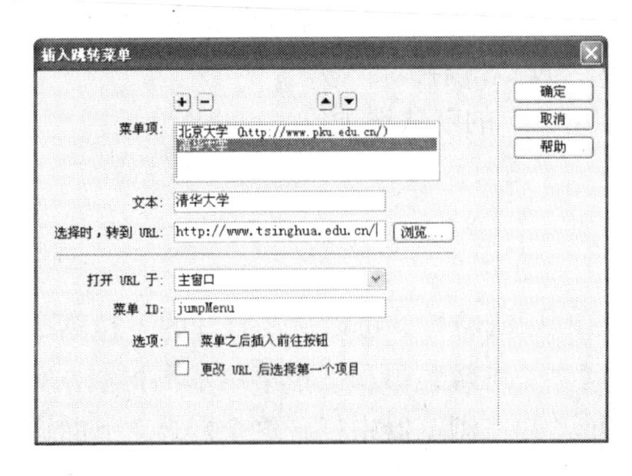

图 9-22 “插入跳转菜单”对话框（1）

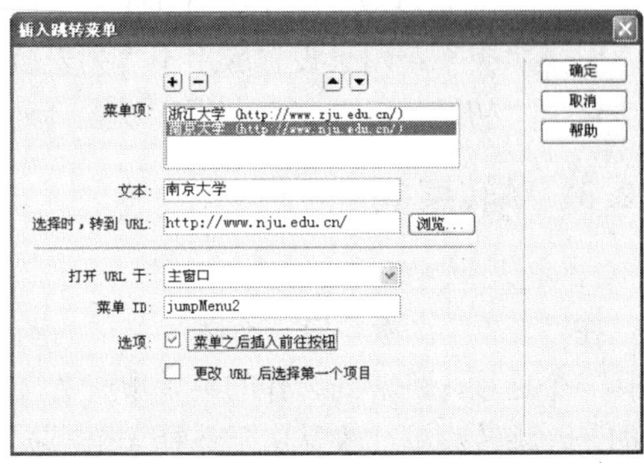

图 9-23 “插入跳转菜单”对话框（2）

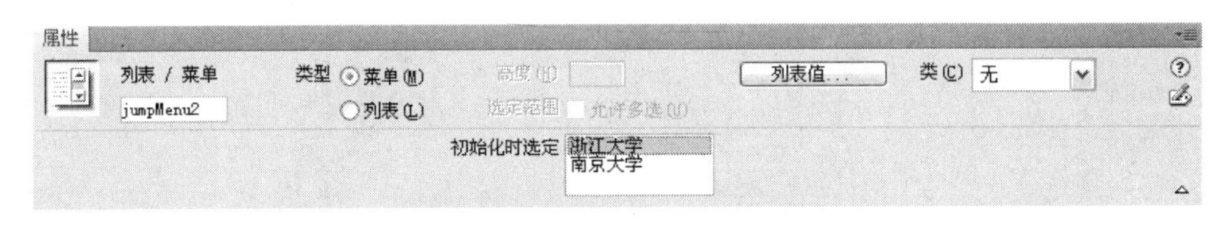

图 9-24 跳转菜单属性设置面板

- “列表/菜单”：用于设置跳转菜单的名称。该名称可以被脚本或程序所引用。
- “类型”：用于设置当前对象显示为列表还是菜单。当设置为列表时，属性“高度”和“允许多选”可用。
- “高度”：用于设置列表显示的行数。
- “允许多选”：用于设置是否允许选多项列表值。
- “列表值”：用于设置列表内容。单击此按钮打开“列表/菜单”条目对话框，如图 9-21 所示。在这个对话框中可以添加或修改“列表/菜单”的条目。
- “类”：用于设置应用于“列表/菜单”的 CSS 样式。
- “初始化时选定”：用于设置“列表/菜单”的默认选项。

9.2.9 隐藏域

1．插入“隐藏域”

“隐藏域”是一种在浏览器上不显示的控件，利用“隐藏域”可以实现浏览器同服务器在后台隐蔽地交换信息。“隐藏域”可以为表单处理程序提供一些有用的参数，而这些参数是用户不关心的，不必在浏览器中显示。

图 9-25 插入隐藏域的效果

在文档中插入“隐藏域”执行以下步骤：

（1）执行“插入”|“表单”|“表单”命令，或者单击“表单”面板的按钮，添加表单。

（2）执行“插入”|“表单”|“隐藏域”，或单击“表

单”插入面板上的“隐藏域”图标插入隐藏域，完成后设计视图插入一个占位符，如图 9-25 所示。

（3）在属性设置面板中设置隐藏域的参数值。

2．“隐藏域”属性

选中“隐藏域”图标，“隐藏域”的属性设置面板如图 9-26 所示。“隐藏区域”用于设置隐藏域的名称，该名称可以被脚本或程序所引用；“值”用于设置隐藏域参数值，该值将在提交表单时传递给服务器。

图 9-26　隐藏域的属性设置面板

9.2.10　Spry 表单验证构件

在 Dreamweaver 中，轻量级 AJAX 框架 Spry 是 Adobe 推出的核心布局框架技术。Spry 能与 Dreamweaver 无缝地整合，应用了少量的 JavaScript 和 XML，以 HTML 为中心，具有 HTML、CSS、JavaScript 基础知识的用户就可以方便地部署。选择 Spry 框架，直接用拖拉的方式即可完成程序代码的编写。

在 Dreamweaver CS6 中，Adobe 添加的表单验证构件（validation widgets）和用户界面窗口构件（user interface widgets）使不擅长编程的网页设计者也可以轻松地创建交互性强的炫酷界面。

下面通过一个简单示例介绍 Spry 表单验证构件的使用方法。

01 新建一个 HTML 文档，并插入一张表单。

02 将光标置于表单内，输入文本“邮箱：”后，单击表单面板上的“Spry 验证文本域”图标，插入相应的构件。选中该表单元素，在属性面板中设置其属性，如图 9-27 所示。

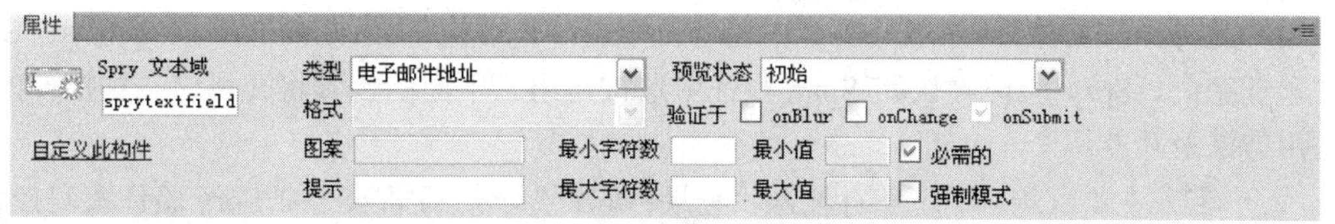

图 9-27　Spry 验证文本域的属性设置面板

03 在“类型”下拉列表中为验证文本域构件指定验证类型，本例选择“电子邮件地址”。如果文本域将接收信用卡号，则可以指定信用卡验证类型。

04 在“预览状态”下拉列表中选择构件的状态，本例选择“必填”。

验证文本域构件具有许多状态，例如有效、无效和必填等。读者可以根据所需的验证结果选择所需的状态。常用的一些状态简要说明如下：

- 初始状态 ：在浏览器中加载页面或用户重置表单时构件的状态。
- 有效状态：当用户正确地输入信息且表单可以提交时构件的状态。
- 无效状态：当用户所输入文本的格式无效时构件的状态。
- 必填状态：当用户在文本域中没有输入必需文本时构件的状态。

05 在“验证于”后面的复选框中指定验证文本域的时间，例如当访问者在构件外部单击时、键入内容时或尝试提交表单时。可以选择所有的选项，也可以一个都不选，其中：

- OnBlur：当用户在文本域的外部单击时验证。
- OnChange：当用户更改文本域中的文本时验证。
- OnSubmit：当用户尝试提交表单时验证。

06 按照上面的方法插入 spry 验证复选框构件、spry 验证文本区域构件和 spry 验证选择构件以及两个按钮，此时的页面布局如图 9-28 所示：

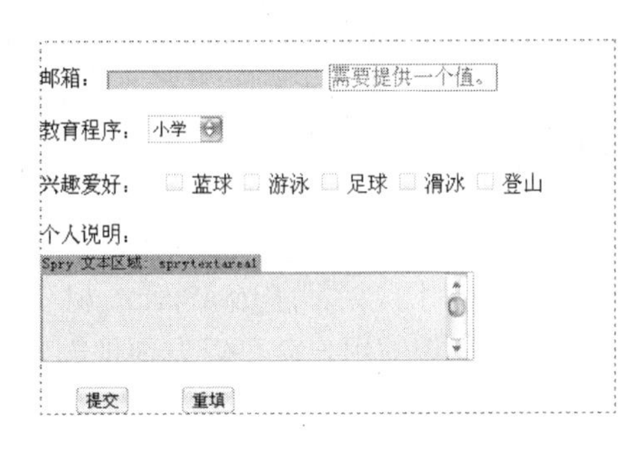

图 9-28　页面布局

07 选中 spry 验证选择构件，在属性面板中设置其相关属性。有关操作可以参见前面介绍过的列表/菜单的属性设置方法。

08 选中 spry 验证复选框构件，在属性面板中指定选择范围，选择“实施范围”，并 输入希望用户选择的最小复选框数或/和最大复选框数。

09 选中 spry 验证文本区域构件，在属性面板中设置其预览状态为“有效”。

10 在浏览器中预览，看看当输入不符合要求时会出现什么。

此外，在 Dreamweaver CS6 中还有三个表单验证构件（validation widgets）：Spry 验证密码、Spry 验证确认和 Spry 验证单选按钮组。下面的步骤将介绍这三种控件的使用方法及功能。

11 在“邮箱：”下一行输入“登录密码：”，然后插入一个 Spry 验证密码控件。选中该控件，在图 9-29 所示的属性面板上设置密码中字符、字母、数字、大写字母以及特殊字符的个数范围。

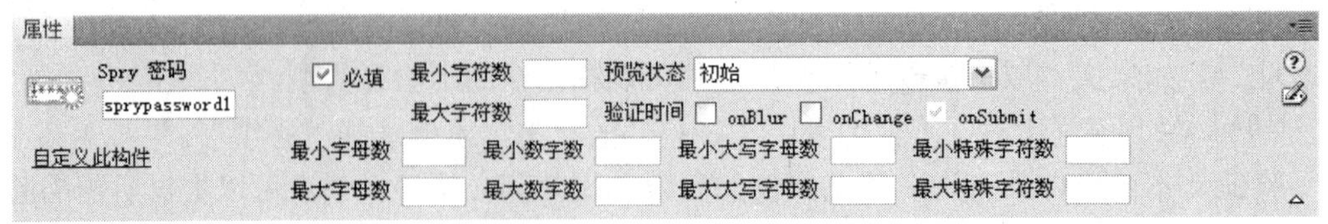

图 9-29　设置 Spry 验证密码控件的属性

若上述任一选项保留为空，构件将不验证用户输入的密码是否满足该条件。例如，如果最小/最大数字数选项保留为空，构件将不查找密码字符串中的数字。

12 另起一行，输入“确认登录密码：”，并在其右侧插入一个 Spry 验证确认控件。选中该控件，在图 9-30 所示的属性面板上设置该控件的验证参照对象。

图 9-30　设置 Spry 验证确认控件的属性

分配了唯一 ID 的所有文本域都显示为“验证参照对象”下拉列表中的选项。如果用户未能完全一样地键入他们之前指定的密码，构件将返回错误消息，提示两个值不匹配。

在这一步中，如果验证参照对象为验证文本域构件，则可以验证电子邮件地址。

13 另起一行，输入“邮件列表视图：”，然后插入一个 Spry 验证单选按钮组控件。在弹出的对话框中设置单选按钮组的标签和值，如图 9-31 所示。

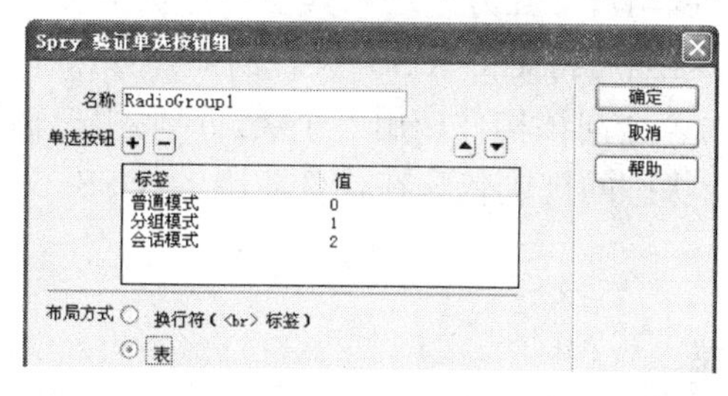

图 9-31　设置 Spry 验证单选按钮组

14 单击“确定”按钮关闭对话框之后，用户可以在属性面板上指定验证单选按钮组的空值或无效值。

在单选按钮的属性面板中为单选按钮分配了一个选定值之后，若要创建具有空值的单选按钮，则通过单击验证单选按钮组构件的蓝色选项卡选择整个构件之后，在“选定值”文本框中键入 none。若要创建具有无效值的单选按钮，请在“选定值”文本框中键入 invalid。

当用户选择的单选按钮与 empty 或 invalid 关联时，指定的值也相应地注册为 empty 或 invalid。如果用户选择具有空值的单选按钮，则浏览器将返回“请进行选择”错误消息。如果用户选择具有无效值的单选按钮，则浏览器将返回“请选择一个有效值”错误消息。

注意：

单选按钮本身和单选按钮组构件都必须分配有 none 或 invalid 值，错误消息才能正确显示。

15 此时的页面布局如图 9-32 所示。保存文档，按 F12 键在浏览器中预览验证效果。

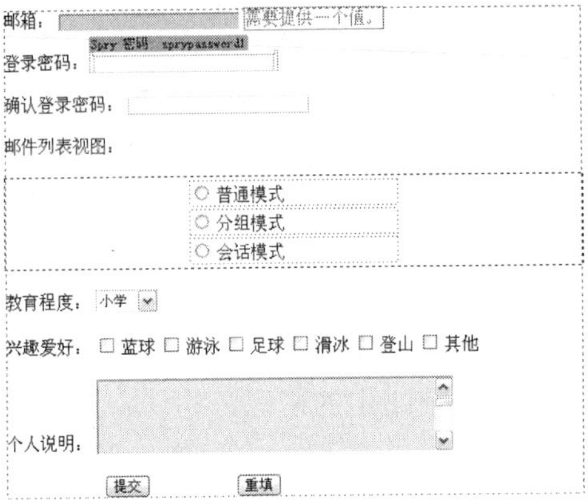

图 9-32　页面效果

每当验证文本域构件以用户交互方式进入其中一种状态时，Spry 框架逻辑会在运行时向该构件的 HTML 容器应用特定的 CSS 类。例如，如果用户尝试提交表单，但输入的邮箱格式不正确，Spry 会向该构件应用一个类，声明用户输入的信息无效。用来控制错误消息的样式和显示状态的规则包含在构件随附的 CSS 文件（SpryValidationTextField.css）中。

9.3　表单的处理

在文档中创建表单及其控件，并不能完成信息的交互。要想在网页中实现信息的真正交互，还必须使用脚本或应用程序来处理相应的信息。通常这些脚本或应用程序是 form 标记中的 acion 属性所指定的。常用的脚本语言有 Java、C、VBScript、Perl 和 JavaScript 等。如果需要完成的操作比较简单，可以将所有的处理都放在客户端进行，例如使用 JavaScript 脚本处理一个简单的表单。

下面通过一个 “个人资料填写” 网页的制作，实例介绍表单、各种表单对象和表格的联合应用。为简单起见，表单的处理采用内容发送到制作者邮箱的方法。采用 JavaScript 脚本语言检查表单数据的有效性。例中的表单结构如图 9-33 所示。

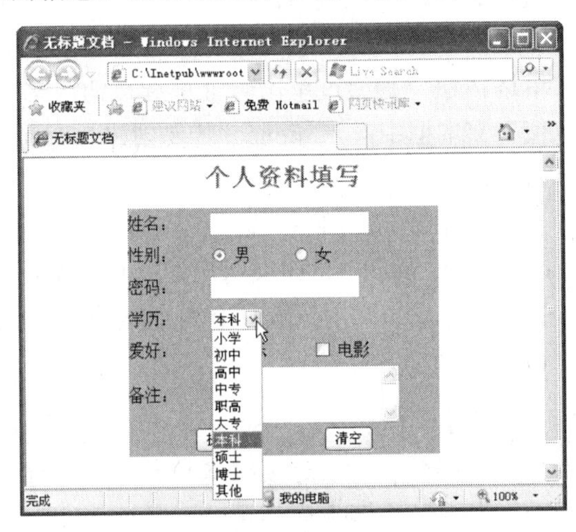

图 9-33　网页中的表单结构

01 启动 Dreamweaver CS6，创建一个 HTML 文档。

02 在页面中输入标题“个人资料填写”，并新建一个 CSS 规则设置字体、颜色和对齐等属性。

03 插入一个表单。在属性面板上设置表单的名称为 form1，动作为

mailto:vivi123@gmail.com，方法为 POST。

04 为便于排版，在表单内插入一个 7 行 2 列的表格，并在属性控制面板为表格设置属性“边框”值为 0，属性“对齐”值为“居中对齐”，“背景颜色”值为“#66CC99”。

05 输入图 9-35 中的文本和各种表单对象。各对象的参数设置如下（以等号表示相应的设置值，未给出的参数采用默认值）。

“姓名”文本域：“文本域”=name；“字符宽度”=20；“最多字符数”=20；“类型”=“单行”。

“男”单选钮：“单选按钮”=sex；“初始状态”=“已勾选”。

“女”单选钮：“单选按钮”=sex；“初始状态”=“未选中”。

“密码”文本框：“文本域”=password；“字符宽度”=20；“最多字符数”=20；“类型”=“密码”。

“学历”列表框：“列表/菜单”=edu；“类型”=“列表”；“列表值”设置如图 9-29 所示；“初始化选中”=“本科”。

“音乐”复选框：“复选框”=music；“初始状态”=“未选中”。

“电影”复选框：“复选框”=movie；“初始状态”=“未选中”。

“备注”文本域：“文本域”=note；“字符宽度”=20；“行数”=3；“类型”=“多行”；

“提交”按钮：“标签”=提交；“动作”=“提交表单”。

“清空”按钮：“标签”=清空；“动作”=“重设表单”。

制作基本完成，可以保存文档并在浏览器中浏览测试。当单击网页中的提交按钮时会弹出一个提示框。单击“确定”继续发送邮件，单击取消则不发送邮件。

通过测试会发现在表单中没填任何数据，或填的数据无效，单击“提交”按钮后仍然会发送邮件。这是网页设计者所不愿看到的，为了解决这个问题，可以用 JavaScript 脚本语言对表单各对象的值进行有效性检查。以下的步骤用来增加这方面的功能。

06 在插入栏单击“常用”标签激活常用面板，单击插入脚本图标，弹出“脚本”对话框。

07 “语言”选 JavaScript，在“内容”文本框输入 JavaScript 程序段如下：

```
function checkForm(){
        if(document.form1.name.value==""){
            alert("用户名不能为空！");
            return false;
        }

        if(document.form1.password.value==""){
            alert("密码不能为空！");
            return false;
        }

        return true;
}
```

08 右击“提交”按钮，在弹出的上下文菜单中执行“编辑标签”命令，弹出“标签编辑器”对话框，如图 9-34 所示。

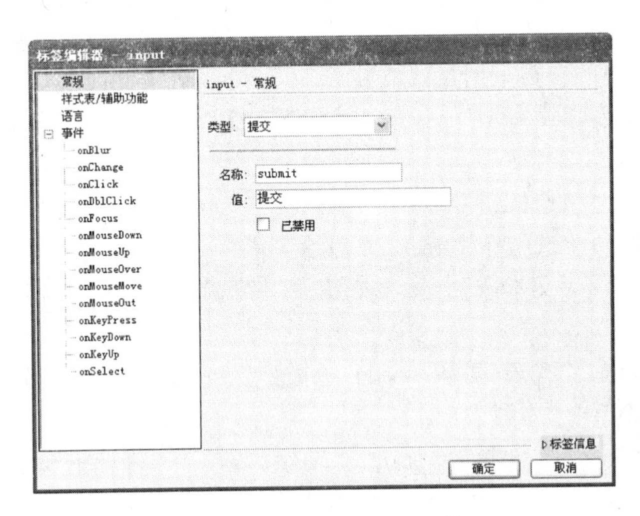

图 9-34 “标签编辑器”对话框（1）

09 单击“事件”前面的⊞按钮展开事件，选中 onClick，这时标签编辑对话框右边出现 Input-onClick 文本框。

10 在 Input-onClick 文本框中输入事件处理代码“return checkForm()”，如图 9-35 所示然后单击“确定”。

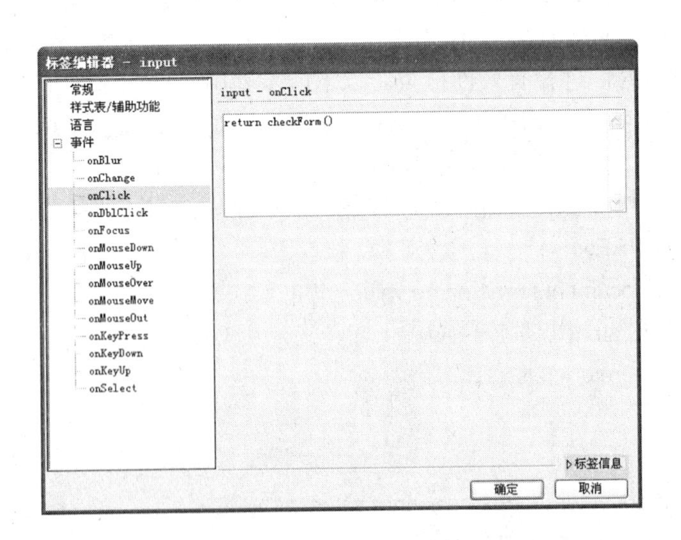

图 9-35 “标签编辑器”对话框（2）

11 保存文档，至此制作全部完成。可以在浏览器中打开页面进行测试。

本例网页的最终功能有输入姓名和密码，最多可以输入 20 字符；当姓名和密码两者中至少有一个为空值时，单击“提交”按钮会弹出相应的错误提示对话框，如图 9-36 所示，并取消表单提交。

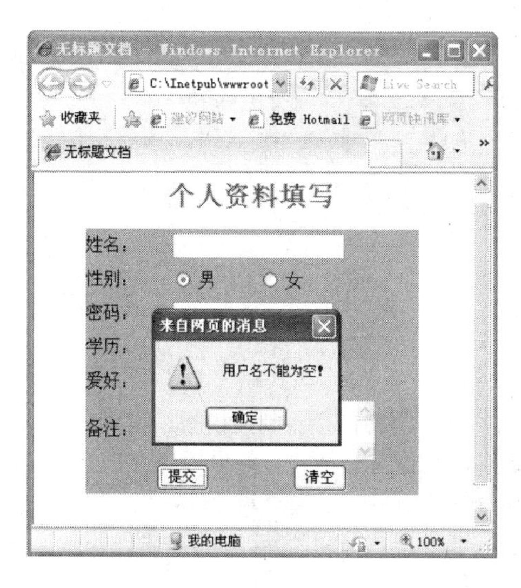

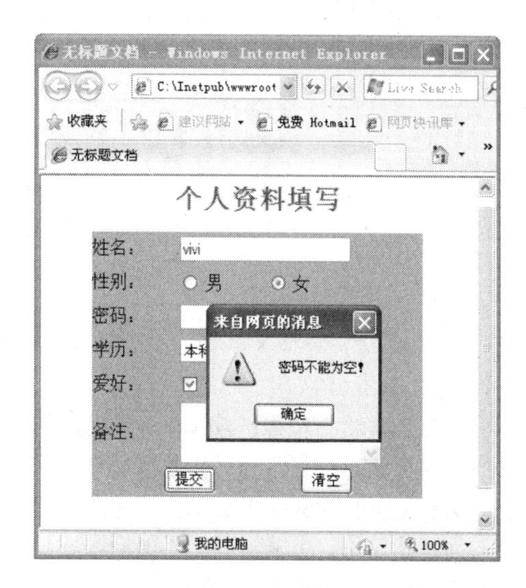

图 9-36　出错提示对话框

9.4　动手练一练

制作一个图 9-37 所示的“注册登记表”网页。要求使用表格技术实现表单排版，其中后面带*号的内容为必填项，提交表格时必须进行有效性检查确保其不是空值。

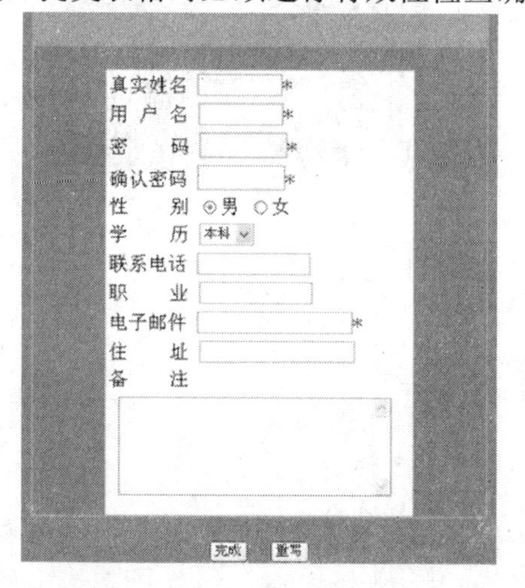

图 9-37　“注册登记表”网页

9.5　思考题

1. 怎样才能使表单图像域对象起到提交按钮的作用？“图像域”能代替“重设表单”按钮吗？

2. 用电子邮件方式处理表单有哪些优缺点？

第10章 模板与库

本章导读

本章将介绍模板和库的基本知识及使用方法。内容包括：创建模板；定义模板的可编辑区域、重复区域和可选区域；定义嵌套模板；应用模板建立网页；修改模板并更新站点；库的创建及使用等。读者应该重点掌握模板的创建和使用；可编辑区域、重复区域和可选区域区别和使用方法；库项目的建立和使用等内容。

学习要点

- 创建模板与库
- 定义模板对象
- 定义嵌套模板
- 应用模板和库

10.1 模板

在建立并维护一个站点的过程中，往往需要建立外观及部分内容相同的大量的网页，使站点具有统一的风格。如果逐页建立、修改会很费时、费力，效率不高，而且一不小心就出错，一个站点的网页很难做到有统一的外观及结构。Dreamweaver CS6 提供了两种方便的可以重复使用的部件来解决以上问题，这就是模板和库。模板和库是最基本和有效的途径，同时也是保持站点具有统一风格的利器。合理利用模板和库的功能可以极大地提高工作效率。模板提供了一种建立同一类型网页基本框架的方法，在模板中有一些内容不需要修改，比如导航条、标题等，在创建模板的时候，可以指定这些区域为固定区域，另外一些区域可以让用户根据需要重新输入内容，在创建模板的时候，可以指定这些区域为可编辑区域。这样在站点中基于这个模板创建的文档，所有文档的固定区域是相同的，而可编辑区域中的内容则是不同的。

模板的原理是由可编辑区域和不可编辑区域两部分组成，不可编辑区域包含了在所有页面中共有的元素，即构成页面的基本框架；而可编辑区域是为添加可编辑的内容而设置的。在后期维护中通过改变模板的不可编辑区，即构成页面的框架部分，可以快速地更新整个站点中所有使用了模板的页面布局。

10.1.1 模板面板

执行“窗口”|“资源”命令或按 F8 功能键，调出“资源”面板，如图 10-1 所示。用鼠标在“资源”面板中单击“模板”图标按钮，切换到“模板”面板，如图 10-2 所示。可以看到右边上半部分显示当前选择模板的具体内容，下半部分则是所有模板的列表。

图 10-1 “资源”面板

图 10-2 “模板”面板

10.1.2 建立模板

在 Dreamweaver CS6 中，模板是一种特殊的文档，用于设计固定的页面布局。模板中有些区域是不能编辑的，称为锁定区域；有些区域则是可以编辑的，称为可编辑区域。通过编辑可编辑区的内容，可以得到与模板相似但又有所不同的新的网页。使用模板创建网页的最大好处就是当修改模板时使用该模板创建的所有网页可以一次性自动更新，这就大大提高了网页更新维护的效率。

模板的制作方法与普通网页类似，只是在制作完成后应定义可编辑区域、重复区域等。下面简单介绍创建一个新的模板文件的 3 种方法。

1．方法一

（1）执行“文件”|“新建”命令，弹出“新建文档”对话框，如图 10-3 所示。

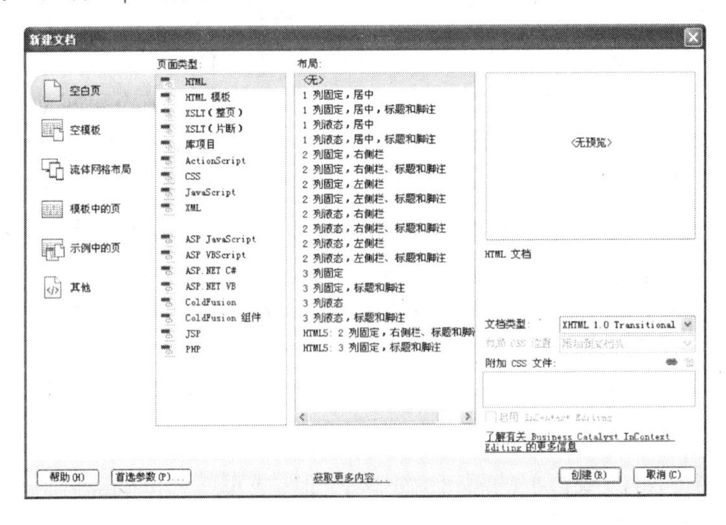

图 10-3　“新建文档”对话框

（2）在“类别”栏选中“空模板”，在“模板类型”中选择需要的模板类型，在“布局”中选择模板的页面布局。单击“创建”按钮。

（3）执行“文件”|“保存”命令保存空模板文件，这时会弹出对话框如图 10-4 所示，提醒本模板没有可编辑区域。若选中“不再警告我”复选框，那么下次保存没有可编辑区域模板文件时不再弹出此对话框。

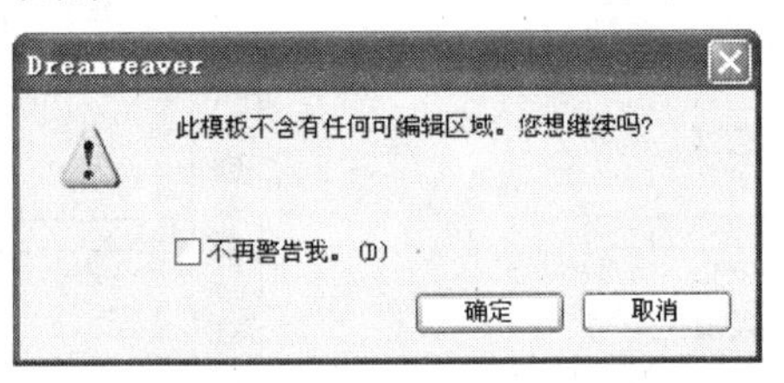

图 10-4　提示对话框

（4）单击“确定”按钮完成存档。

2．方法二

（1）在 Dreamweaver CS6 界面中选择“窗口”|“资源”命令，调出“资源”面板，单击“模板”图标按钮，切换到模板面板。

（2）单击“模板”面板底端的“新建模板”图标按钮，然后编辑模板文件名，如图 10-5 所示。

（3）保存文件。一个简单的模板文件就制作完成了。

3．方法三

（1）在 Dreamweaver CS6 中打开一个普通文档。

（2）执行“文件”|“另存为模板”命令，弹出“另存为模板”对话框，如图 10-6 所示。

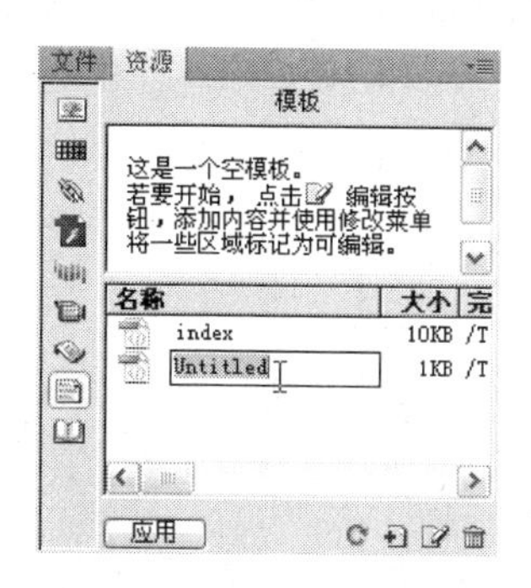

图 10-5　编辑模板文件名

图 10-6　“另存模板”对话框

（3）选择保存模板文件的站点，输入模板文件名，之后单击“保存”完成模板文件保存。

Dreamweaver 将模板文件保存在站点的本地根文件夹中的 Templates 文件夹中，使用文件扩展名 .dwt。如果该 Templates 文件夹在站点中尚不存在，Dreamweaver 将在保存新建模板时自动创建该文件夹。不要将模板移动到 Templates 文件夹之外或者将任何非模板文件放在 Templates 文件夹中，也不要将 Templates 文件夹移动到本地根文件夹之外。否则，将在模板的路径中引起错误。

10.1.3　设置模板的页面属性

对模板文件所做的任何改动都将出现在基于此模板的网页中。例如，如果打开了模板文件并将链接颜色更改为深粉色，那么所有基于此模板的网页也都将有深粉色的链接。对于其他属性也一样，如网页标题、边距和背景图像等。

在创建模板时，可右击“设计”视图空白处，在弹出的上下文菜单中执行“页面属性”命令指定链接颜色、网页标题和背景图像等。

10.1.4　定义模板的可编辑区域

可编辑区域包含了在根据模板创建的每个 HTML 网页中可以改变的信息。这个信息可能是文本、图像或其他的媒体，如 Flash 动画或 Java 小程序。没有标记为可编辑的区域在使用此模板创建新文件时将被锁定。

当创建一个基于模板的网页时，可以激活可编辑区域并添加新的数据，然后将网页保存为独立的 HTML 文件。文件中没有标记为可编辑区域的域在所有基于模板的网页中都将保持完全相同的状态，并且不可以任何方式进行更改。

如果想要对模板中某处不可编辑区域进行更改，必须打开原始的模板文件操作。只要是在模板文件中进行操作，就可以做出改动。不过，如果是对由模板创建的页面进行操作，就不可更改没有标记为可编辑的域。牢记，在模板中对非可编辑的域所做的任何更改都将影响站点中每一个基于此模板的网页。

选中可编辑区域，可以看到在属性检查面板中可编辑区域只有一个属性“名称”，在这里可以修改可编辑区域的名称。

下面以一个简单示例介绍创建一个新的模板文件的具体操作，最终效果如图 10-7 所示。

图 10-7　模板文件效果

01 新建一个模板文件。在“设计”视图中插入一个四行二列的表格，选中第一行单元格，单击属性面板上的“合并单元格”按钮合并为一行，设置单元格内容水平和垂直对齐方式均为“居中”，然后插入一个一行五列的表格，输入导航文本。

02 选中第一列中的第二行至第四行，然后合并，插入一张图片。在剩下的单元格中插入一个三行三列表格，然后输入文字并调整表格和图像的大小。

03 选中上一步插入的三行三列表格。

04 执行“插入”|“模板对象”|“可编辑区域”命令，或单击“插入”栏“常用”面板上 图标中的下拉箭头，在弹出菜单中单击 可编辑区域 菜单项，弹出“新可编辑区域”对话框，如图 10-8 所示。

05 在“名称”文本框输入要增加的新可编辑区域的名字，单击“确定”按钮，完成在文档中加入一个可编辑区域。可编辑区在模板文件中用彩色（默认颜色为绿色）高亮度显示，在顶端有一个描述性的名字（在图 10-8 的对话框输入）。插入可编辑区域后在 Dreamweaver 中的效果，如图 10-9 所示。

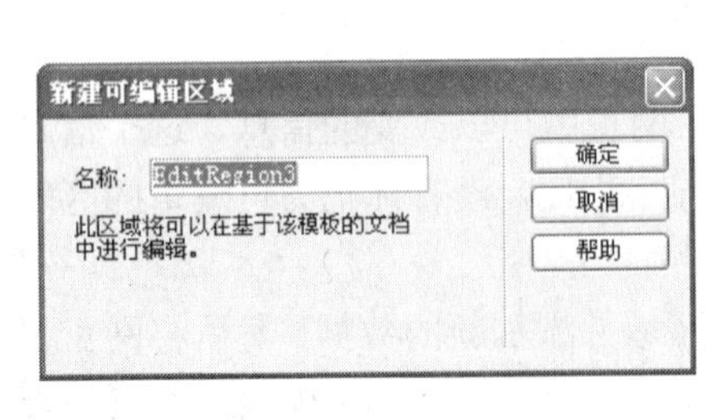

图 10-8　“新可编辑区域”对话框

图 10-9　可编辑区域在 Dreamweaver 中的效果

06 保存文件。一个简单的模板文件就制作完成了。

10.1.5　定义模板的重复区域

重复区域是可以根据需要在基于模板的页面中复制任意次数的模板部分。重复区域通常用于表格，但是也可以为其他页面元素定义重复区域。

重复区域不是可编辑区域。若要使重复区域中的内容可编辑（如让用户可以在表格单元格中输入文本），必须在重复区域内插入可编辑区域。

（1）在文档窗口中选择想要设置为重复区域的文本或内容或将插入点放入文档中想要插入重复区域的地方。

（2）创建重复区域可以执行命令“插入”|“模板对象”|“重复区域”命令；也可以单击“插入”栏“常用”面板上 图标中的下拉箭头，在弹出的上下文菜单中单击 重复区域 菜单项；还可以鼠标右击文档窗口，然后在上下文菜单中执行命令“模板对象”|“重复区域”命令。

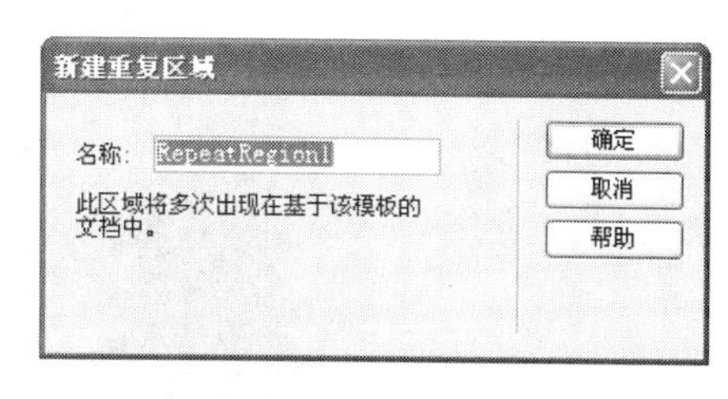

图 10-10 “新重复区域”对话框

（3）弹出的“新建重复区域”对话框，如图 10-10 所示。在对话框的“名称”文本框中输入新重复区域的唯一的名称（不能对一个模板中的多个重复区域使用相同的名称）。命名区域时，不要使用特殊字符。

（4）单击“确定”按钮。重复区域插入到文档中。

10.1.6 定义模板的可选区域

“可选区域”是在模板中指定为可选的部分，用于保存有可能在基于模板的文档中出现的内容（如可选文本或图像）。可将其设置为在基于模板的文档中显示或隐藏。当想为在文档中显示内容设置条件时，使用可选区域。可以为模板参数设置特定值，或在模板中定义条件语句。根据在模板中定义的条件，可以在创建的文档中编辑参数，并控制可选区域是否显示。

可编辑的可选区域让模板用户可以在可选区域内编辑内容。例如，如果可选区域中包括图像或文本，模板用户可设置该内容是否显示，并根据需要对该内容进行编辑。可编辑区域是由条件语句控制的，可以在新建可选区域对话框中创建模板参数和表达式，或通过在代码视图中键入参数和条件语句来创建。

下面以一个示例介绍在模板文档中插入可选区域的具体步骤：

01 新建一个 HTML 模板文件，在“设计”视图中，插入一张图像，效果如图 10-11 所示。

02 选中图像，执行“插入”|“模板对象”|“可选区域”命令，或单击“插入”栏“常用”面板上 图标中的下拉箭头，在弹出菜单中单击 可选区域，弹出“新建可选区域”对话框。对话框中各选项介绍如下：

“名称”：用于设定新可选区域模板参数的名称。

“默认显示”：选中该项则，可选区域默认为显示，否则隐藏。

03 取消选中“默认显示”，即默认状态下将要创建的可选区域在网页中是不可见的，“名称”采用默认值 OptionalRegion1。单击“高级”标签，显示对话框。对话框中各选项功能介绍如下：

“使用参数”：用于设置控制本可选区是否隐藏所使用的参数，在右边的下拉列表框中可选择要将所选内容链接到的现有参数。

“输入表达式”：用于输入控制本可选区是否隐藏所使用的表达式，表达式值为真，显示可选区；表达式值为假，则隐藏可选区内容。Dreamweaver 自动在输入的文本两侧插入双引号。

04 单击“确定”按钮，完成可选区的插入。最终制作结果，如图 10-12 所示。

图 10-11　插入图像

图 10-12　实例效果

在代码区可以找到关于可选区的代码。模板参数在 head 部分定义：

```
<!-- TemplateBeginEditable name="head" -->
<!-- TemplateEndEditable -->
<!-- TemplateParam name="OptionalRegion1" type="boolean" value="false" -->
```

在插入可选区域的位置，将出现类似于下列代码的代码：

```
<!-- TemplateBeginIf cond="OptionalRegion1" -->
<img src="icon01.gif" width="100" height="180" />
<!-- TemplateEndIf -->
```

从模板创建的网页 head 区中也将插入模板参数部分代码。如果网页中需要显示可选区内容时，只需在网页文档代码 head 部分找到上述代码，把其中的 value 值设置为 true 即可。

使可选区域可编辑的操作如下：

（1）在文档窗口中，将光标放在想要插入可选区域的地方。

（2）打开“新可选区域”对话框，对各选项进行设置。

（3）单击“确定”完成插入可选区域。

（4）把光标定位于可选区域内部插入可编辑区。

可选区域内的编辑区和可选区一样显示和隐藏。当可选区隐藏时因为看不到它，内部的可编辑区是不可编辑。

另外，可直接单击“插入”栏“常用”面板 图标中的下拉箭头，在弹出菜单中单击 可编辑的可选区域 插入“可编辑的可选区域”。

提示：不能环绕选定内容来创建可编辑的可选区域。应插入区域，然后在该区域内插入内容。

10.1.7 修改可选区域

在模板中插入可选区域之后，可以编辑该区域的设置。例如，可以对是否显示内容默认值的设置进行更改，将参数链接到现有可选区域，或者修改模板表达式。要修改可选区域，可以重新打开“新建可选区域”对话框。

（1）如果属性检查器尚未打开，执行“窗口”|“属性”命令将其打开。

（2）在“设计”视图中，单击想要修改的可编辑区域的模板选项卡，或在“设计”视图中，单击模板区域内的内容，然后在标签选择器中单击模板标记<mmtemplate:if>。还可以在“代码”视图中，单击想要修改的模板区域的注释标记。

（3）在属性检查器中单击“编辑”按钮，弹出“新建可选区域”对话框。

（4）进行修改，然后单击“确定”按钮。

10.1.8 定义嵌套模板

嵌套模板是指其设计和制作是基于另一个模板的模板。若要创建嵌套模板，必须首先保存原始模板或基本模板，然后基于该模板创建新文档，最后将该文档另存为模板。在新模板中，可以在原来基本模板中定义为可编辑的区域中进一步定义可编辑区域。

嵌套模板对于控制共享许多设计元素的站点页面中的内容很有用，但在各页之间的作用有些差异。例如，基本模板中可能包含更宽广的设计区域，并且可以由站点的许多内容提供者使用，而嵌套模板可能进一步定义站点内特定部分页面中的可编辑区域。

基本模板中的可编辑区域被传递到嵌套模板，并在根据嵌套模板创建的页面中保持可编辑，除非在这些区域中插入了新的模板区域。

对基本模板所做的更改在基于基本模板的模板中自动更新，并在所有基于主模板和嵌套模板的文档中自动更新。

可以通过保存一个基于模板的文档，然后创建该文档的新模板来创建嵌套模板。通过嵌套模板可以创建基本模板的变体。可以嵌套多个模板来定义更加精确的布局。

从想要作为嵌套模板的基础模板创建一个文档，操作方法为下列之一：

（1）在“资源”面板的“模板”类别中右击想要从其创建新文档的模板，然后执行“从模板新建”命令，如图 10-13 所示。

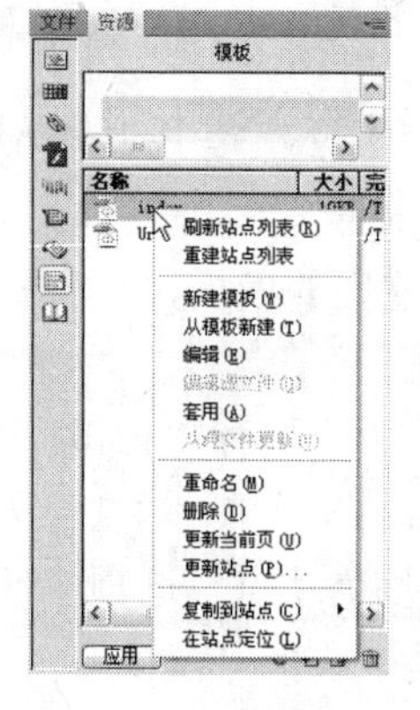

图 10-13 右击模板弹出的上下文菜单

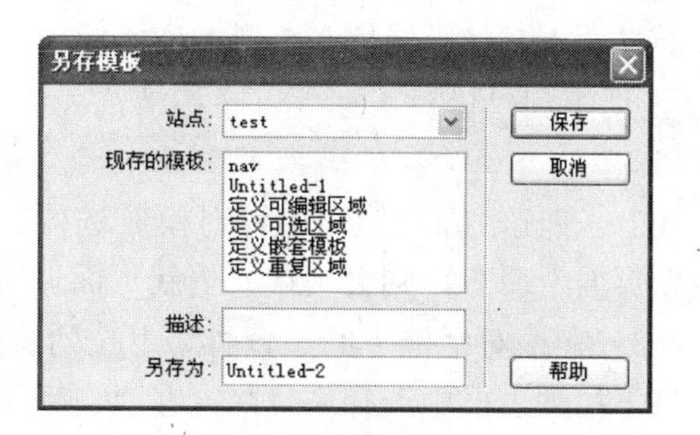

图 10-14 “另存为模板”对话框

（2）执行“文件”|“新建”命令。在“新建文档”对话框中，单击“模板”选项卡，并选择包含想要使用模板的站点，然后在文档列表中双击该模板以创建新文档。文档窗口中即会出现一个新文档。

（3）执行“文件”|“另存为模板”命令，或单击“插入”栏“常用”面板上图标中的下拉箭头，在弹出菜单中单击创建嵌套模板，弹出“另存为模板”对话框，如图 10-14 所示。输入名字后单击“保存”保存文档。

在基于嵌套模板的文档中，可以添加或更改从基本模板传递的可编辑区域（以及在新模板中创建的可编辑区域）中的内容。

10.1 9　应用模板建立网页

在本地站点中创建模板的主要目的是在本地站点中使用这个模板创建具有相同外观及部分内容相同的文档，使站点保持风格统一。

直接使用模板建立网页，执行以下操作：

（1）执行“文件”|“新建”命令，打开“新建文档”对话框。

（2）在该对话框中选择“模板”标签，从左边的站点列表中选择一个站点，在模板列表中选择创建的模板。然后单击选择“当模板改变时更新页面”复选框。

（3）单击新建文档对话框中的“创建”按钮，创建一个新文档。

（4）对新文档进行编辑。

另外还可以直接右击模板管理面板中需要的模板文件，然后在弹出上下菜单中执行“从模板新建”命令，如图 10-15 所示。

图 10-15　从模板创建网页

10.1.10　修改模板并更新站点

如果对当前站点中使用的模板进行了修改，Dreamweaver CS6 会提示是否修改应用该模板的所有网页。也可以通过命令手动修改当前页面或整个站点。

修改模板并更新站点的具体操作步骤如下：

（1）执行“文件”|“新建”命令，打开“新建文档”对话框。在该对话框中选择“模板”标签，从左边的站点列表中选择保存刚才创建的模板的站点，在模板列表中双击当前文档使用的模板，打开模板编辑窗口；或执行“窗口”|“资源”命令，调出“资源”面板。使用鼠标在“资源”面板中单击“模板”图标按钮，切换到“模板”面板，在模板列表中双击当前文档使用的模板，也会打开模板编辑窗口。

（2）在模板编辑窗口中，对模板进行修改。修改完成后，执行“修改”|“模板”|“更新页面”命令，则会出现“更新页面”对话框，如图 10-16 所示。

（3）在该对话框中的“查看”下拉列表框中，选择“整个站点”选项，然后在后面的站点下拉列表框中选择站点名，在“更新”后面的复选框中选择“模板”。

（4）单击“开始”按钮，即可将模板的更改应用到站点中使用该模板的网页。在“状态”栏将显示更新的成功或失败等信息。

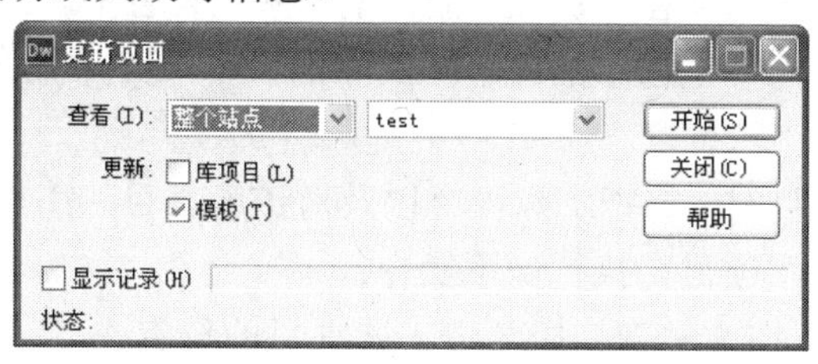

图 10-16 “更新页面”对话框

10.2 库

在站点中除了具有相同外观的许多页面外，还有一些需要经常更新的页面元素，例如版权声明、站点导航条。这些内容与模板不同，它们只是页面中的一小部分，在各个页面中的摆放位置可能不同，但内容却是一致的。可以将此种内容保存为一个库文件，在需要的地方插入，在需要时快速更新。

库与模板的作用一样，也是一种保证网页中的部件能够重复使用的工具。模板重复使用的是网页的一部分结构，而库则提供了一种重复使用网页对象的方法。

10.2.1 建立及使用库项目

1．创建库项目

库是一种特殊的 Dreamweaver 文件，其中包含已创建以便放在 Web 页上的单独的资源或资源副本的集合，如图像、表格、声音和 Flash 文件等。库里的这些资源称为库项目。

创建的库项目保存在当前站点的 Library 文件夹中。站点中所有的库项目都是储存在 Library 文件夹中的，以.lbi 作为扩展名。

和模板一样，库项目应该始终在 Library 文件夹中，并且不应向该文件夹中添加任何非.lbi 的文件。Dreamweaver 需要在网页中建立来自每一个库项目的相对链接。这样做，必须确切地知道原始库项目的存储位置。

对于链接项（如图像），库只存储对该项的引用。原始文件必须保留在指定的位置，才能使库项目正确工作。尽管如此，在库项目中存储图像还是很有用的。例如，可以在库项目中存储一个完整的<img>标记，以方便地在整个站点中更改图像的 alt 文本，甚至更改它的 src 属性。但是，不要使用这种方法更改图像的 width 和 height 属性，除非还使用图像编辑器来更改图像的实际大小。

创建库项目操作步骤如下：

（1）选中文档中需要保存为库项目的部分。

（2）执行“窗口”|“资源”命令，在“资源”面板上单击“库”图标，打开库管理面板。

（3）单击资源管理面板上的“新建库项目”图标。

（4）输入新的库项目的名称。

这时该库项目对象将出现在“资源”面板的“库”列表中。此外，还有更简便的创建库项目方法，只要在文档中把选中的内容拖到库面板中，并为其命名就完成了。

2．使用库项目

当向页面添加库项目时，将把实际内容以及对该库项目的引用一起插入到文档中。要在文档中应用创建好的库项目，执行如下操作：

（1）将插入点定位在文档窗口中要放入库项目的位置。

（2）打开库管理面板，从库项目面板上的库项目列表中选择要插入的库项目。

（3）单击库项目面板上的 插入 按钮，或是将库项目从库面板中拖到文档窗口即可，这时文档中会出现库项目所包含的文档内容，同时以淡黄色高亮显示，表明它是一个库项目。

在文档窗口中，库项目是作为一个整体出现的，用户无法对库项目中的局部内容进行编辑。如果希望仅仅添加库项目内容代码而不希望它作为库项目出现，可以按住 Ctrl 键，将相应的库项目插入文档中。

10.2.2 库面板

执行“窗口”|“资源”命令，调出“资源”面板。在“资源”面板中单击“库”图标按钮，切换到“库”面板，如图 10-17 所示。

图 10-17 “库”面板

该面板分为两部分：上半部分显示当前选择库项目的具体内容；下半部分则是所有库项目的列表。

在“库”面板里，可以方便地进行库项目的创建、删除和改名等操作。

在文档窗口中选择一个库项目后，选择“窗口”|“属性”命令，调出属性设置面板，如图 10-18 所示。该面板中几个主要选项的功能介绍如下：

图 10-18 库项目的属性面板

打开：单击该按钮会打开“库”面板，方便用户对所选择的库项目进行再编辑。

从源文件中分离：该按钮的作用是将当前选择的内容从库项目中分离出来，这样可以对插入到文档窗口中的库项目进行修改。但是在以后对库项目进行修改时，不会更改该网页的库项目。在使用该功能时，会弹出一个对话框，提示对以后的影响，如图 10-19 所示。如果单击“确定”按钮，则确认操作，将当前选择的内容从库项目中分离出来；如果选择“取消”按钮，则取消操作。

重新创建：该按钮的功能是通过文档窗口中以前使用库项目插入的内容重新生成库项目文件。一般在库项目文件被删除时，使用该功能恢复以前的库项目文件。使用该功能时，会显示一个对话框，如图 10-20 所示，提醒是否将原来的库项目文件覆盖。

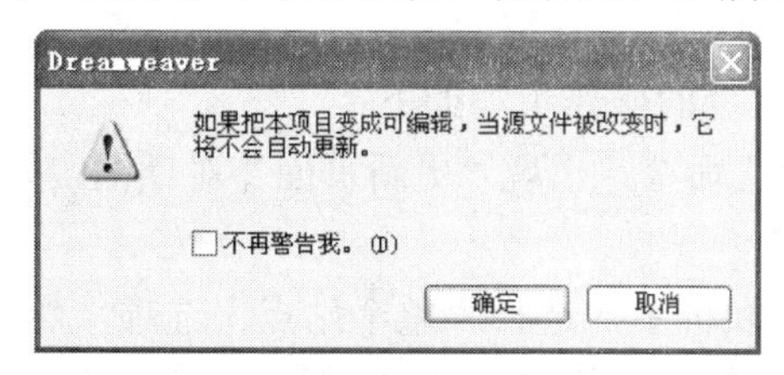

图 10-19　提示对话框（1）

图 10-20　提示对话框（2）

如果是重建原来没有的库项目，重建后库项目不会立即出现在“库”面板中。可以右击“库”面板，在弹出的快捷菜单中执行 “刷新站点列表”命令，如图 10-21 所示。这样就可以在“库”面板中显示重建的库项目了。

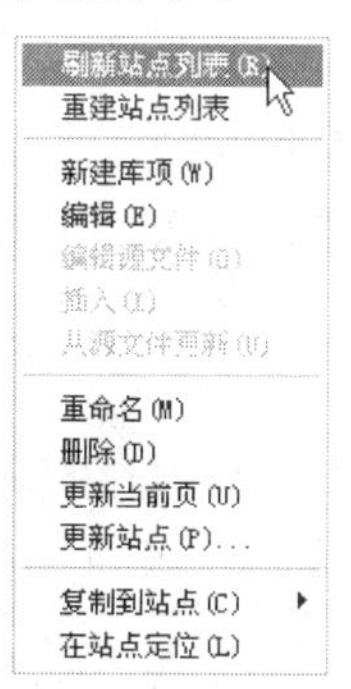

图 10-21　右击“库”面板弹出菜单

10.2.3　操作库项目

更改库项目时，可以选择更新使用该项目的所有文档。如果选择不更新，那么文档将保持与库项目的关联，可在以后执行“修改”|“库项目”|“更新页面”命令来更新它们。

对库项目的其他种类的更改包括：重命名项目以断开其与文档或模板的连接，从站点的库中删除项目，以及重新创建丢失的库项目。

1．编辑库项目

（1）执行“窗口”|“资源”命令，在“资源”面板上单击“库”图标，打开资源管理面板库类别。

（2）选择库项目。库项目的预览出现在资源面板顶部，但不能在预览中进行任何编辑。

（3）单击“库”面板底部的“编辑”按钮，或者双击库项目。Dreamweaver 将打开一个用于编辑该库项目的新窗口，此窗口类似于文档窗口。

（4）编辑库项目，然后保存更改。

提示： 编辑库项目时，CSS 样式面板不可用，因为库项目中只能包含 body 元素，CSS 样式表代码却可以插入到文档的 head 部分。“页面属性”对话框也不可用，因为库项目中不能包含 body 标记或其属性。

2．更新站点

更新整个站点或所有使用特定库项目文档的操作步骤如下：

（1）执行“修改”|“库”|“更新页面”命令，出现“更新页面”对话框，如图 10-22 所示。

（2）在该对话框中的“查看”下拉列表框中，选择“整个站点”选项，然后在后面的站点下拉列表框中选择站点名，在“更新”后面的复选框中选择“库项目”。

（3）单击“开始”按钮，即可将库项目的更改应用到站点中使用该库项目的网页。

3．重命名库项目

（1）单击库项目的名称以将其选中。

（2）稍作暂停之后，再次单击。注意：不要双击名称，那样将打开库项目进行编辑。

（3）当名称变为可编辑时，输入一个新名称。

（4）在文档空白处单击，或者按 Enter 键。

重命名库项目，实际上就是对本地站点的 Library 目录中的该文件重命名。因此，也可以直接重命名相应的库项目文件。

4．删除库项目

（1）在“库”面板的库类别中选择要删除的项目。

（2）单击“删除”按钮弹出询问删除对话框，如图 10-23 所示。单击“是”删除该项目。

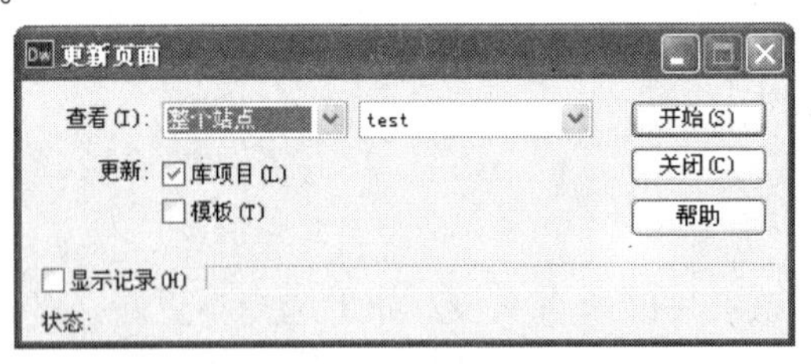

图 10-22 “更新页面”对话框

图 10-23 提示对话框

删除库项目，实际上就是从本地站点的 Library 目录中删除相应的库项目文件。因此，也可以直接删除相应的库项目文件。

提示： 删除一个库项目后，将无法使用“撤消”来找回它。但可以重新创建它，如下一过程所述。删除库项目时将从库中删除该项目，但不会更改任何使用该项目的内容。

10.3 模板与库的应用

下面通过一个示例说明如何在网页中建立并使用库项目，本例的最终效果如图 10-24 所示。将鼠标移到导航文本（例如“定风波”）上时，文本显示为橙色，单击导航文本，则跳转到相应的页面。

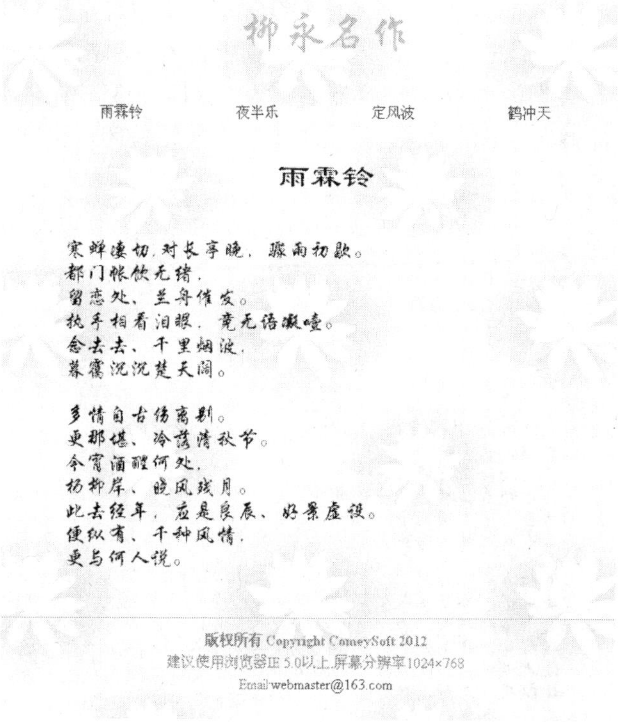

图 10-24 实例效果

01 启动 Dreamweaver CS6，新建一个 HTML 模板文件。在页面中插入一个三行一列的表格，表格宽度为 600 像素，边框粗细为 0。

02 选中表格，在属性面板上的“对齐”下拉列表中选择“居中对齐”。将光标定位在第一行的单元格中，在属性面板上设置单元格内容水平和垂直对齐方式均为“居中”，“高度”为 100，然后输入文本“柳永名作”。选中输入的文本，单击属性面板上的“编辑规则”按钮，设置选择器类型为“类”，选择器名称为.STYLE1，单击“确定”按钮打开规则定义对话框，在“类型”分类中指定字体为“华文行楷”，大小为 48，颜色为#33CCFF，单击“确定”按钮关闭对话框。

03 将光标定位在第二行单元格中，单击“折分单元格”按钮，将单元格拆分为 4 列。选中拆分后的单元格，设置单元格内容水平和垂直对齐方式均为“居中”。然后在单元格中输入导航文本。

为了便于控制对齐格式，词的内容部分放在一个两行一列的表格内。

04 将光标定位在第三行单元格中，设置单元格内容水平对齐方式为“居中对齐”，垂直对齐方式为“顶端”，然后在单元格中插入一个两行一列的表格，表格宽度为 600 像素，边框粗细为 0。

05 将光标定位在嵌套表格的第一行，设置单元格内容水平对齐方式和垂直对齐方式均为“居中”，“高”为 50，然后输入文本“雨霖铃”。选中文本，新建一个 CSS 规则，选择器类型为“类”，选择器名称为“.STYLE2”，在规则定义对话框中指定文本字体为“隶书”，大小为 36。单击“确定”按钮关闭对话框。

06 将光标定位在嵌套表格的第二行，设置单元格内容水平对齐方式为“左对齐”，垂直对齐方式为“顶端”，然后输入诗词文本。选中文本，单击“编辑规则”按钮新建一个 CSS 规则，选择器类型为“类”，选择器名称为“.STYLE3”，在规则定义对话框中指定文本字体为“华文行楷”，大小为 24。单击“确定”按钮关闭对话框。此时的页面效果如图 10-25 所示。

图 10-25 实例效果

07 选中页面中导航文本以下部分，即嵌套表格。单击“插入”栏“常用”面板上 图标中的下拉箭头，在弹出菜单中单击 按钮。弹出提示对话框如图 10-26 所示，提示将自动把文档转为模板文件。

08 单击“确定”按钮，弹出“新建可编辑区域”对话框，如图 10-27 所示。“名称”设置为 content，单击“确定”按钮，插入可编辑区域，如图 10-28 所示。

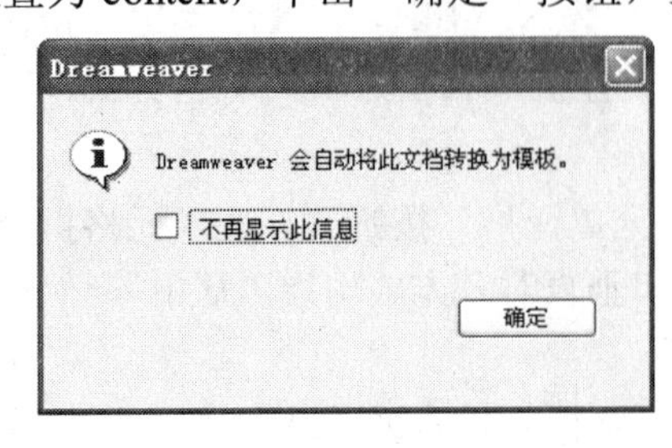

图 10-26 提示对话框

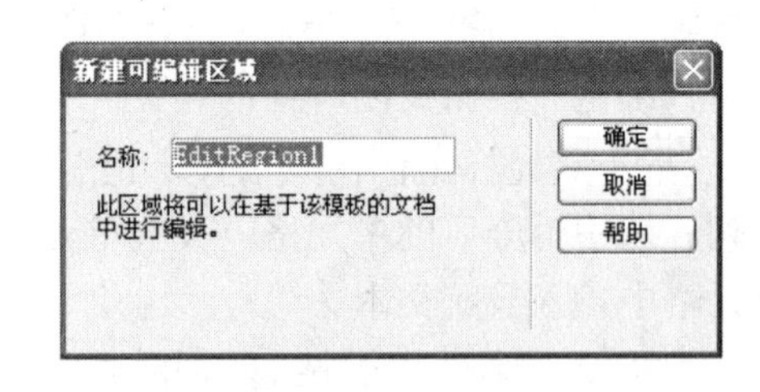

图 10-27 “新建可编辑区域”对话框

09 光标定位在表格外，回车后再插入一个可编辑区域。这时文档共有两个可编辑区域，如图 10-29 所示。

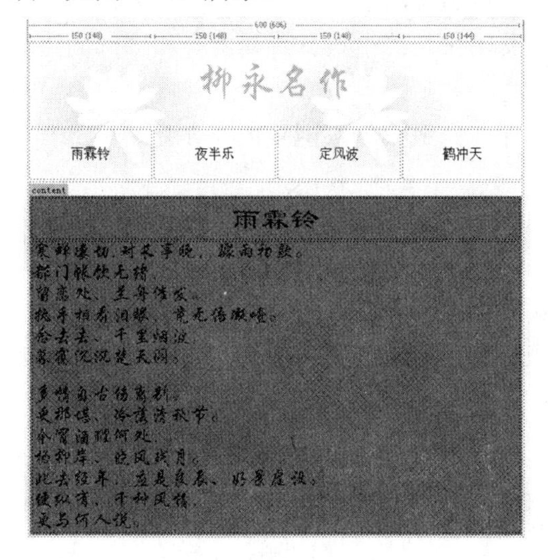

图 10-28　实例效果

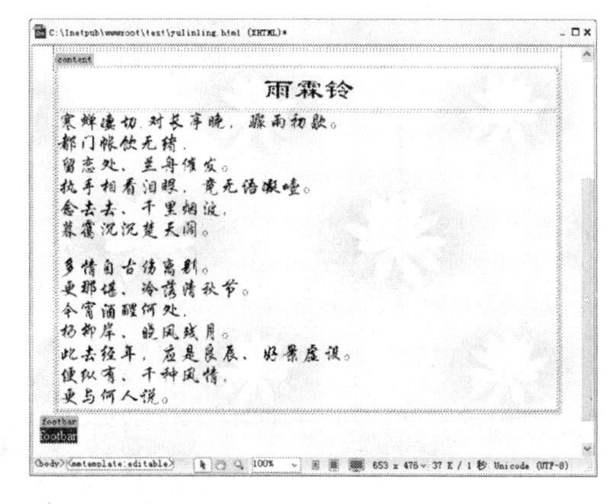

图 10-29　文档中的可编辑区域

10 执行“文件”|“保存”命令，将文件保存为模板文件 liu_famous.dwt。

11 右击库项目管理面板中的“新建库项目”按钮，建立库项目 copyright.lbi。

12 在库项目管理面板中双击库项目 copyright.lbi，打开库项目编辑窗口。

13 插入一个四行一列的表格，表格宽度为 98%，边框粗细为 0。选中表格，在属性面板上的“对齐”下拉列表中选择“居中对齐”。选中所有单元格，在属性面板上设置单元格内容水平和垂直对齐方式均为“居中”。将光标定位在第一行单元格中，设置单元格高度为 20，然后单击“常用”插入面板上的“水平线”按钮，插入一条水平线。

14 在第二行至第四行单元格中输入版权文本，并指定邮箱链接。新建一个 CSS 规则定义版本文本的颜色为#F30。然后新建两个 CSS 规则定义链接文本的样式，选择器类型为“复合内容”，选择器名称分别为 a:link 和 a:hover。规则 a:link 的文本颜色为#00F；a:hover 的文本颜色为#F30。copyright.lbi 最终制作结果，如图 10-30 所示。

图 10-30　copyright 信息效果

15 将光标定位在模板 liu_famous.dwt 的第二个可编辑区域中，删除其中的文本，然后打开“库”面板，选中上一步制作好的库项目，并单击“插入”按钮插入库项目。此时的页面效果如图 10-31 所示。

16 执行“修改”|“页面属性”菜单命令，在打开的“页面属性”对话框中切换到

“链接”页面，设置链接颜色为#00F，已访问链接颜色为#300，活动链接颜色为#F30。

17 打开“模板”管理面板，右击模板 liu_famous.dwt，在弹出的快捷菜单中执行“从模板新建”命令，新建基于模板的文档。可以发现在文档中只有诗词内容和底部的可编辑区是可编辑的，如图 10-32 所示。

18 执行“文件”|“保存”命令保存文件，完成第一张网页的制作。

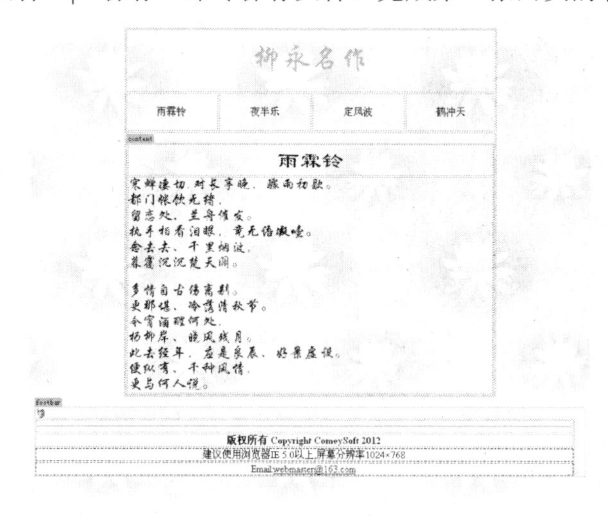

图 10-31 在网页插入库项目

19 打开“模板”管理面板，右击 liu_famous.dwt 模板，在弹出的快捷菜单中执行“从模板创建”命令，创建第二个基于模板的文档。

20 把诗词的内容修改为第二首词“定风波”，结果如图 10-33 所示。

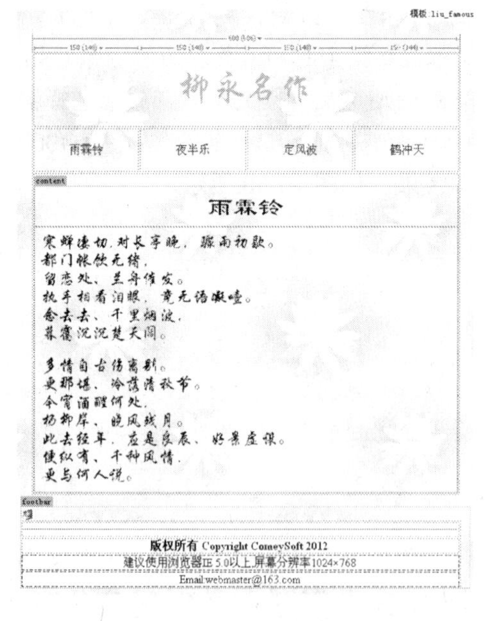

图 10-32 使用模板创建新网页

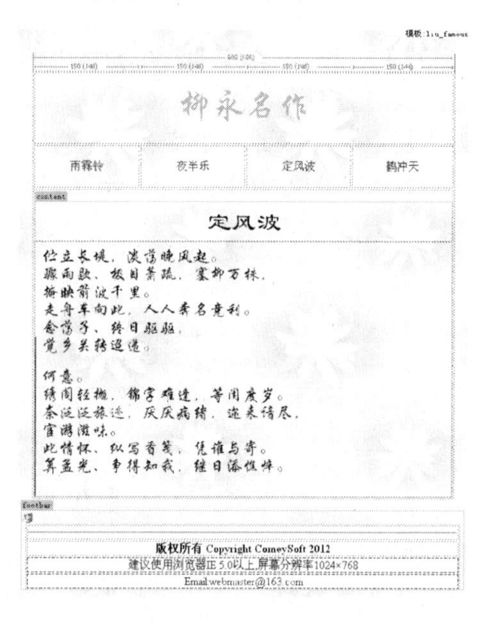

图 10-33 第二张网页效果

21 按照第 17 ~ 20 步骤同样的方法制作其他网页。

22 打开模板管理面板，双击 liu_famous.dwt 模板打开文件。为模板顶部的导航文本指定链接目标，使之链接到到上面制作的相应文件。

23 保存模板文档。这时弹出“更新模板文件”对话框，如图 10-34 所示。

24 单击“更新”按钮，更新使用模板的文件。弹出“更新页面”对话框，如图 10-35 所示。更新完成后，在“状态”域显示更新成功消息。

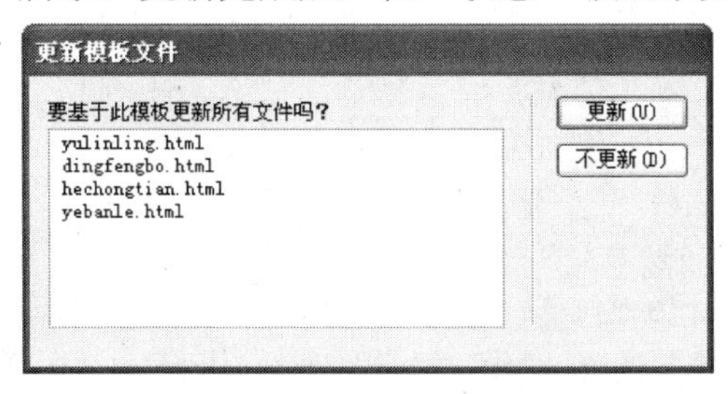

图 10-34 “更新模板文件”对话框

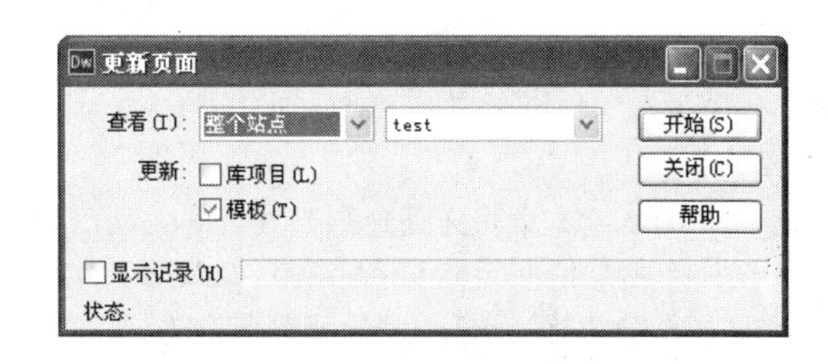

图 10-35 “更新页面”对话框

25 单击“关闭”按钮完成网页制作。

现在可以打开浏览器，对作品进行浏览测试了。

10.4 动手练一练

1. 创建一个模板，在模板中插入一个可编辑区域。
2. 创建一个模板，在模板中插入一个可选区域，然后在此模板基础上创建两张网页，一个显示模板中的可选区域，另一个隐藏模板中的可选区域。
3. 创建一个库项目，库项目内容为你的电话号码和电子邮件地址。
4. 仿造 10.3 节的实例制作一个个人网站。

10.5 思考题

1. 可编辑区域、重复区域和可选区域的适用范围是什么？
2. 模板和库都有哪些作用？创建库项目的方法有哪些？

第11章 定制Dreamweaver CS6

本章导读

本章将详细介绍 Dreamweaver CS6 的“首选参数”对话框各选项参数的功能和定制 Dreamweaver CS6 的方法，具体内容包括：“常规”选项、“辅助功能”选项、“代码颜色”选项、“代码格式”选项、“代码提示”选项、“代码改写”选项、“AP 元素”选项、“CSS 样式”选项、“字体”选项和“标记色彩”选项等。通过本章学习，将能够定制个性化的工作环境，提高学习工作效率。

学习要点

- “首选参数”对话框各选项参数的功能
- 定制个性化的工作环境

11.1 “首选参数”对话框

“首选参数”对话框是定制 Dreamweaver CS6 的主要区域，可以通过“编辑”菜单访问。执行“编辑”|“首选参数”命令，或使用快捷键 Ctrl + U 打开“首选参数”对话框，如图 11-1 所示。

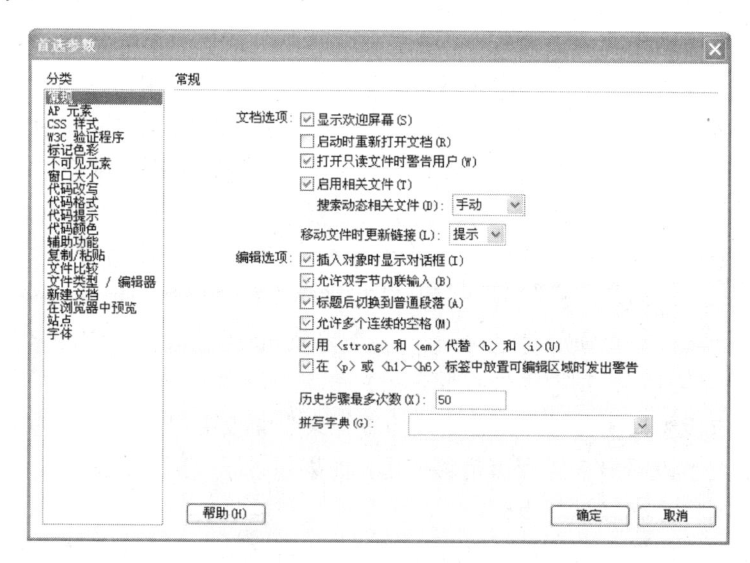

图 11-1　“首选参数”对话框

“首选参数”对话框分成两部分：左边的“分类”域和右边的当前选择类别的参数。在左边选择不同的类别，在右边显示相应类别的参数。

11.1.1 “常规”选项

“常规”参数设置 Dreamweaver CS6 的常规外观。打开“首选参数”对话框，然后单击“分类”域的“常规”选项，显示如图 11-1 的对话框。

- “显示欢迎屏幕”：在 Dreamweaver 启动时或没有文件打开时显示 Dreamweaver 开始页面。如果没选中本项，那么在启动 Dreamweaver 时，将打开一个空白窗口。
- “启动时重新打开文档”：在重新启动 Dreamweaver 时，打开上次关闭 Dreamweaver 时所有打开的文档。
- “打开只读文件时警告用户”：在打开只读文件（锁定的文件）时发出警告。为用户提供了解锁/取出文件、查看文件或取消的选项。
- “移动文件时更新链接”：当移动、重命名或删除站点中的文档时 Dreamweaver 所执行的操作。可以将该参数设置为“总是”、“从不”或“提示”。
- “插入对象时显示对话框”：决定使用插入栏或插入菜单插入图像、表格、Shockwave 影片和其他某些对象时，Dreamweaver 是否提示用户输入附加的信息。如果禁用该选项，则不出现对话框，用户必须使用属性检查器指定图像的源文件和表格中的行数等。对于光标经过图像和 Fireworks HTML，当插入对象时总是出现一个对话框，而与该选项的设置无关。如果要暂时覆盖该设置，可以在创建和插入对象时按住 Ctrl 键，再单击设计视图。

- “允许双字节内联输入”：如果正在使用适合于双字节文本（如汉字字符）处理的开发环境或语言工具包，则能够直接将双字节文本输入到文档窗口中。当取消选择该选项时，将显示一个用于输入和转换双字节文本的文本输入窗口，文本被接受后显示在文档窗口中。
- “标题后切换到普通段落”：指定在设计视图中于一个标题段落的结尾按下回车键时，将创建一个用 p 标签进行标记的新段落。当禁用该选项时，在标题段落的结尾按下 Enter 键，将创建一个用同一标题标签进行标记的新段落。
- “允许多个连续的空格”：指定在设计视图中键入两个或两个以上的空格时将创建不中断的空格，这些空格在浏览器中显示为多个空格。该选项主要针对习惯于在字处理程序中键入的用户。当禁用该选项时，多个空格将被当作单个空格。
- “用<strong>和<em>代替<b>和<i>”：只要执行的操作中用到<b>标签和<i>标签，Dreamweaver 就分别使用<strong>标签和<em>标签取代它们。若要在文档中使用<b>和<i>标签，请取消选择此选项。
- “历史步骤最多次数”：设定“历史记录”面板中保留和显示的步骤数。默认值对于大多数用户来说应该足够使用，如果超过了“历史记录”面板中的给定步骤数，则将丢弃最早的步骤。
- “拼写字典”：列出可用的拼写字典。如果字典中包含多种方言或拼写惯例（如美国英语和英国英语），则方言单独列在字典弹出式菜单中。

11.1.2 “辅助功能”选项

此对话框用于激活“辅助功能”对话框。若要更改这些参数，可 i 打开“首选参数”对话框，然后单击“分类”域的“辅助功能”，显示如图 11-2 的对话框。

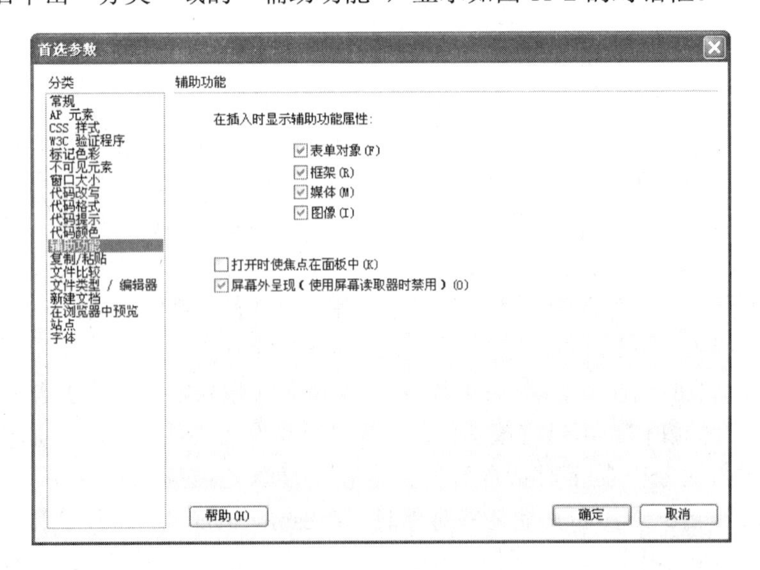

图 11-2 “辅助功能”对话框

- “在插入时显示辅助功能属性”：选择要为其激活辅助功能对话框的元素。对于每个选定的元素，一个辅助功能对话框都会在将该元素插入文档时提示用户输入辅助功能标签或属性。当插入新表格时，辅助功能属性会自动显示在“插入表格”对话框中。
- “打开时使焦点在面板中”：如果要在打开某个面板后访问该面板，请选择此选项。默认情况下，打开某个面板后，Dreamweaver CS6 会将焦点保持在“设计”视图或“代码”视图中。如果要使用屏幕阅读器，会使得访问面板十分困难。选择此选项将能够直接访问面板。
- “屏幕外呈现（使用屏幕读取器时禁用）”：如果无法使用屏幕阅读器，则取消选择此复选框。

11.1.3　“代码颜色”选项

“代码颜色”参数用于控制 Dreamweaver CS6 的代码颜色。要更改这些参数，可打开“首选参数”对话框，然后单击“分类”域的“代码颜色”，显示如图 11-3 的对话框。

- “文档类型”：指定在 Dreamweaver CS6 中编辑的代码类型。
- “默认背景”：设定在“文档类型”列表中指定的类型代码的背景颜色。
- “实时代码背景”：指定实时“代码”视图的背景颜色。
- “只读背景”：指定只读文本的背景颜色。
- “隐藏字符”：显示用来替代空白处的特殊字符。
- “实时代码更改”：设置实时“代码”视图中发生更改的代码的高亮颜色。
- “编辑颜色方案”：单击该按钮将弹出“编辑颜色方案”对话框，如图 11-4 所示。用于设定在 Dreamweaver 中对“文档类型”指定的类型代码颜色。

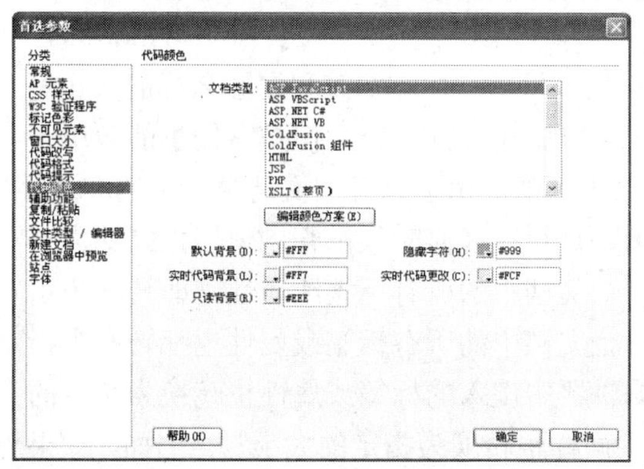

图 11-3　“代码颜色”对话框

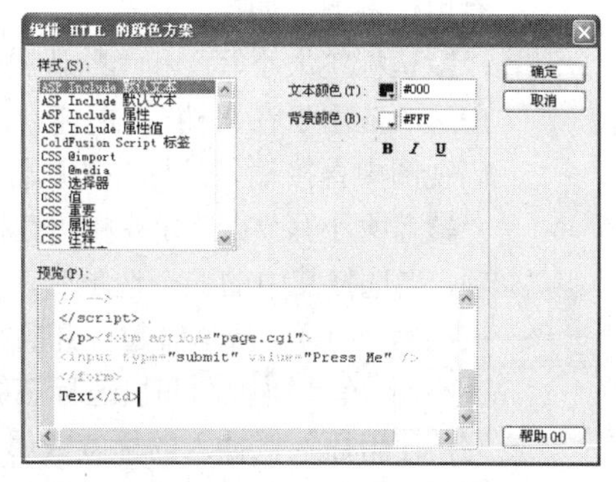

图 11-4　“编辑颜色方案”对话框

11.1.4　“代码格式”选项

“代码格式”参数选择控制 Dreamweaver CS6 中的 HTML 源代码格式。建议一般不要去改变它。若要更改这些参数，可打开“首选参数”对话框，然后单击“分类”域的“代码格式”，显示如图 11-5 的对话框。

- “缩进”：用于设定缩进的大小，以及是使用空格缩进还是使用 Tab 键缩进。如果使用空格，缩进大小以空格为单位；如果使用 Tab 键，缩进大小以 Tab 键为单位。

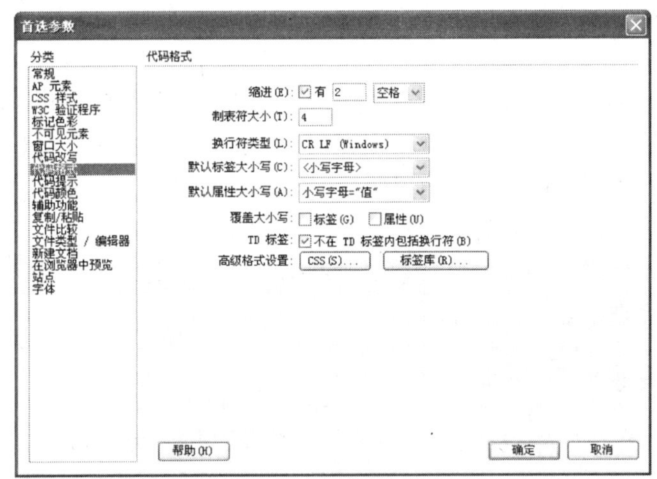

图 11-5 “代码格式”对话框

- “制表符大小”：设定以字符空格为单位度量的制表符的大小。
- “换行符类型”：指定承载远程站点的远程服务器的类型（Windows、Macintosh 或 UNIX）。选择正确的换行符类型可以确保 HTML 源代码在远程服务器上能够正确显示。（对于 FTP，此设置只应用于二进制传输模式；Dreamweaver ASCII 传输模式将忽略此设置。如果使用 ASCII 模式下载文件，则 Dreamweaver CS6 根据计算机的操作系统设置换行符；如果使用 ASCII 模式上载文件，则换行符都设置为“CR LF”）。当使用只识别某些换行符的外部文本编辑器时，此设置也有用。例如，如果“记事本”是外部编辑器，则使用“CR LF（Windows）”。
- “默认标签大小写”和“默认属性大小写”：控制标签和属性名称的大小写。这些选项应用于在文档窗口中插入或编辑的标签和属性，但是它们不能应用于在代码视图中直接输入的标签和属性，也不能应用于打开的文档中的标签和属性。
- “覆盖大小写”：为标签和属性指定是否在任何时候都强制使用指定的大小写选项。当选择其中的一个选项时，打开文档中的所有标签或属性立即转换为指定的大小写，同样，从这时起打开的每个文档中的所有标签或属性也都转换为指定的大小写。在代码视图和快速标签编辑器中键入的标签或属性也转换为指定的大小写，使用插入栏插入的标签或属性同样也转换为指定的大小写。例如，如果想让标签名称总是转换为小写，则在“默认标签大小写”选项中指定小写字母，然后选择“覆盖大小写”的“标签”选项。于是当打开包含大写标签名称的文档时，Dreamweaver 将它们全部转换为小写。
- “不在 TD 标签内包括换行符”：用于设置 td 标签后是否自动添加换行符。
- “高级格式设置”：设置 CSS 源格式和标签库格式。

11.1.5 “代码提示”选项

“代码提示”参数用于控制 Dreamweaver 在输入代码时快速插入标签名称、属性和值。

另外即使禁用了“代码提示”，也可以通过在 Windows 中按 Ctrl+空格组合键在代码视图或代码检查器中显示弹出式提示。若要更改这些参数，可打开 “首选参数”对话框，然后单击“分类”域的“代码提示”选项，显示如图 11-6 的对话框。

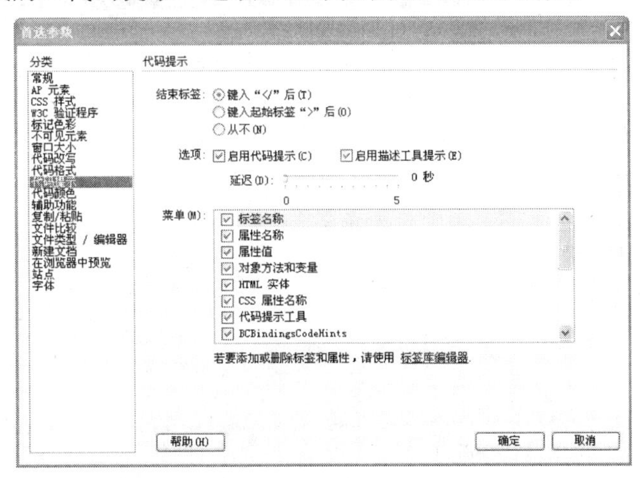

图 11-6 “代码提示”对话框

- “结束标签”：指定希望 Dreamweaver 插入结束标签的方式。默认情况下，在键入字符 “</ \” 后，Dreamweaver 会自动插入结束标签。可以更改此默认行为，以便在键入开始标签的最后尖括号 (>) 之后插入结束标签，或者根本就不插入结束标签。
- “启用代码提示”：当在“代码”视图中输入代码时启用代码提示功能。拖动“延迟”滑块设置 Dreamweaver 在显示适当的提示之前经过的以秒为单位的延迟时间。
- “启用描述工具提示”：显示所选代码提示的扩展描述。
- “菜单”：设置在键入代码时具体要显示哪种类型的代码提示，其中还包括 Dreamweaver CS6 新增的 jQuery 代码提示。可以使用全部或部分菜单。

11.1.6 “代码改写”选项

“代码改写”参数用于设置在打开文档，复制或粘贴表单元素以及在使用 Dreamweaver 工具（例如属性检查器）输入属性值和 URL 时，是否要 Dreamweaver 修改代码，以及如何修改。当在代码视图中编辑 HTML 或脚本时，这些参数选择不起作用。若要更改这些参数，可打开“首选参数”对话框，然后单击“分类”域的“代码改写”，显示如图 11-7 的对话框。

- “修正非法嵌套标签或未结束标签”：改写重叠的标签。例如，将<h><i>text</h></i>改写为<b><i>text</i></h>。如果缺少右引号或右括号，此选项还将插入右引号或右括号。
- “粘贴时重命名表单项”：确保表单对象不会具有重复的名称。
- “删除多余的结束标签”：删除没有对应开始标签的结束标签。
- “修正或删除标签时发出警告”：显示 Dreamweaver 试图更正的、技术上无效的

HTML 的摘要。摘要使用行号和列号记录问题的位置，以便用户可以找到更正，并确保它是按预期方式呈现的。

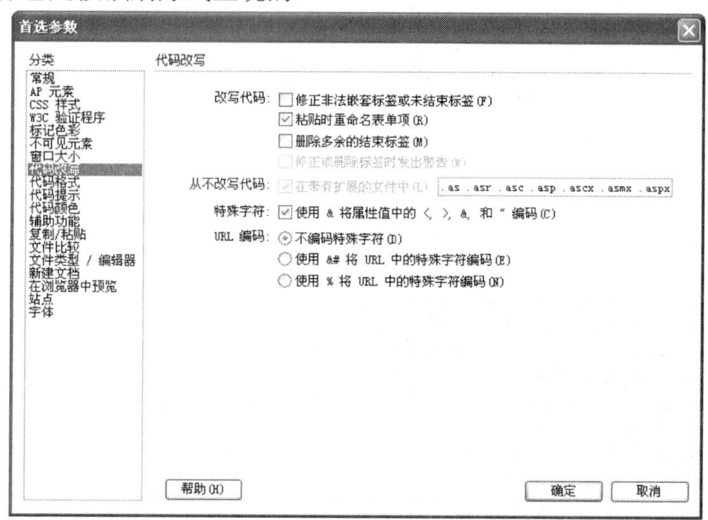

图 11-7 “代码改写”对话框

- “从不改写代码：在带有扩展的文件中”：防止 Dreamweaver 改写具有指定文件扩展名的文件中的代码。对于包含第三方标签的文件，此选项特别有用。
- “特殊字符：使用&将属性值中的<、>、&和"编码”：确保 URL 只包含合法的字符。

提示： 此选项和下面的选项不会应用于在“代码”视图中键入的 URL。另外，它们不会使已经存在于文件中的代码发生更改。

- “不编码特殊字符”：防止 Dreamweaver 对 URL 中的特殊字符进行编码，从而仅使用合法字符。
- “使用& #将 URL 中的特殊字符编码”：确保只包含合法字符。
- “使用%将 URL 中的特殊字符编码”：确保只包含合法字符。这种使用百分号的编码方法对旧版本的浏览器而言比用& #进行编码兼容性更好，但对某些语言不是很理想。

11.1.7 “CSS 样式”选项

“CSS 样式”参数用于控制 CSS 样式参数选择控制 Dreamweaver 如何编写定义 CSS 样式的代码。CSS 样式可以以速记形式编写，有些人觉得这种形式使用起来更容易。但某些旧版本的浏览器不能正确解释速记。要更改这些参数，可打开“首选参数”对话框，然后单击“分类”域的“CSS 样式”选项，显示如图 11-8 的对话框。

- “当创建 CSS 规则时使用速记”：选择 Dreamweaver CS6 以速记形式编写的 CSS 样式属性，包括 Dreamweaver CS6 新增的 CSS 过渡效果。
- “当编辑 CSS 规则时使用速记”：控制 Dreamweaver CS6 是否以速记形式重新

编写现有样式。

➢ “当在 CSS 面板中双击时”：选择用于在 Dreamweaver CS6 中编辑 CSS 规则的首选工具。

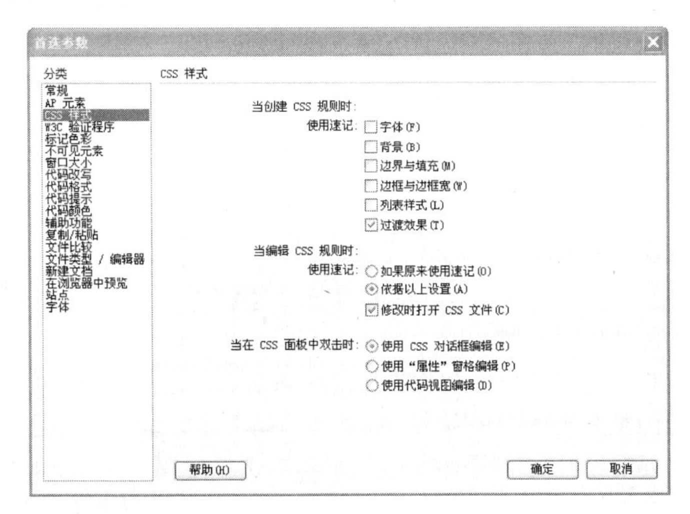

图 11-8 “CSS 样式”对话框

11.1.8 “文件类型/编辑器”选项

“文件类型/编辑器”对话框用于设定用户在 Dreamweaver CS6 中可以打开的其他外部编辑器。当在外部编辑器中完成更改后，必须在 Dreamweaver CS6 中手动刷新文档。要更改这些参数，可打开“首选参数”对话框，然后单击“分类”域的“文件类型/编辑器”选项，显示如图 11-9 的对话框。

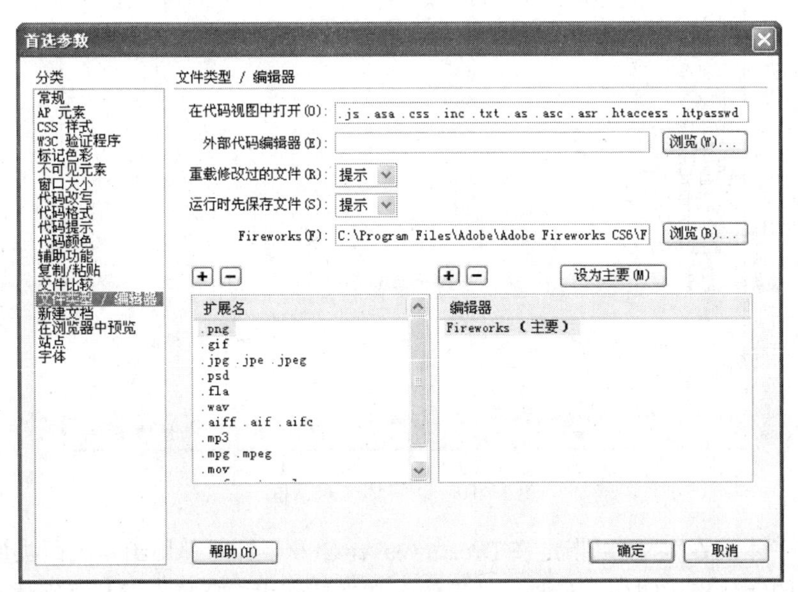

图 11-9 “文件类型/编辑器”对话框

- “在代码视图中打开”：用于设置在代码视图中自动打开的文件的后缀。
- “外部代码编辑器”：用于设定外部代码编辑器，可以单击“浏览”按钮选择一个文本编辑器。
- “重载修改过的文件”：设定当 Dreamweaver CS6 检测到对 Dreamweaver CS6 中打开的文档从外部进行了更改时，应该执行哪些操作。
- “运行时先保存文件”：设定 Dreamweaver 应该在启动编辑器之前总是保存当前的文档、从不保存文档，还是每次启动外部编辑器时提示询问是否保存文档。
- “Fireworks”：指定 Fireworks 应用程序的安装路径。Fireworks 是 Dreamweaver CS6 中默认的外部图像编辑器。
- “扩展名”：可以为其设置外部编辑器的文件扩展名。单击列表上方的+按钮，可以添加图像格式类型。
- “编辑器”：设置选定的文件类型的编辑器。单击“编辑器”列表上方的+按钮，可以浏览并选择要作为此文件类型的编辑器启动的应用程序。
- “设为主要”：设置文件类型的主编辑器。当选择要编辑图像类型时，Dreamweaver 自动使用主编辑器。可以在“文档”窗口中为该图像选择其他编辑器。

11.1.9 “字体”选项

“字体”参数选择控制 Dreamweaver CS6 默认字体。文档的编码方式确定如何在浏览器中显示文档。Dreamweaver CS6 字体设置使用户能够以喜爱的字体和大小查看给定的编码，而不影响其他人在浏览器中查看时文档的显示方式。要更改这些参数，可打开“首选参数”对话框，然后单击“分类”域的“字体”，显示的对话框如图 11-10 所示。

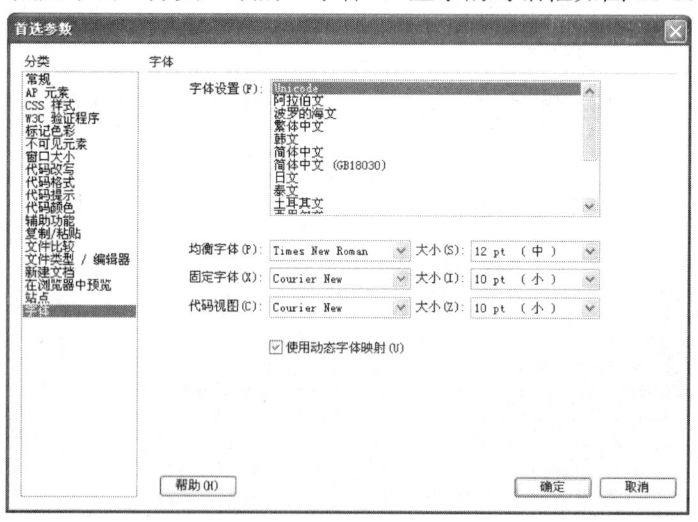

图 11-10 “字体”对话框

- “字体设置”：用以指定在 Dreamweaver CS6 中针对使用给定编码类型的文档所用的字体集。例如，若要指定简体中文文档使用的字体，请从“字体设置”列表中选择“简体中文”。若要在字体弹出式菜单中显示一种字体，该字体必须安装在计算机上。例如，若要查看中文文本，必须安装中文字体。

- “均衡字体”：是 Dreamweaver CS6 用以显示普通文本（如段落文本、标题和表格）的字体。其默认值取决于系统上安装的字体。对于大多数美国系统，在 Windows 中默认值为 Times New Roman 12 pt（中）。
- “固定字体”：是 Dreamweaver 用以显示 pre、code 和 tt 标签内文本的字体。其默认值取决于系统上安装的字体。对于大多数系统，在 Windows 中默认值为 Courier New 10 pt（小）。
- “代码视图”：是用于显示“代码”视图和代码检查器中所有文本的字体。其默认值取决于系统上安装的字体。

11.1.10 “标记色彩”选项

“标记色彩”对话框用于设置用以标识模板区域、库项目、第三方标签、布局元素和代码的颜色。若要更改这些参数，可打开“首选参数”对话框，然后单击“分类”域的“标记色彩”，显示如图 11-11 的对话框。

- “鼠标滑过”：设置鼠标从上方经过时的颜色。
- “可编辑区域”：设置可编辑区域的颜色。
- “嵌套可编辑”：设置嵌套可编辑区的颜色。
- “锁定的区域”：设置锁定的区域的颜色。
- “库项目”：设置库项目的颜色。
- “其他厂商标签”：设置第三方标签的颜色。
- “未解释”：设置未解释标签的颜色。
- “已解释的”：设置已解释标签的颜色。

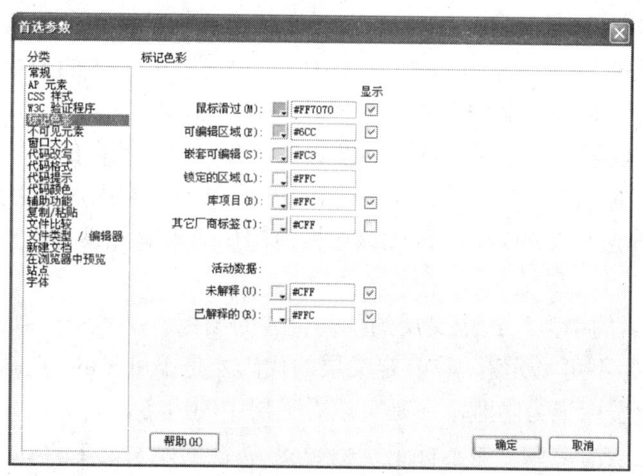

图 11-11 “标记色彩”对话框

11.1.11 “不可见元素”选项

“不可见元素”参数选择控制 Dreamweaver CS6 中是否以图标代替不可显示元素显示在文档中。若要更改这些参数，可打开“首选参数”对话框，然后单击“分类”域的“不可见元素”，显示如图 11-12 的对话框。

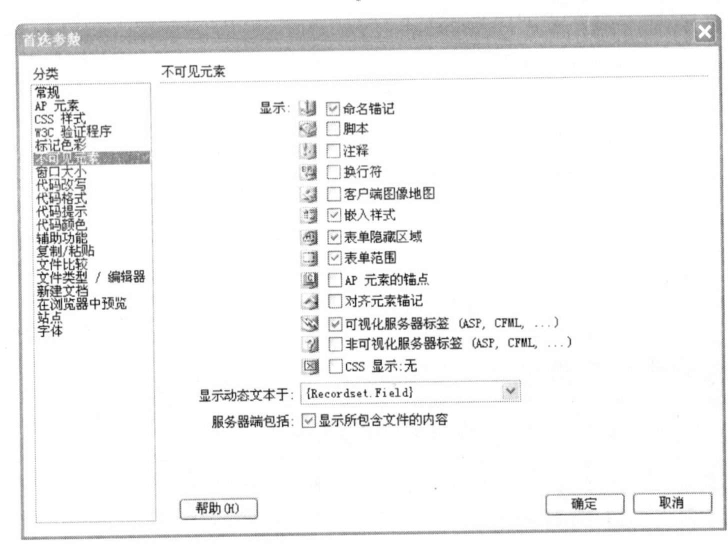

图 11-12 “不可见元素”对话框

- “命名锚记”：显示标记文档中的每个命名锚记位置的图标。
- “脚本”：显示标记文档正文中的 JavaScript 或 VBScript 代码位置的图标。选择该图标可在属性检查器中编辑脚本或链接到外部脚本文件。
- “注释”：显示标记 HTML 注释位置的图标。选择该图标可在属性检查器中查看注释。
- “换行符”：显示标记每个换行符 br 位置的图标。默认情况下取消选择该选项。
- “客户端图像地图”：显示标记文档中每个客户端图像地图位置的图标。
- “嵌入样式”：显示标记文档正文中嵌入 CSS 样式位置的图标。如果 CSS 样式放置在文档的 head 部分，则它们不出现在文档窗口中。
- “表单隐藏区域”：显示标记类型属性设置为“隐藏”的表单域位置的图标。
- “表单范围”：在表单周围显示一个边框，以便看到插入表单元素的位置。该边框显示 form 标签的范围，因此该边框内的任何表单元素都正确地包括在 form 标签中。
- “AP 元素的锚点”：定义层的代码位置的图标。层本身可以在页面中的任何位置。层不是不可见元素，只有定义层的代码才是不可见的。选择该图标可选择层，这样即使层标记为隐藏，还是可以看见层中的内容。
- “对齐元素锚记”：显示标记接受 align 属性的元素的 HTML 代码位置的图标。包括图像、表格、ActiveX 对象、插件和小应用程序。有些情况下，元素的代码可能与可见对象分开。
- “可视化服务器标签”和“非可视化服务器标签”：显示内容不能在文档窗口中显示的服务器标签（如 Active Server Pages 标签和 ColdFusion 标签）的位置。
- “显示动态文本于”：设置动态文本的占位符。例如，要使用空的大括号作为动态文本的占位符，则选择 {}。
- “服务器端包括”：设置在将放置于文档中时，是否在 Dreamweaver 的“设计”

视图中显示外部文件的内容。

11.1.12 “AP 元素”选项

“AP 元素”对话框用于设置 AP 元素参数的选择。若要更改这些参数，可打开“首选参数”对话框，然后单击“分类”域的“AP 元素”，显示如图 11-13 的对话框。

- “显示”：确定 AP 元素在默认情况下是否可见。其选项为 Default（默认）、Inherit（继承）、Visible（可见）和 hidden（隐藏）。
- “宽”和“高”：指定执行“插入”|“布局对象”|“AP Div”命令创建的 AP 元素的默认宽度和高度（以像素为单位）。
- “背景颜色”：指定默认的背景颜色。
- “背景图像”：指定默认的背景图像。单击“浏览”按钮可在计算机上查找图像文件。
- “嵌套：在 AP Div 中创建以后嵌套”：指定从现有 AP 元素边界内的某点开始绘制的 AP 元素是否应该是嵌套的 AP 元素。当绘制 AP 元素时，按下 Alt 键可临时更改此设置。

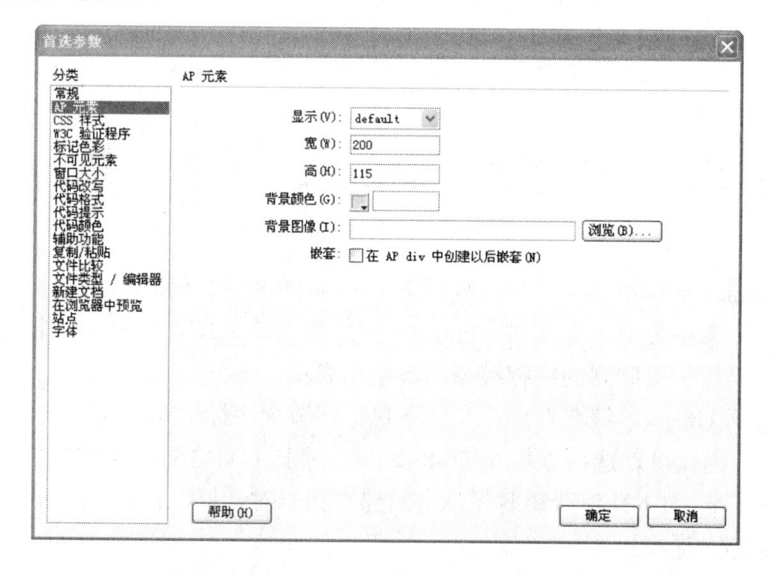

图 11-13 “AP 元素”对话框

11.1.13 “新建文档”选项

“新建文档”对话框用于定义被 Dreamweaver CS6 设置为站点默认文档的文档类型。例如，如果站点的大多数页面是特定的文件类型（如 Cold Fusion、HTML 或 ASP、ASP.NET 文档），可以设置自动创建指定文件类型的新文档的文档参数选择。若要更改这些参数，可打开“首选参数”对话框，然后单击“分类”域的“新建文档”选项，显示如图 11-14 的对话框。

- “默认文档”：选择将要用于所创建页面的文档类型。
- “默认扩展名”：选择 HTML 作为默认文档时，设置文档的默认文件扩展名

（.htm、.html）。其他文件类型禁用此选项。

- “默认文档类型”：选择在站点中创建的新页面的默认类型。
- “默认编码”：指定在创建新页面时要使用的默认编码。默认编码与文档一起存储在文档头中插入的 meta 标签内，它告诉浏览器和 Dreamweaver 应如何对文档进行解码以及使用哪些字体来显示解码的文本。
- “当打开未指定编码的现有文件时使用”：指定在未指定任何编码的情况下打开一个文档时应用默认编码。

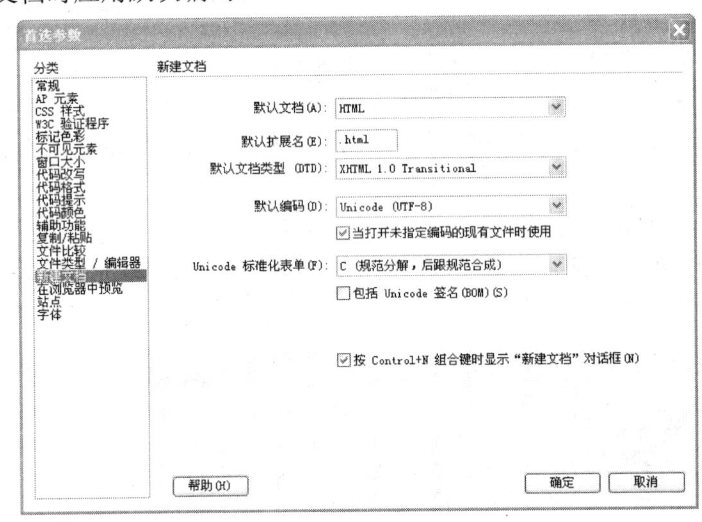

图 11-14 “新建文档”对话框

- “Unicode 标准化表单”：用 Unicode（UTF-8）作为默认编码时，选择 Unicode 标准化表单类型。有 4 种 Unicode 标准化表单，最重要的是标准化表单 C，因为它是用于互联网的字符模型的最常用表单。
- “包括 Unicode 签名”：在文档中包括字节顺序标记 (BOM)。UTF-8 没有字节顺序，因此可以选择添加 UTF-8 BOM。对于 UTF-16 和 UTF-32，这是必需的。
- “按 Control + N 组合键时显示‘新建文档’对话框”：按 Control + N 键时显示新文档对话框。

11.1.14 “复制/粘贴”选项

在 Dreamweaver CS6 中可以直接添加 Word 或 Excel 内容到新建或现存的网页中，但其大小不能超过 300KB。

“复制/粘贴”选项用于设置复制/粘贴 Word 或 Excel 内容到 Web 网页的方式。若要更改这些参数，可打开“首选参数”对话框，然后单击“分类”域的“复制/粘贴”，显示如图 11-15 的对话框。对话框中各选项的功能介绍如下：

- “仅文本”：粘贴无格式的文本。如果原始文本带有格式，所有格式设置都被删除。
- “带结构的文本”：粘贴文本并保留结构，但不保留基本格式设置。如可以粘贴文本并保留段落、列表和表格的结构，但是不保留粗体、斜体和其他格式设置。

> “带结构的文本以及基本格式”：可以粘贴结构化并带简单 HTML 格式的文本，如段落和表格以及带有 b、i、u、strong、em、hr、abbr 或 acronym 标签的格式化文本。

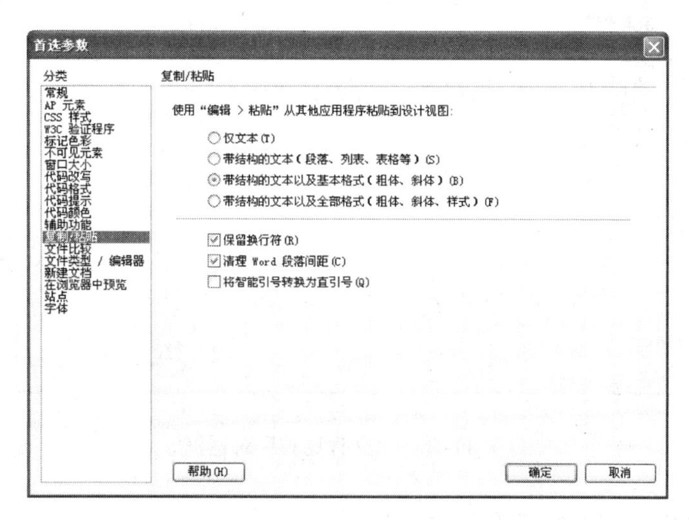

图 11-15 “复制/粘贴”对话框

> “带结构的文本以及全部格式”：可以粘贴文本并保留所有结构、HTML 格式设置和 CSS 样式。

> “保留换行符”：可保留所粘贴的文本中的换行符。如果选择了“仅文本”，则此选项将被禁用。

> “清理 Word 段落间距”：在粘贴文本时删除段落之间的多余空白。此项只在选择了“带结构的文本”或“带结构的文本以及基本格式”时可用。

> “将智能引号转换为直引号”：将智能引号（通常称为“弯引号”）转换为直引号。智能引号容易与字体的曲线混淆，传统上用于代表引号和撇号；直引号传统上用作英尺和英寸的省略形式。

11.1.15 “文件比较”选项

利用 Dreamweaver CS6 经过优化的用户工作流程，可以消除一些操作的繁琐。如利用“文件比较”功能，可以在 Macintosh 和 Windows 平台上，将最常用的文件比较工具和 Dreamweaver 结合使用，快速比较文件以确定变更之处。可以比较两个本地文件、本地计算机上的文件和远程计算机上的文件，或者远程计算机上的两个文件。在比较文件之前，必须在系统上安装第三方文件比较工具。安装文件比较工具之后，还必须在 Dreamweaver 中指定该工具。

打开“首选参数”对话框，然后单击“分类”域的“文件比较”，打开如图 11-16 所示的对话框。

> 在 Windows 中，单击“浏览”按钮，然后选择用于比较文件的应用程序。

> 在 Macintosh 上，单击“浏览”按钮，然后选择从命令行启动文件比较工具的工具或脚本，而不是实际的比较工具本身。

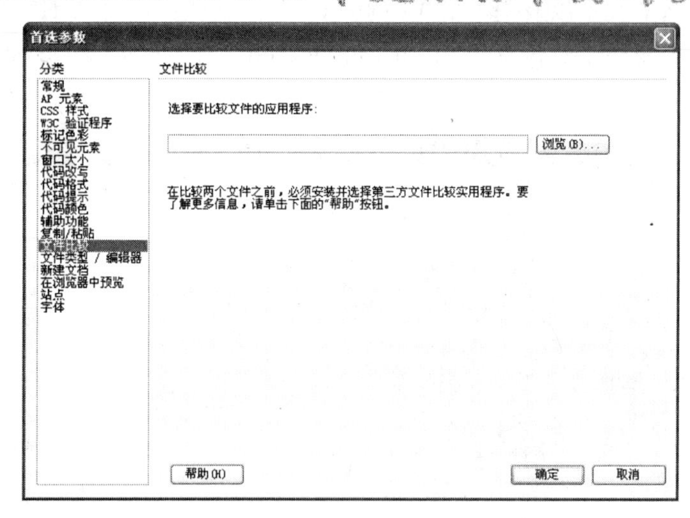

图 11-16 “文件比较”对话框

11.1.16 “在浏览器中预览”选项

此对话框用于为“在浏览器中预览”类别设置用户参数选择。此对话框显示当前定义的主浏览器和候选浏览器以及它们的设置。若要更改这些参数，可打开“首选参数”对话框，然后单击“分类”域的“在浏览器中预览”，显示如图 11-17 的对话框。

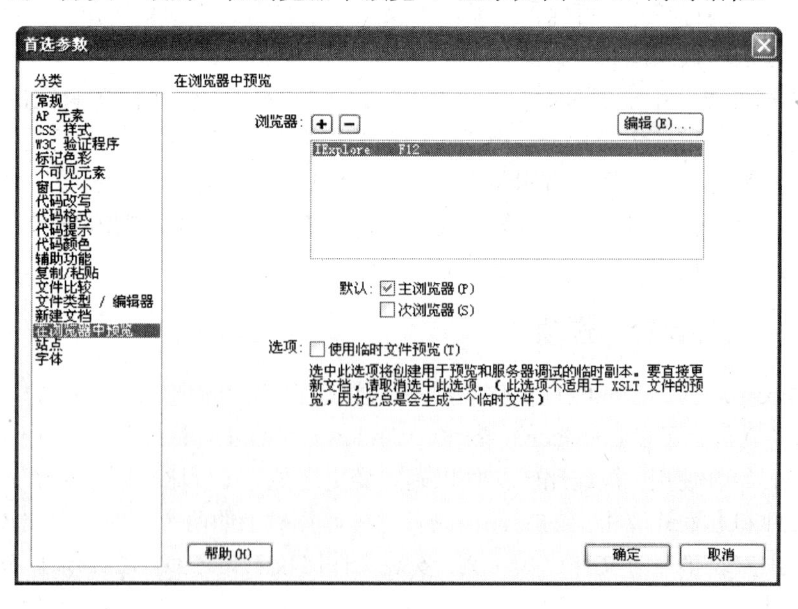

图 11-17 “在浏览器中预览”对话框

- “浏览器”：列出现有的浏览器。可以单击加号（＋）添加浏览器，单击减号（—）删除当前选中的浏览器。
- “主浏览器”：将当前的浏览器设置为主浏览器。按 F12 键可打开主浏览器进行预览。

- “次浏览器”：将当前的浏览器设置为候选浏览器。按 Ctrl+F12 键可打开次浏览器进行预览。
- “使用临时文件预览”：设置是否为预览和服务器调试创建临时文件。如果要直接更新文档，可撤销对此选项的选择。

11.1.17 “站点”选项

“站点”参数用于为站点面板设置用户参数选择。若要更改这些参数，可打开“首选参数”对话框，然后单击“分类”域的“站点”选项，显示图 11-18 所示的对话框。

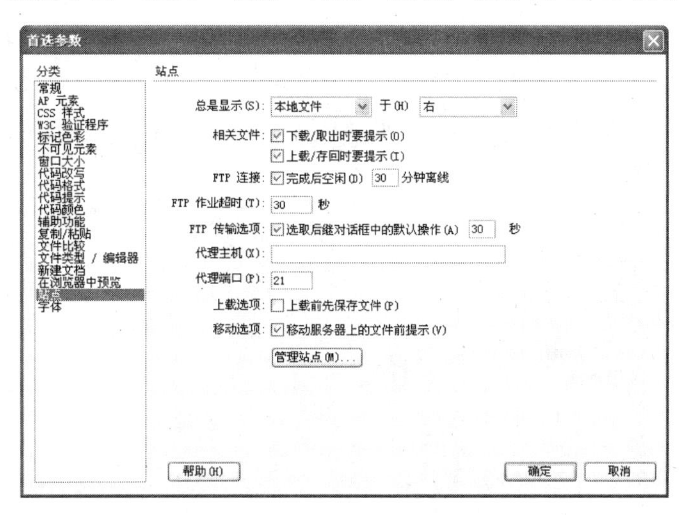

图 11-18 “站点”对话框

- “总是显示”：指定始终显示哪个站点（远程或本地），以及本地或远程文件显示在哪个站点面板窗格中（左窗格或右窗格）。默认情况下，本地站点始终显示在右侧。未被选择的那个窗格（默认情况下是左窗格）是可更改窗格，可以显示另一个站点（默认情况下是远程站点）的站点地图或文件。
- “相关文件”：为浏览器加载 HTML 文件时传输它加载的相关文件（例如图像、外部样式表和在 HTML 文件中引用的其他文件）显示提示。默认情况下选中“下载/取出时要提示”和“上载/存回时要提示”。
- “FTP 连接”：确定在没有任何活动的时间超出指定值后，是否终止与远程站点的连接。
- “FTP 作业超时”：指定 Dreamweaver CS6 尝试与远程服务器进行连接所用的时间。如果在指定时间长度内没有响应，则 Dreamweaver CS6 显示一个警告对话框，提示注意这一情况。
- “FTP 传输选项”：确定在文件传输过程中显示对话框时，如果经过指定的时间用户没有响应，Dreamweaver CS6 是否执行默认选项。
- “代理主机”：指定与外部服务器连接所使用的代理服务器的地址。
- “代理端口”：指定通过代理中的哪个端口与远程服务器相连。如果不使用端口 21（FTP 的默认端口）进行连接，则需要在此处输入端口号。

- “上载选项：上载前先保存文件”：指示在将文件上载到远程站点前自动保存未保存的文件。
- “移动选项：移动服务器上的文件前提示”： 指示在移动服务器上的文件前提示保存未保存的文件。
- “管理站点”：启动“管理站点”对话框，可以在此对话框中编辑现有的站点或创建新站点。

11.1.18 “窗口大小”选项

“窗口大小”参数选择控制状态栏的显示。若要更改这些参数，可打开“首选参数”对话框，然后单击“分类”域的“窗口大小”选项，显示如图 11-19 的对话框。

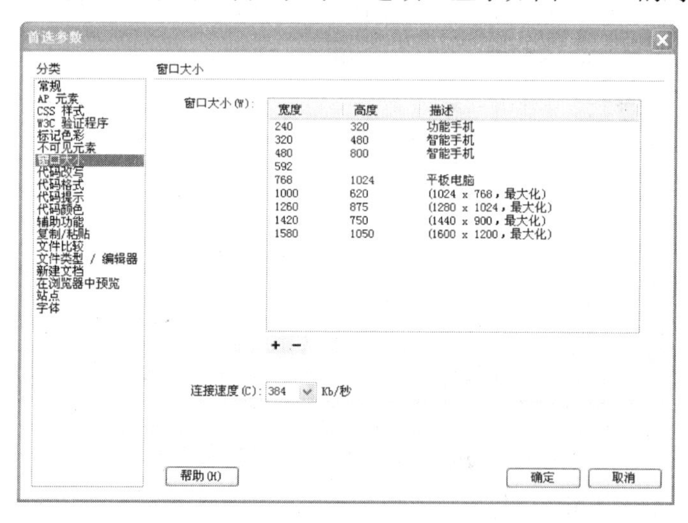

图 11-19 “窗口大小”对话框

- “窗口大小”：定义出现在状态栏弹出式菜单中的窗口大小。
- “连接速度”：确定用以计算下载大小的连接速度（以 KB/s 为单位）。页面的下载大小显示在状态栏中。当在文档窗口中选定一个图像时，图像的下载大小显示在属性检查器中。

11.1.19 “W3C 验证程序”选项

用户可以在 Dreamweaver CS6 中使用验证程序快速定位代码中的标签或语法错误。可以在“验证程序”对话框中指定验证程序应该检查的基于标签的语言、验证程序应该检查的特定问题以及验证程序应该报告的错误类型。若要更改这些参数，可打开“首选参数”对话框，然后单击“分类”域的“W3C 验证程序”，显示如图 11-20 的对话框。

- “如果没有检测到 DOCTYPE，则验证参照对象为”列表框用于选择要检查的标签库。同一语言只能选中其中一个版本。
- “显示”：选择每种要包括在验证程序报告中的错误类型的显示选项。
- “筛选：隐藏的错误和警告”：单击“管理”按钮弹出“W3C 验证程序隐藏的错误和警告”对话框，在该对话框中可以指定要隐藏的错误和警告。

➢ “不显示 W3C 验证程序通知对话框”：在开始验证时不显示“W3C 验证程序通知”对话框。

➢ Dreamweaver 支持作为扩展安装的外部代码验证程序。安装外部验证程序扩展时，Dreamweaver 会在“首选参数”对话框的“验证程序”类别中列出其首选参数。

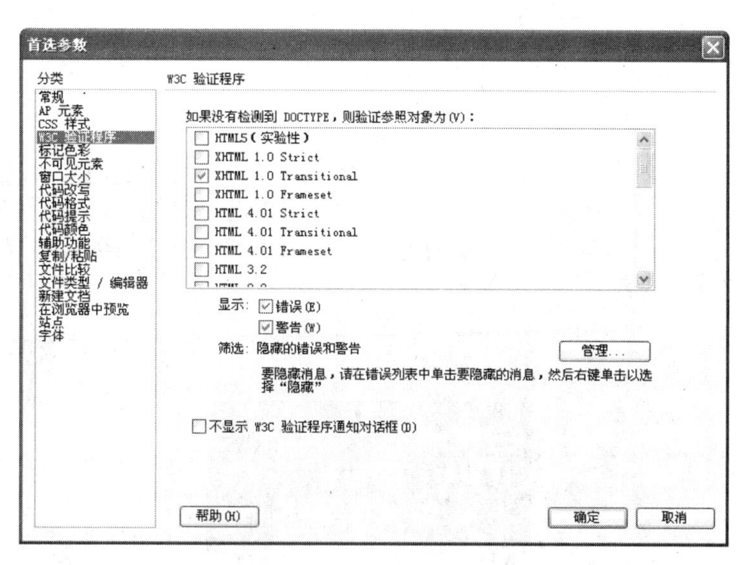

图 11-20 “W3C 验证程序”对话框

11.2 动手练一练

1. 打开 Dreamweaver CS6，设置它的基本属性，观察设置的效果。

2. 设置“不可见元素”选项参数，隐藏标记文档正文中的 JavaScript 或 VBScript 代码位置的图标。

11.3 思考题

1. 使用外部编辑器时有哪些注意事项？

2. 能否将 1M 大小的 Word 内容直接复制粘贴到 Dreamweaver CS6 的页面文件里，为什么？

第12章 动态网页基础与外部程序接口

本章简要介绍 Dreamweaver 的部分动态网页功能，如安装配置 IIS 服务器、动态页面的创建流程、动态数据的配置、刷新以及设置，制作动态文本和动态图像、数据绑定，以及使用外部程序接口直接使用 Fireworks 和 Flash 创建的内容。

- 安装配置 IIS 服务器
- 创建虚拟目录
- 动态页创建流程
- 动态数据的相关操作
- 外部程序接口的使用

随着 Internet 的迅猛发展，网站开发者逐步以动态的网站来代替静态的网站，Web 页由静态逐步转向动态。所谓动态是指 Web 页在传送过程中，Web 服务器能根据如 ASP、JSP、CGI 等技术加以修改，然后发送给用户浏览器。这种技术称为服务器技术。

使用 Dreamweaver 几乎不用编写任何程序代码就能开发出功能强大的网站应用程序。用户可以直接使用 Dreamweaver 可视化的方式来编辑动态网页，就像编辑普通网页一样简单。本章简要介绍 Dreamweaver 的部分动态网页功能，初学者可以体会 Dreamweaver 在编辑动态网页方面的优势，也可以为系统学习动态网页作一个铺垫。

12.1 安装、配置 Web 服务器

在创建动态网页之前，首先要安装和设置 Web 服务器，并创建数据库。

目前网站的服务器一般安装在 Windows NT、Windows 2000 Server 或 Windows XP 操作系统中。如果要运行动态网站，如 ASP 网站，还必须安装 Web 服务器。推荐初学者使用 IIS（Internet Information Server，因特网信息服务系统）。该服务器能与 Windows 系列操作系统无缝结合，且操作简单。

IIS 组件的安装步骤如下：

（1）在 Windows 操作系统中选择“开始”/“控制面板”/“添加/删除程序”图标，弹出“添加/删除程序”对话框。

（2）单击对话框左侧的“添加/删除 Windows 组件”选项，在弹出的“Windows 组件向导”对话框中双击组件列表中的“Internet 信息服务（IIS）”选项，在弹出的对话框中选取需要安装的服务，建议初学者将可选的服务全选上。

（3）选择需要使用的组件以及子组件后，选择“确定”按钮，并将对应的操作系统安装盘放入光驱内，系统开始复制文件。

（4）复制文件完成后，单击“完成”按钮，IIS 服务器即安装完成。

安装完成后，在安装操作系统的硬盘目录下可以看到多了一个名为 Inetpub 的文件夹。

接下来介绍配置 IIS 服务器的一般步骤。

（1）打开“控制面板”/“性能和维护”中的“管理工具”页面，双击页面右侧列表中的“Internet 服务管理器”图标，打开图 12-1 所示的“Internet 信息服务”窗口。

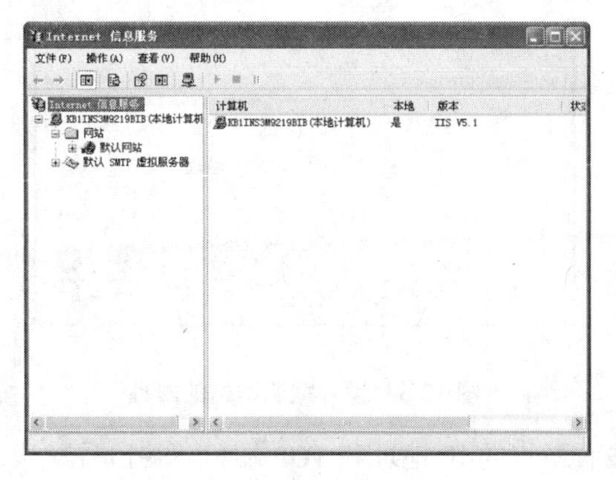

图 12-1　Internet 信息服务窗口

在“Internet信息服务”窗口中可以看到，使用IIS可以管理网站、默认SMTP虚拟服务器等。

（2）在左侧窗格中单击“默认网站”节点，则右侧的窗格中显示默认的Web主目录下的目录以及文件信息。如图12-2所示。

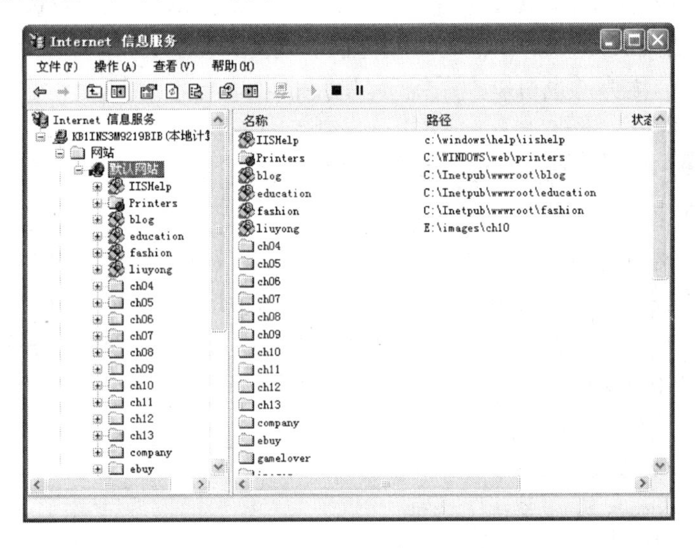

图12-2　“默认网站”节点下的目录及文件信息

在窗口的工具栏中有3个控制服务的按钮。按钮▶用于启动项目，按钮■用于停止项目，按钮❚❚用于暂停项目，通过这3个按钮控制服务器提供的服务内容。例如不需要提供FTP服务，就可以选择“FTP站点”节点，然后单击按钮■。

（3）右击“默认网站”结点，从弹出的快捷菜单中选择“属性”命令，打开“默认网站属性”对话框，如图12-3所示。

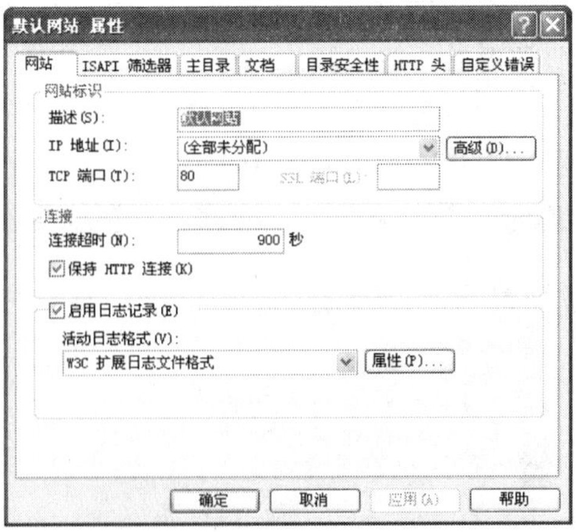

图12-3　设置默认网站的属性

在此页面中可以设置站点的IP地址和TCP端口，端口号默认为80。一般来说，初学者不需要修改此页面的内容。

（4）单击“主目录”页签，切换到图12-4所示的“主目录”选项卡。该页面用于设置 Web 站点的主目录，即站点文件的位置。这是配置 IIS 中最重要的一个选项。

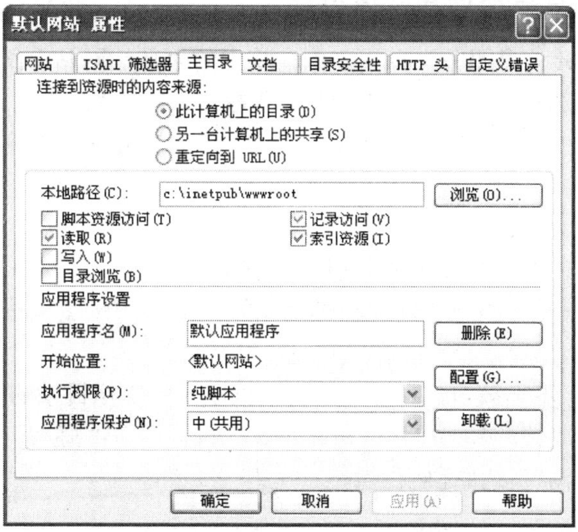

图 12-4 设置网站的主目录

安装 IIS 后，Web 站点默认的主目录是：系统安装盘符:\Inetpub\wwwroot。当然也可以将主目录设置为本地计算机上的其他目录，也可以设置为局域网上其他计算机的目录，或者重定向到其他网址，只需在“连接到资源时的内容来源”区域选中需要的内容来源，然后在下面的文本框中键入相应的路径即可。本书使用默认的本地路径。

在此页面中，用户还可以在“执行权限”下拉列表中设置应用程序的执行权限，有以下 3 种选择：

- 无：此 Web 站点不对 ASP、JSP 等脚本文件提供支持。
- 纯脚本：此 Web 站点可以运行 ASP、JSP 等脚本。
- 脚本和可执行程序：此 Web 站点除了可以运行 ASP、JSP 等脚本文件外，还可以运行 EXE 等可执行文件。

（5）切换到“文档”选项卡中，修改浏览器默认的主页及调用顺序。

（6）设置完成后，单击“确定”按钮关闭窗口。

对 IIS 进行了基本的设置之后，还需要测试 IIS 能否正常运行。最简单的方法就是直接使用浏览器输入 http://和计算机的 IP 地址，或输入 http://localhost 后按 Enter 键，如果可以看到 IIS 的缺省页面或创建的网站的主页，则代表 IIS 运行正常。否则检查计算机的 IP 地址是否设置正确。

12.2 创建虚拟目录

尽管用户可以随意设置网站的主目录，但是除非有必要，最好不直接修改默认网站的主目录。如果不希望把网站文件存放到 c:\Inetpub\wwwroot 目录下，可以通过设置虚拟目录来解决。

创建 IIS 的虚拟目录可以使用 IIS 管理器创建 IIS 虚拟目录，或直接操作文件夹。

12.2.1 使用IIS管理器创建虚拟目录

（1）在“Internet信息服务”窗口左侧窗格中的“默认网站”结点上单击鼠标右键，从弹出的快捷菜单中选择“新建”/“虚拟目录”命令，打开“虚拟目录创建向导”对话框。

（2）单击“下一步”按钮，在弹出窗口的“别名”文本框中输入所要建立的虚拟目录的名称。在设置虚拟目录的别名时，读者需要注意：

- 别名不区分大小写。
- 不能同时存在两个或多个别名相同的虚拟目录。

（3）单击“下一步”按钮，在弹出的对话框中单击“浏览”按钮，选择要建立虚拟目录的文件夹。

（4）单击“下一步”按钮，在弹出的对话框中设置虚拟目录的访问权限。

在访问权限中有“读取”、“运行脚本”、“执行”、“写入”和“浏览”5个选项，用于设置用户可通过浏览器执行何种操作：

- ◆ 读取：最基本的一个权限，允许用户访问文件夹中的普通文件，如HTML文件、GIF文件等。
- ◆ 运行脚本：所谓的脚本就是IIS中可以执行的文件，如ASP脚本程序等。一般来说，此权限都会允许。
- ◆ 执行：允许访问者在服务器端运行CGI或ISAPI程序。此权限通常都不会被允许，以免对服务器端的计算机造成不良影响。
- ◆ 写入：相对于读取，另一个权限设置就是写入，决定是否允许用户通过浏览器上传文件至服务器的计算机中。
- ◆ 浏览：所谓的浏览就是当用户没有特别设置要读取此Web站点的哪一个文件时，便列出目录中的所有子目录及文件列表，让用户去选择浏览哪一个文件。

鉴于站点安全性因素的考虑，“写入”和“浏览”两项最好不要选择，除非有特殊原因需要用户向站点目录写入内容或查看目录结构。建议初学者采用默认设置即可。

（5）单击“下一步”按钮，然后在弹出的对话框中单击“完成”按钮，完成虚拟目录的创建。此时，在“Internet信息服务”窗口左侧的“默认网站”结点下即可以看到新创建的虚拟目录。

12.2.2 直接对文件夹操作

（1）在资源管理器中右击想要设置为虚拟目录的文件夹，从弹出的快捷菜单中选择“属性”命令，打开“Web共享”选项卡。

（2）选中“共享文件夹”单选按钮，弹出“编辑别名”对话框。在该对话框中可以设置该文件夹的别名、访问权限和应用程序权限。

（3）设置完毕之后，单击“确定”按钮关闭对话框。此时打开“Internet信息服务”对话框，可以在“默认网站”结点下看到一个刚创建的虚拟目录。

创建虚拟目录之后，将应用程序放在虚拟目录下有以下两种方法：

- 直接将网站的根目录放在虚拟目录下面。例如，应用程序的根目录是“blog”，直接将它放在虚拟目录下，路径为“[硬盘名]:\Inetpub\wwwroot\blog”。此时对应的 URL 是“http://localhost/blog”。

- 将应用程序目录放到一个物理目录下（例如，D:\blog），同时用一个虚拟目录指向该物理目录。

此时，用户不需要知道对应的物理目录，即可通过虚拟目录的 URL 来访问它。这样做的好处是用户无法修改文件，一旦应用程序的物理目录改变，只需更改虚拟目录与物理目录之间的映射，仍然可以用原来的虚拟目录访问它们。

此外，初学者需要注意的是，通过 URL 访问虚拟目录中的网页时应该使用别名，而不是目录名。例如，假设别名为 blog 的虚拟目录对应的实际路径为 E:\mywork\DWCS5\blog，要访问其中名为 index.asp 的网页时，应该在浏览器地址栏中输入 http://localhost/blog/index.asp 来访问，而不是使用 http://localhost/mywork/DWCS5/blog/index.asp 来访问。另外，动态网页文件不能通过双击来查看，必须使用浏览器访问。

12.3 动态页创建流程

所有的动态页都源于静态页。创建一个动态页可分为 5 个步骤。

1、创建静态页

可以使用 Dreamweaver 中所有的设计工具创建静态页。

2．定义记录集

如果需要使用数据库，就必须定义记录集，以便从数据库中提取数据。所谓记录集，是从一个或多个表中提取的数据子集，一个记录集也是一张表，这是因为它也具有相同的字段的记录集合。当查询数据库时可创建一个记录集。如图 12-5 所示，定义的任何记录都会添加到“绑定”面板的列表中。

图 12-5　记录集

3．数据绑定

向数据绑定面板添加记录集后，就可以向 Web 页中添加动态内容，不需要考虑插入到 Web 页中的服务器端的脚本。

4．激活动态页

在一般情况下，应该向 Web 页添加服务器行为。Dreamweaver 提供了众多预定义的服务器行为。网页设计人员可以使用预定义的服务器行为，也可以使用自己建立的服务器行为或使用其他人员建立的服务器行为。

5．编辑和调试Web页

最后可根据需要编辑和调试 Web 页。Dreamweaver 提供了 3 种编辑环境：可视化编辑环境、活动数据编辑环境、代码编辑环境。当然，用户还可以使用其他的 ASP 调试工具进行实时的跟踪调试。

12.4 配置 Web 服务器

Dreamweaver 的实时数据编辑环境能够让网页设计人员在编辑环境种实时预览可编辑

数据的 Web 应用，使网页设计人员在编辑网页的同时可以看到 Web 页上的动态内容，以便有效地提高工作效率，减少重复劳动。

只有 Dreamweaver 还无法创建动态网页，还必须建立一个 Web 服务器环境和数据库运行环境。他们之间的关系为：动态网页必须通过 Web 服务器中的服务器程序对数据库内容进行操作，而服务器程序只有通过数据库驱动程序才能够处理数据库。当用户打开实时数据窗口时，被打开的文件临时拷贝到将被传输给指定的 Web 服务器上，当产生的页面在实时窗口显示出来后，Web 服务器上临时拷贝的内容将被删除。

Dreamweaver CS6 整合了当今最新技术，支持当今主流的开放环境和最新技术，如：PHP 5、ColdFusion、Web Publishing System、ASP、Flash 视频和其他主流的服务器技术等。在使用 Dreamweaver 之前必须选定一种技术，本书选用的就是最常用的 ASP 服务器技术。

注意：

在 Dreamweaver CS6 中，Adobe 已弃用了 ASP/JavaScript 服务器行为及相关功能。

配置 Web 服务器的操作步骤如下：

（1）执行“站点”/“管理站点”命令，打开“管理站点”对话框。

（2）在“管理站点”对话框中选择为应用程序定义的站点，并单击“编辑”按钮，打开对应的“站点设置”对话框。

（3）在对话框左侧的分类列表框中选择“服务器”选项，然后在右侧的服务器列表中选择要配置的服务器，单击列表下方的“编辑现有服务器”按钮，打开图 12-6 所示的对话框。

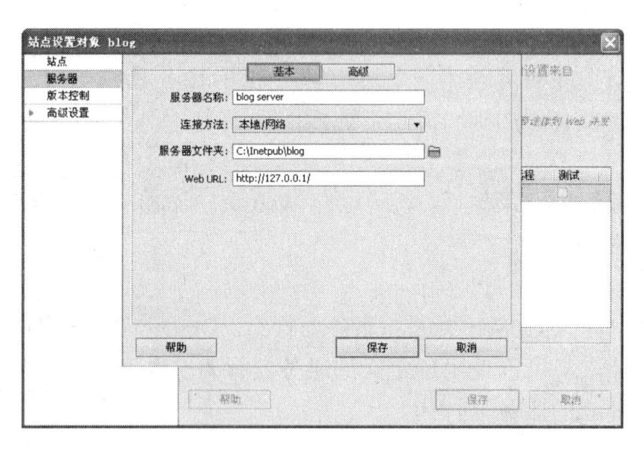

图 12-6 “站点设置”对话框

（4）在“连接方法”下拉列表框中选择实时数据窗口显示动态页面时连接 Web 服务器的方法。如果选择“本地/网络”，则在远程站点中运行服务器端脚本。

（5）在“服务器文件夹”文本框中输入 Web 服务器的虚拟目录。

Dreamweaver CS6 简化了站点设置。在 Dreamweaver CS6 中，用户可以在一个视图中指定远程服务器和测试服务器，从而使用户可以以前所未有的速度快速建立网站，分阶段或联网站点甚至还可以使用多台服务器。

默认情况下，Dreamweaver 会假定应用程序服务器运行在与 Web 服务器相同的系统上。如果在“站点设置”对话框的“服务器”类别中定义了远程服务器文件夹，并且如果应用程序服务器运行在与远程文件夹相同的系统上（例如 Web 服务器和应用程序服务器均在本地计算机上运行）或本地根文件夹是 Web 站点主目录的子文件夹，则使用测试服务器文件夹的默认设置。

如果没有定义远程服务器文件夹，或本地根文件夹不是主目录的子文件夹，则必须将本地根文件夹定义为 Web 服务器中的虚拟目录，测试服务器文件夹默认为在“站点”类别中定义的本地站点文件夹。

（6）在“Web URL”文本框中输入用户在浏览器中打开 Web 应用程序时需要键入的 URL，不包括任何文件名。Dreamweaver 使用 Web URL 创建站点根目录相对链接，并在使用链接检查器时验证这些链接。

Web URL 由域名和 Web 站点主目录的任何一个子目录或虚拟目录（而不是文件名）组成。例如，如果应用程序的 URL 是 http://www.adobe.com/mycoolapp/start.asp，则 Web URL 为：www.adobe.com/mycoolapp/。如果 Dreamweaver 与 Web 服务器在同一系统上运行，可以使用 localhost 作为域名的占位符。例如，如果运行的是 IIS，而应用程序的 URL 是 http://buttercup_pc/mycoolapp/start.jsp，则 Web URL 为：http://localhost/mycoolapp/。

注意：

如果您的发布站点是本地计算机，可以在“Web URL”文本框中输入 http://localhost/后加入站点名。有时候创建的动态页面在实时数据窗口可以实时浏览，但是上传到服务器后，在浏览器中不能正常显示，这是初学者常常感到困惑的地方。此时可以在“Web URL”文本框中输入 http://127.0.0.1/即可在浏览器中正常显示。

（7）切换到“高级”屏幕，在“服务器模型”后面的下拉列表框中选择合适的服务器模式，如 ASP、JSP 或 Cold Fusion。如果选择 ASP 服务器，还要选择一种脚本语言，如图 12-7 所示。

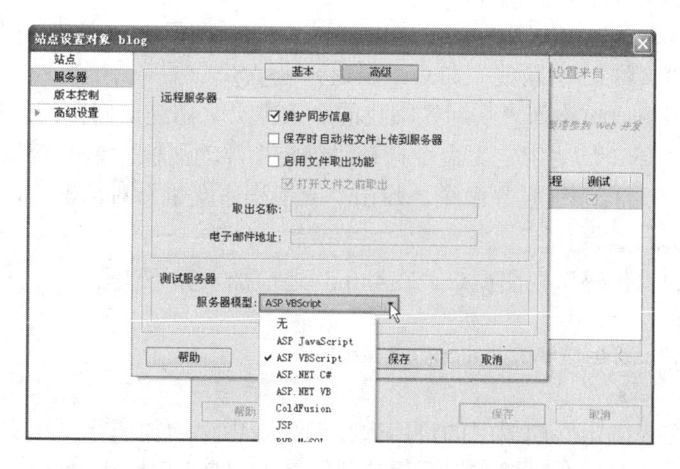

图 12-7　选择服务器模型

（8）单击“保存”按钮关闭对话框。

12.5 动态文本

所有的动态网页都源于静态网页，可以将静态网页中的文本转换为动态文本，或者直接将动态文本放置在网页中的某一点处。动态文本将继承被替换文本的文本格式或插入点的格式，例如选择的文本已经设置了 CSS 风格，则替换该文本的动态内容也继承了该 CSS 风格。也可以通过 Dreamweaver 的文本格式化工具改变或者添加动态文本的格式。还可以对动态文本使用数据格式，例如如果数据中包括日期，就可以定义特殊的日期格式。

创建动态文本的具体的操作步骤如下：

（1）执行“窗口”/“绑定”命令，打开“绑定”浮动面板。

（2）确认“绑定”面板的数据源列表中是否有需要的数据源。如果没有，可以通过单击+按钮新建一个需要的数据源。

（3）在文档窗口或者动态数据窗口中，选择网页中需要替换的文本，或者单击需要增加动态文本的地方。

（4）在数据绑定面板中，从列表中选择一个数据源。对于记录集类型的数据源，选择想要插入的字段。

（5）将数据源拖到网页上，这时文件窗口会出现占位符替换选择的文本或在插入点直接显示占位符。

在一般情况下，占位符语法形式为{记录集名称.Column}、{Request.Variable}等，其中 Column 表示从记录集中选择域的名称，Request.Variable 表示从客户端表单上所传递过来的信息。可以选择“查看”/“动态数据”命令，在动态数据窗口中进行实时浏览。

如果需要，可以为动态文本指定数据格式。例如，如果数据库中包含日期，可以通过在“绑定”面板中单击选择域后面的▼按钮，从弹出的菜单中选择“日期/时间”命令，从弹出的子菜单中选择一种日期格式。

下面通过创建一个计数器的示例进一步说明如何在网页中添加动态内容。

01 执行“文件”/“新建”命令，新建一个 ASP 文件。

02 在文档窗口中输入“欢迎光临我的个人主页！您是访问我们的第***位客户！”

03 选择“窗口”/“绑定”命令打开“绑定”浮动面板，单击+按钮，从弹出的下拉菜单中选择“应用程序变量”命令，弹出“应用程序变量”对话框，在该对话框中输入变量的名称 counter。

04 切换到“代码”视图窗口，在<html>之前加入如下代码：

```
<%
  Application("counter")=Application("counter")+1
%>
```

05 这样在“绑定”面板中的可用数据源列表中又增加一行。在文档窗口中用鼠标选择“***”字样，然后在“绑定”面板选择刚才定义的应用程序变量，再单击“绑定”面板底部的“插入”按钮。则“***”将被{Application.counter}占位符代替，如图 12-8 所示。

06 选择“文件”/“保存”命令，将修改后文档保存到本地站点中。然后将该文件重新上传到远程服务器上。

07 打开浏览器，在地址栏中输入刚才保存文件的 URL 地址久会打开 ASP 页面。每单击一次“刷新”按钮，就可以看到下面的计数器的数值会增加 1。

图 12-8　将记录绑定到页面上

对刚创建的网站，由于没有太多的宣传，每天的访问量可能不大。这时可以通过改变 Application("counter")的数值，显示较多的访问量。将第 4 步输入为：

```
<%
    Application("counter")=Application("counter")+1
%>
```

源代码该变为：

```
<%
    If Application("counter")< 999 then
      Application("counter")=999
    End If
    Application("counter")=Application("counter")+1
%>
```

这样该网页被访问时，计数器数字从 1000 开始。

12.6　动态图像

如果您经常在网上购物，可以发现每一个网页基本上都包括一件商品的照片和描述该商品的文本。网页的布局保持不变，经常变换的是商品的照片和描述该商品的文本。使用 Dreamweaver 实现这种功能很容易，其具体的操作步骤如下：

（1）新建一个文档或打开一个需要创建动态图像的文档。

（2）将光标放置在需要插入动态图像的位置。选择“插入”/“图像”命令。

（3）在弹出的“选择文件”对话框中的“从文件名称选择”后面有两个单选按钮，因为要插入动态图像，所以选择“数据源”单选按钮，此时对话框中会将数据源列出。

（4）从该数据源列表中选择一个需要的数据源。在 URL 中输入数据源的路径。路径可以是绝对路径，也可以是相对于当前目录的路径或者是基于根目录的路径，这主要依赖于站点的文件结构决定。

（5）设置完成后，单击“确定”按钮关闭该对话框，完成操作。

（6）选择“文件”/“保存”命令，将该文件保存。

使用 Dreamweaver 还可以方便地创建其他动态对象，例如表单元素等，有兴趣的读者可以阅读 Dreamweaver 的帮助文件或其它相关书籍。利用 Dreamweaver 能很方便地制作出常见的动态网页，由于本书篇幅限制在此不能一一详解。

12.7 数据绑定

Dreamweaver 可以为用户页面中的对象绑定动态内容。数据绑定解决了与服务器访问数据库有关的问题。用户可以把 HTML 对象绑定到来自一个源文件的数据上，当该页面被加载时，页面会自动从源文件中提取数据，然后在该元素内进行格式化并显示出来。用户不需要编写任何代码，只需要拖动网页元素，就可以插入动态文本或图像，将它们与表单对象、列表或其他网页对象相链接。

在使用数据绑定将动态内容添加到网页之前，必须建立一个数据库连接，否则 Dreamweaver 无法使用数据库作为动态页面的数据源。而在建立数据库连接之前必须建立一个 DSN 指向数据库的快捷方式，它包含数据库连接的一切信息。

12.7.1 创建数据库连接

要在网页应用程序中使用数据库，必须创建数据库连接。在建立连接时必须选择一种合适的连接类型，如 ADO、JDBC 或 Cold Fusion。下面介绍在 Dreamweaver 使用数据源名称建立数据库连接的一般方法。

（1）选择“窗口”/“数据库”命令，打开图 12-9 所示的“数据库”浮动面板。

（2）单击该对话框中的+按钮，从弹出的下拉菜单选择“数据源名称（DSN）”命令，打开“数据源名称（DSN）”对话框，如图 12-10 所示。

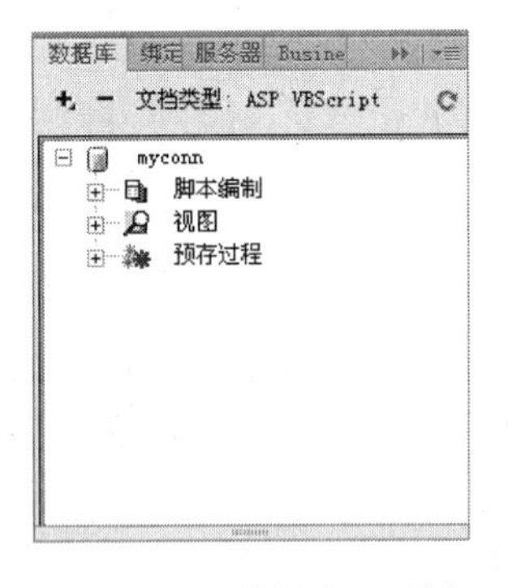

图 12-9 “数据库”面板

图 12-10 “数据源名称（DSN）”对话框

注意： 在“数据库”面板中可以看到有 4 个步骤，只有前 3 个步骤完成了才能进行创建连接的操作。

（3）在“连接名称”文本框中输入连接的名称（一般可以输入“conn+数据库名称”作为连接的名称）。

（4）在“数据源名称（DSN）”下拉列表框中选择一个数据源名称。如果没有已定义的数据源名称，则单击“定义”按钮创建一个数据源。创建数据源的具体步骤参见下节的介绍。

（5）在“用户名”和“密码”后面的文本框中分别输入用户名及密码。

（6）选择“使用本地 DSN”单选按钮。

（7）单击“测试”按钮检测连接是否建立成功。

（8）连接成功后，单击“确定”按钮，返回到“数据库”面板。

此时，在“数据库”面板中可以看到新建立的连接。如图 12-11 所示。

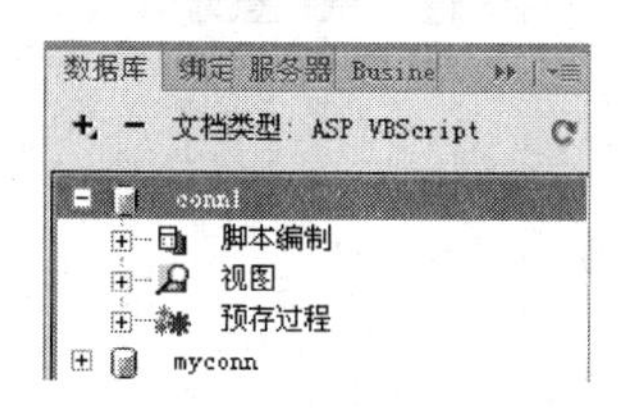

图 12-11　已创建的数据库连接

单击对象前面的折叠图标，可以展开各项查看数据库的各个对象。

通过 DSN 数据源连接 SQL Server 数据库与连接 Access 数据库相差不多，有兴趣的读者可以自行练习。

12.7.2　编辑数据库连接

当编辑或删除数据库连接后，必须及时更新页面中的内容。

若要编辑数据库连接的操作方法如下：

（1）选择“窗口”|“数据库”命令，打开图 12-10 所示的“数据库”浮动面板。

（2）从数据库连接列表中选择一个需要编辑的连接，然后双击该数据库连接的名称，打开“数据源名称（DSN）”对话框。

如果已创建的数据源是采用自定义字符串定义的，则打开“自定义字符串”对话框。

（3）对数据库进行必要的修改后单击“确定”按钮。

由于该连接被改动，所以必须为每一个使用该连接记录集的页面指定一个改动后的连接：打开每一个使用该连接记录集的页面。选择“窗口”|“绑定”命令打开“绑定”面板。双击记录集名，打开对应的“记录集”对话框。从“连接”下拉列表框中选择修改后的连接，然后单击“确定”按钮即可更新页面中的内容。

如果要删除数据库连接，请执行以下操作：

（1）在“数据库”面板中，从数据库连接列表中选择一个需要删除的连接，单击 − 按钮出现询问是否删除连接对话框，单击“是”按钮即可删除该连接。

由于该连接被删除，所以必须为每一个使用该连接记录集的页面指定一个新的连接。

（2）打开每一个该连接记录集的页面。

（3）选择“窗口”|“绑定”命令打开“绑定”面板。打开对应的“记录集”对话框。从“连接”下拉列表框中选择修改后的连接，单击“确定”按钮，即可重新建立数据库连接。

12.7.3　定义数据源

如果还没有定义 ODBC 数据源，可以按照以下步骤创建一个 ODBC 数据源。

（1）选择“窗口”/“数据库”命令，打开图 12-9 所示的“数据库”浮动面板。

（2）单击该对话框中的“+”号按钮，从弹出的下拉菜单选择“数据源名称（DSN）”命令，打开“数据源名称（DSN）”对话框，如图 12-10 所示。

（3）单击“数据源名称”右侧的“定义”按钮，弹出图 12-12 所示的“ODBC 数据源管理器”对话框。

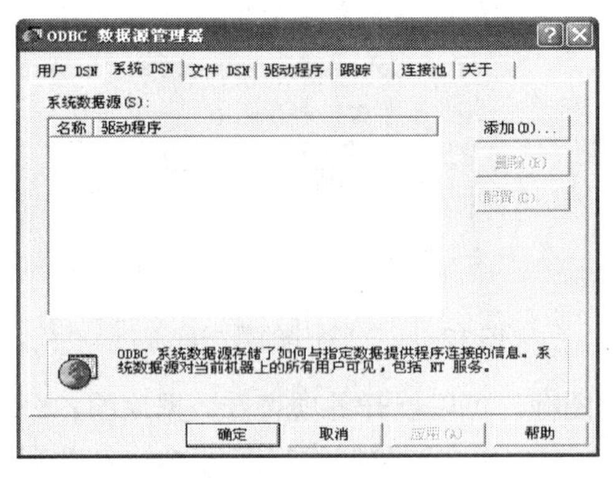

图 12-12　“ODBC 数据源管理器”对话框

（4）单击对话框顶部的“系统 DSN”页签，切换到“系统 DSN”页面，单击“添加”按钮，在弹出的图 12-13 所示的“创建新数据源”对话框中选择需要的数据源驱动程序。本例选择“Microsoft Access Driver”。

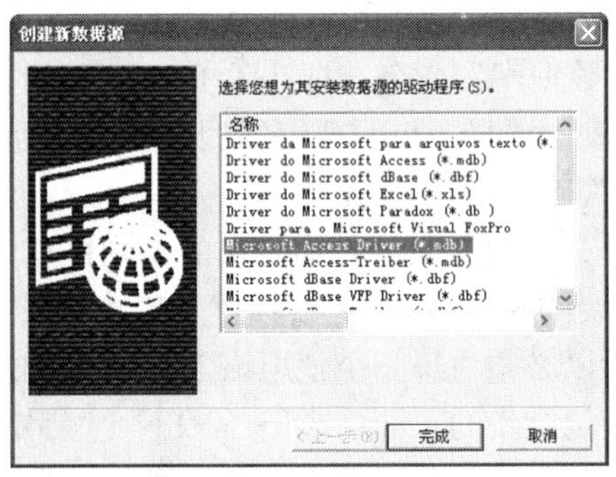

图 12-13　“创建新数据源”对话框

（5）单击“完成”按钮，弹出图 12-14 所示的“ODBC Microsoft Access 安装”对话框。

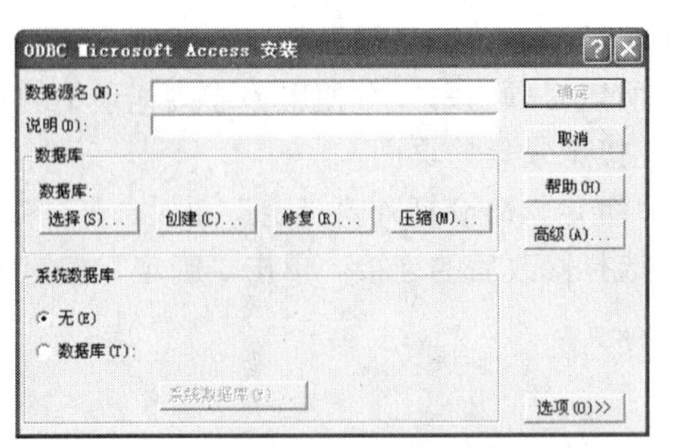

图 12-14　“ODBC Microsoft Access 安装”对话框

（6）在“数据源名”文本框中键入数据源的名称。在“说明”文本框中键入数据源的备注说明。然后单击“数据库”区域的“选择”按钮，在弹出的“选择数据库”对话框中选择需要的数据库，单击“确定”按钮关闭对话框。

（7）返回到“ODBC 数据源管理器”对话框时，读者可以发现新创建的数据源名称。

（8）单击“确定”按钮，关闭对话框。

至此，数据源创建完成。此时在图 12-11 所示的“数据源名称”下拉列表中可以看到新创建的数据源。

12.7.4 定义记录集

如果需要在应用程序中使用数据库，必须通过记录集这个中介媒体让数据库和网页应用程序关联起来。

记录集是通过数据库查询得到的数据库中记录的子集，它由查询定义。查询则由搜索条件组成，这些条件决定记录集中应该包含什么，不应该包含什么。为了改善应用程序的性能，在定义记录集时应尽量包含应用程序需要的数据域和记录。

（1）选择“窗口”/“文件”命令，打开“文件”窗口，在“文件”窗口左上角的下拉列表中选择需要的站点之后，在文件列表中双击需要绑定数据的文件打开。

（2）选择“窗口”/“绑定”命令打开“绑定”浮动面板，单击面板左上角的 + 按钮，从弹出的下拉菜单中选择“记录集（查询）”命令，弹出“记录集”对话框。

（3）在“名称”文本框中输入记录集的名称。记录集名称中不能使用空格或特殊字符，一般可以使用“rs+数据库名称”，以便与其他对象区别开来，如 rsudbookdata1。

（4）在“连接”下拉列表框中选择一个数据库连接。如果列表中没有数据库连接，可以单击“定义”按钮建立一个数据库连接。

（5）在“表格”下拉列表框中，选择一个需要的表，在“列”选项的单选按钮中选择相应的单选按钮。

如果选择“全部”，则可以使用该表中所有字段作为一个记录集。

如果选择“选定的”，则可以从下面的字段列表框中选择需要的字段作为一个记录集。

（6）在“筛选”选项中可以对表中的记录过滤。在第一个下拉列表框中选择与定义标准值对应的字段；在第二个下拉列表框中选择条件表达符号，使每一条记录的值与标准值进行比较；在第三个下拉列表框中选择 Entered Value 或其他参数，如 URL Parameter、Form Variable、Cookie、阶段变量或应用程序变量等；在第四个文本框中输入标准值。

（7）如果需要进行记录排序，可在“排序”下拉列表框中选择按哪个字段排序，然后在后面的文本框中设定排序方式。

（8）单击“测试”按钮测试记录集，出现从数据库中提取的包含数据的记录集，如图 12-15 所示。

（9）单击“测试 SQL 指令”对话框中的“确定”按钮关闭该对话框。

（10）单击“记录集”对话框中的“确定”按钮，关闭“记录集”对话框。Dreamweaver 将把记录集添加到数据绑定面板的可用数据源列表中。

12.7.5 定义变量

使用数据绑定面板可以很方便地定义 URL Variable（URL 地址变量）、Form Variable

（地址变量）、Client Variable（客户地址变量）、阶段变量、请求变量以及应用程序变量等变量。

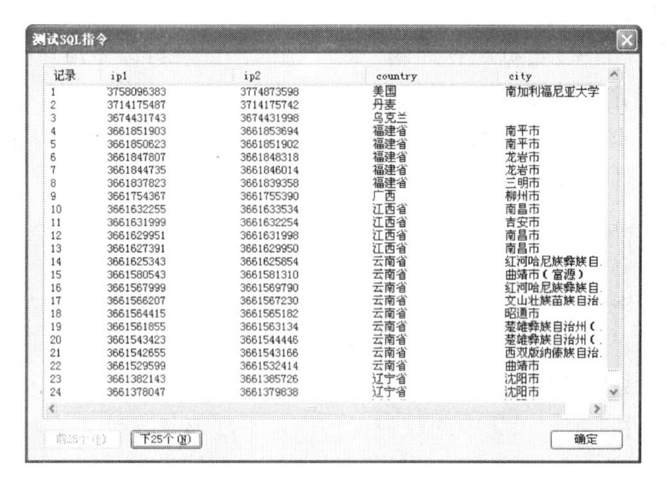

图 12-15　“测试 SQL 指令”对话框

1．定义请求变量

请求变量可以用来从客户浏览器端传送到服务器端中的数据中获取信息。如在交互表单中，单用户输入表单数据，单击“提交”按钮，这些表单数据将传送到服务器端，此时请求变量将获取客户端的数据。定义请求变量的步骤如下：

（1）选择“窗口”/“绑定”菜单命令，打开“绑定”面板。

（2）单击“绑定”面板左上角的 按钮，从弹出的下拉菜单中选择“请求变量”命令，弹出“请求变量”对话框。

（3）在“类型”下拉列表框中选择请求变量的类型，如图 12-16 所示。

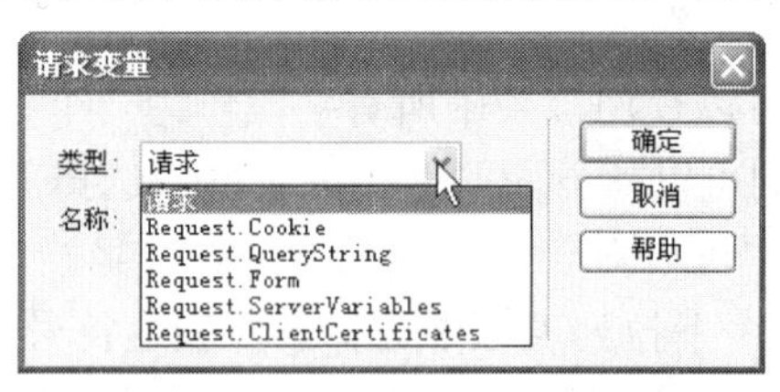

图 12-16　“请求变量”对话框

该下拉列表框中提供了 6 种类型，其意义分别如下：

- Request：用来获取任何基于 HTTP 请求传递的所有信息，包括从 HTML 表单用 POST 方法或 GET 方法传递的参数、cookie 和用户认证。
- Request.Cookie：用于获取在 HTTP 请求中发送的 cookie 的值，或获取客户端存储的 Cookie 值。Cookie 是一个标签，是一个唯一标识客户的标记。每个 Web 站点都有自己的标记，标记的内容可以随时读取，但只能由该站点的页面完成。一个 Cookie 可以包含在一个对话期或几个对话期之间某个 Web 站点的所有页面共享的信息。使用 Cookie 还可以在页面之间交换信息。
- Request.QueryString：检索 HTTP 查询字符串中变量的值，HTTP 查询字符串由问号后的值指定。

- Request.Form：用于获取客户端表单上传送给服务器端的数据。
- Request.ServerVariable：获取客户端信息以做出响应。如可以使用 Request.Server Variable("REMOTE_ADDR")获取用户的 IP 地址；使用<%=Request.Server Variable ("REMOTE_ADDR")%>语句使用该 IP 地址。
- Request.ClientCertificate：用于获取客户端的身份认证信息。

（3）在“名称”文本框中输入请求变量的名称。

（4）单击“确定”按钮即可完成操作。

2．定义阶段变量

当客户在 Web 站点的网页之间来回移动时，可以使用阶段变量作为跟踪客户信息的一种方法。在创建会话时，服务器会为每一个会话生成一个单独的标识。会话标识以长整形数据类型返回。在多数情况下阶段变量可用于 Web 页面注册统计。

（1）单击“绑定”面板左上角的+按钮，从弹出的下拉菜单中选择“阶段变量”命令，弹出图 12-17 所示的“阶段变量”对话框。

（2）在“名称”文本框中输入“阶段变量”的名称，单击“确定”按钮即可完成操作。

如果要使用阶段变量存储访问者的昵称并在网页中显示，则可以在“阶段变量”对话框中输入昵称的变量名（例如 username），并单击“确定”按钮。这种操作的功能与在源代码中写入 Session（"username"）的功能一样。

3．定义应用程序变量

在同一个虚拟目录及其子目录下的所有 .asp 文件构成了 ASP 应用程序。可以使用应用程序变量在给定应用程序的所有用户之间共享信息，并在服务器运行期间持久地保存数据。也可以使用应用程序变量控制访问应用层数据的方法和可用在应用程序启动和停止时触发过程的事件。

（1）单击“绑定”面板上的+按钮，从弹出的下拉菜单中选择“应用程序变量”命令，弹出图 12-18 所示的“应用程序变量”对话框。

图 12-17 “阶段变量”对话框

图 12-18 “应用程序变量”对话框

（2）在“名称”文本框中输入应用程序变量的名称，单击“确定”按钮即可完成操作。

（3）在“应用程序变量”对话框中输入的变量名与在源代码中写入 Application（"变量名"）的功能一样。

12.8 使用外部程序接口

使用 Dreamweaver 与 Fireworks 的结合特性不仅可以方便地实现两者间的文件交换，而且还可以共享和管理 HTML 文件中的许多内容，如链接、图像等。这将大大提高网页设计与编辑的效率，提供了一个高效的网页制作流程。

使用 Dreamweaver 与 Flash 的集成特性，可以在制作网页的时候直接运用 Flash 中的文件，在网页中插入 Flash 文件使网页更加生动。本节主要介绍在使用 Dreamweaver 制作网页时运用 Fireworks 文件。

12.8.1 插入 Fireworks 图像和 HTML 文件

在 Dreamweaver 中可以点击“插入”/“常用”面板上的按钮，直接插入 Fireworks 生成的 GIF、JPEG/JPG 或者 PNG 图像，还可以插入 Fireworks 的 HTML 文件。Fireworks 的 HTML 文件中包括了相关联的图像链接、切片信息和 JavaScript 脚本语言。插入 HTML 文件可以在 Dreamweaver 页面中非常方便的加入 Fireworks 生成的图像和网页特效。

（1）在 Dreamweaver 文档窗口中，将光标置于所要插入 HTML 文件的位置。

（2）执行“插入”/“图像对象”/“Fireworks HTML”命令，或者单击“插入”|“常用”面板上的 Fireworks HTML 按钮，弹出一个图 12-19 所示的“插入 Fireworks HTML”对话框。

（3）在对话框中单击“浏览”按钮选择所要插入的 HTML 文件，或者在“Fireworks HTML 文件”文本框中输入 HTML 文件的路径。

（4）如果选中“插入后删除文件”复选框，则 HTML 文件插入页面后，源文件将被删除。使用该选项前请确认不再需要使用源 HTML 文件。该选项不影响图像文件，仅仅删除单独的 HTML 源文件。

图 12-19 “插入 Fireworks HTML”对话框

（5）单击“确定”按钮完成。

插入 HTML 文件时包含了 HTML 源文件关联的图像，切片和 JavaScript 脚本语言。

12.8.2 优化插入的 Fireworks 图像

在 Dreamweaver 中可以快速调用 Fireworks 的图像输出设置功能，而不必打开整个 Fireworks。Fireworks 的图像输出设置功能提供了诸如图像格式设置、优化属性设置、动画属性设置、文件大小设置等非常简洁和实用的图像输出处理功能，方便随时对图像进行一些网络适用性调整。

下面通过示例介绍在 Dreamweaver 中使用 Fireworks 优化插入图像的步骤：

（1）选取页面中要进行优化处理的图像。

（2）执行“命令”/“优化图像”命令，打开图 12-20 所示的“图像优化”对话框。

“图像优化”对话框提供了许多控制选项，可以使用预设的优化方案对图像进行优化，也可以自定义优化选项。

（1）预置：该下拉列表中包含 6 种 Fireworks 预设的优化方案，如图 12-21 所示。

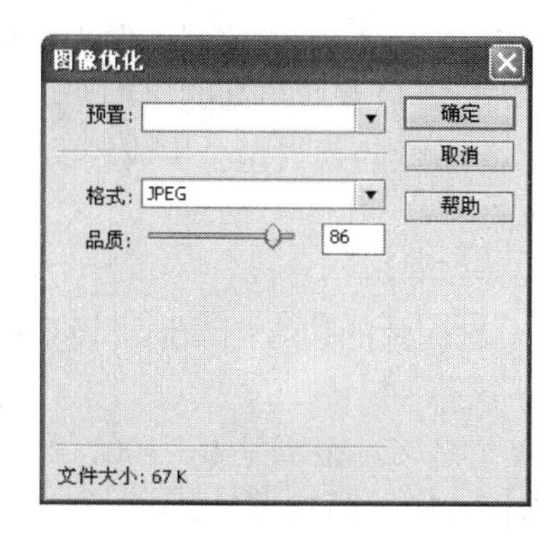

图 12-20 “图像优化”对话框（1）

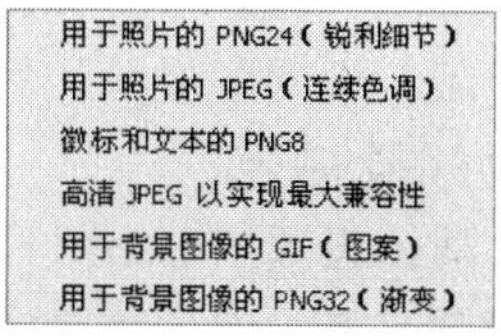

用于照片的 PNG24（锐利细节）
用于照片的 JPEG（连续色调）
徽标和文本的 PNG8
高清 JPEG 以实现最大兼容性
用于背景图像的 GIF（图案）
用于背景图像的 PNG32（渐变）

图 12-21 预设的优化方案

选择的预置优化方案不同，显示的优化选项也不同。例如，选择“用于背景图像的 GIF（图案）”方案时，对应的优化选项如图 12-22 所示。

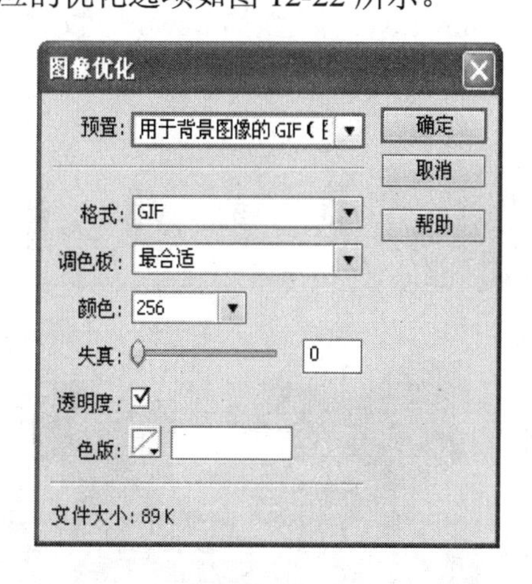

图 12-22 “图像优化”对话框（2）

选择其他优化方案时，显示的优化选项大同小异，在此简要介绍图 12-23 中的优化选项功能：

（2）调色板：设置 GIF 或 PNG 8 图像所使用的调色板，有 2 种选择：

- “最合适”：使用自适应颜色。从图像中选取使用最多 256 种颜色组成调色板，包括网络安全色和非网络安全色。
- “灰度”：使用 256 色灰度，导出黑白图像。

调色板实际上是一个颜色索引，用于将图像中像素的二进制数值同某种颜色值对应起来。在显示图像时，根据这种像素值和颜色值的对应关系，就能将像素颜色正确显示出来。不同的图像中可以包含不同的调色板。所以对同样的像素值，可能在某个图像中显示为这种颜色，但在另外的图像中显示为其他颜色。

（3）颜色：设置图像中的颜色数目。颜色数目是图像中调色板里可以包含的最大颜色数目，不是图像中真正存在的颜色数目。

（4）失真：图片压缩的损失值。损失值的有效范围是 0～100%。通常 GIF 图像的损失量为 5～15 时，可得到较好的结果而不影响失真。

GIF 采用无损压缩，所以采用该压缩算法不会丢失文档中的数据。但为了提供更多的文件大小的选择，Fireworks 允许设置 GIF 的损失量，以获取更高的压缩率。较高的损失量可以获得较小的图像文件，但是图像的失真较大；较低的损失量会生成较大的图像文件，但是图像的失真较小。

（5）透明度：将画布的颜色设置为透明。

（6）色版：设置图像的边缘颜色，应用在导出图片的边缘上。通过设置该颜色，可使图像与网页完全融合。

（7）品质：设置 JPEG 图片的压缩程度，单位是%，范围是 0～100。数值为 0 时，JPEG 图片质量最低，但文件最小；数值为 100 时，JPEG 图片质量最高，但文件最大。

12.9 综合实例

以上向读者介绍了在 Dreamweaver 中运用 Fireworks 文件的各种操作，下面通过一个实例介绍在 Dreamweaver 中对 Fireworks 和 Flash 对象的使用。最终效果图如图 12-23 所示。

图 12-23 页面制作的效果图

12.9.1 页面布局

01 新建一个 HTML 页面，执行“查看”/“可视化助理”/“框架边框”菜单命令显示文档窗口的框架边框。

02 单击“插入”|“HTML”|“框架”|“上方及左侧嵌套”命令，在页面中创建一个框架集。选中上方的框架，拖动框架左侧的边框，嵌套一个框架。

03 打开框架属性面板，为各个框架命名。由上到下，由左到右依次为“Frame1”、“Frame2”、“Frame3”和“Frame4”，此时的“框架”面板如图 12-24 所示。

04 执行“修改”/“页面属性”命令，为各个框架设置背景颜色，Frame1、Frame2、Frame3 的背景颜色分别为#0CF、#FFC、#CFF，此时的页面效果如图 12-25 所示。

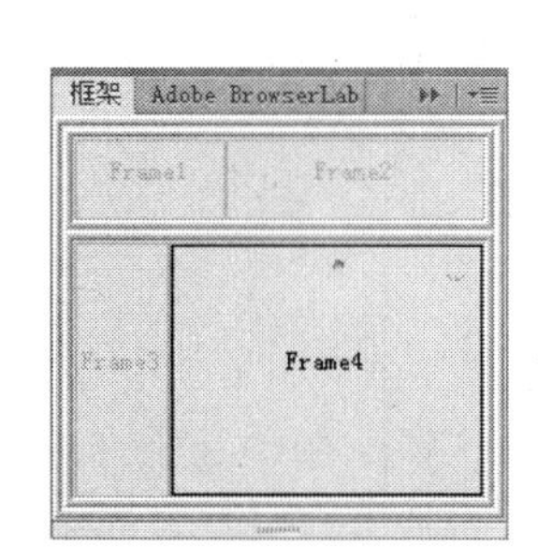

图 12-24 “框架”浮动面板

图 12-25 设置完背景色的页面

12.9.2 插入并优化 Fireworks 文件

01 在文档窗口中，将光标置于 Frame2 框架中。执行“插入”/“图像”命令，或者直接点击“插入”/“常用”面板上的按钮。

02 在弹出的“选择图像源”对话框中选取所要插入的 Fireworks 图像文件，或者直接输入图像文件所在的路径。此时，页面在 Dreamweaver 中的设计视图如图 12-26 所示。

图 12-26 页面插入 Fireworks 图像后的效果

12.9.3 插入 Flash 对象

01 将光标置于 Frame3 框架中，执行“插入”|“表格”菜单命令，在弹出的“表格”对话框中设置行数为 5，列数为 1，宽度为 98%，边框粗细为 0。选中插入的表格，在属性面板上的“对齐”下拉列表中选择“居中对齐”。

02 选中所有单元格，在属性面板上设置单元格内容水平和垂直对齐方式均为“居中”，单元格高度为 50。

03 将光标定位在第一行单元格中，执行“插入”/“媒体”/“SWF”菜单命令，插入一个预先制作好的 Flash 对象作为导航图标。

04 按照上一步的方法插入其他四个导航按钮。调整按钮的位置，得到图 12-27 所示的效果。

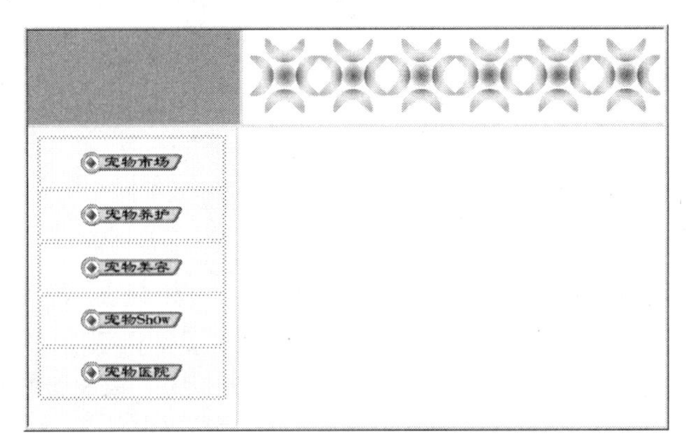

图 12-27　插入 Flash 对象后的效果图

05 将光标放置于文档窗口的 Frame4 框架中，执行“插入”/“媒体”/“SWF”菜单命令，在弹出的对话框中选取所要插入的 Flash 电影。

06 在属性面板中设置 Flash 电影的大小。此时的“设计”视图如图 12-28 所示。单击属性面板中的［播放］按钮，可以看到 Flash 电影的效果，此时的“设计”视图如图 12-29 所示。

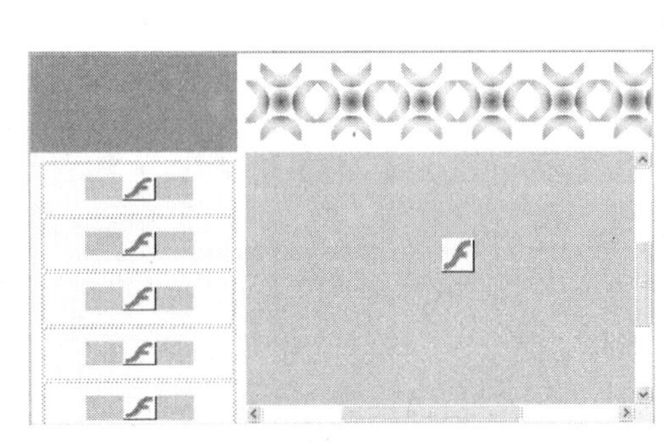

图 12-28　插入 Flash 电影后设计视图

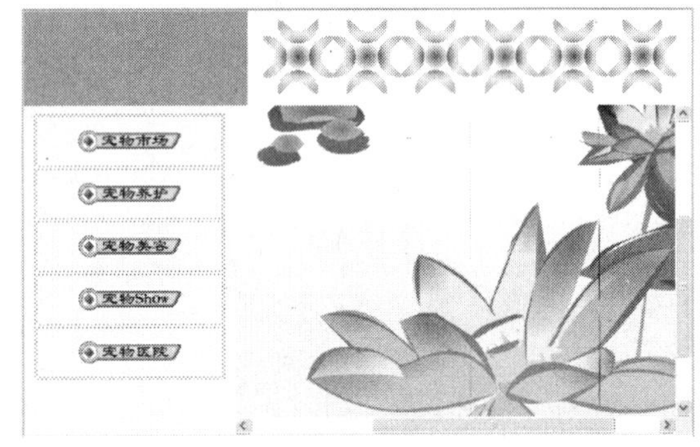

图 12-29　显示 Flash 电影效果

07 将光标定位在 Frame1 框架中，输入文本“welcome”，并创建 CSS 规则对文本进行格式化。设置字体为“华文彩云”，大小为 48，颜色为#F30 得到图 12-23 所示的最终效果。

12.10　动手练一练

1．如果你的 Dreamweaver 安装在 Windows 系统上，并且在运行 Web 服务器，请建立与一个命名为 udbookdata1 数据库的连接。

2．在 Dreamweaver 中调用 Fireworks 并使用 Flash 制作一个网页。最终页面的效果图如图 12-30 所示。

图 12-30 操作效果图

12.11 思考题

1．在 Dreamweaver 中如何调用 Fireworks？

2．在 Dreamweaver 中如何定义 ODBC 数据源？

3．在 Dreamweaver 中如何插入一个 Flash 电影？

第13章 宠物网站设计综合实例

本章导读

本实例将详细介绍在 Dreamweaver CS6 中制作宠物网站的具体步骤。本例用到的知识点主要有 AP 元素和动作，此外还有表格、表单对象、链接、图像、电子邮箱链接和 JavaScript 等知识。整张页面使用 AP 元素进行布局，所有的网页元素均放到 AP 元素里面。利用 AP 元素的显示和隐藏功能达到在一个较小的窗口里显示较多内容的目的。

学习要点

- 使用 AP 元素进行页面布局
- 控制 AP 元素的显示/隐藏
- 使用 JavaScript

13.1 实例介绍

宠物网站实例是介绍宠物交易、宠物养护、宠物选美及宠物医院的网站。本例共有两页，第一页最终效果如图 13-1 所示，状态栏显示“欢迎光临 iDog 爱犬联盟宠物网!”。

图 13-1　首页

光标停留在“宠物市场”按钮上时，状态栏显示“欢迎光临 iDog 宠物市场!”；光标停留在“宠物 Show”按钮上时，状态栏显示“欢迎参加至 IN 狗狗 show 选美大赛!”，单击该按钮，显示的宠物选美相关内容将覆盖掉“宠物市场”的页面，如图 13-2 所示。

图 13-2　实例页面

13.2 准备工作

在开始制作本例之前，先介绍一下制作宠物网站所需的准备工作。

01 在硬盘上新建 pet 目录，在 pet 目录下创建 images 子目录。

02 在图片编辑软件里制作栏目标题图片及 logo，如图 13-3 所示。把这些图片保存到 pet\images 目录下。把其他需要用到的图片也都复制到本目录。

图 13-3 栏目标题、导航按钮以及 logo 图片

03 启动 Dreamweaver CS6，执行“站点”|“新建站点”命令新建一个名为 pet 的本地站点，使其指向刚刚创建的 pet 目录。

至此准备工作完毕，可以开始制作网站页面了。

13.3 制作首页

首页的制作主要是运用 AP 元素技术排版页面布局.

01 启动 Dreamweaver CS6，新建一个空白的 HTML 文件。然后执行“修改”/“页面属性”命令，在弹出的“页面属性”对话框左侧的分类列表中选择“外观（CSS)”，并在右侧的面板中设置字体大小为 14，文本颜色为#060。切换到“链接”页面，设置“链接颜色”为#333，“已访问链接”颜色为#600，“活动链接”颜色为#F30，“下划线样式”为“始终无下划线”，然后单击“确定”按钮关闭对话框。

02 执行“窗口”/“插入”菜单命令，打开“插入”浮动面板，然后切换到“布局”面板，单击该面板中的“绘制 AP Div”图标按钮，按住 Ctrl 键在页面中绘制 5 个 AP 元素，并在属性面板上为每个 AP 元素命名，各个 AP 元素的效果及名字如图 13-4 所示。

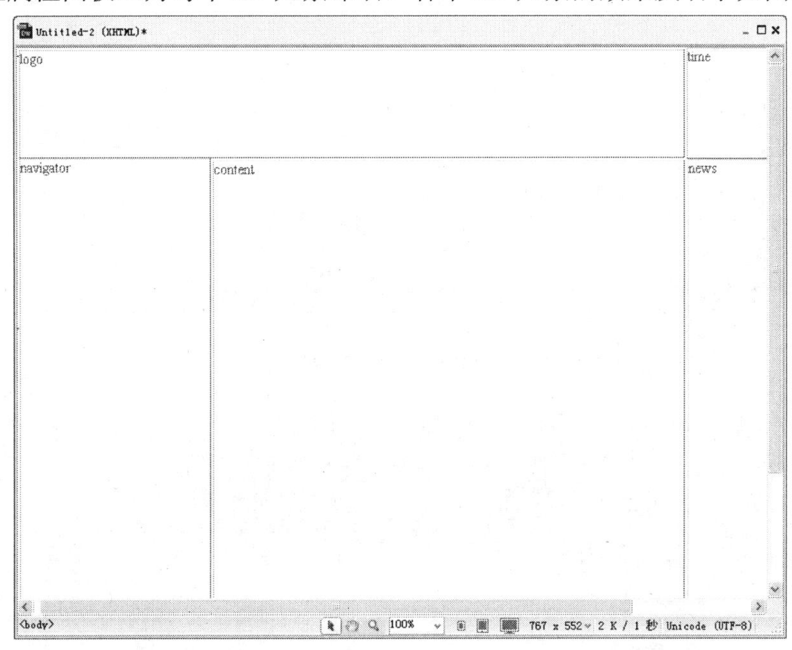

图 13-4　首页布局

03 把光标定位在名为 logo 的 AP 元素内，单击“插入”浮动面板中“常用”面板上的“表格”图标按钮，设置表格行数为 1，列数为 2，宽度为 100%，边框粗细为 0。选中单元格，设置单元格内容水平“左对齐”，垂直“居中”。

04 将光标定位在第一行一列单元格中，单击“插入”浮动面板中“常用”面板上的插入图片图标。在弹出的插入图片对话框中选择需要的图片，然后单击“确定”按钮完成图片插入。用同样的方法在第二列单元格中插入图片。调整图片大小和 AP 元素尺寸，此时文件效果如图 13-5 所示。

05 在 AP 元素 navigator 内插入一张 7 行 1 列的表格，在表格的属性面板上设置宽为 170 像素，边框粗细为 0，对齐方式为“居中对齐”，表格名称为 t_1。

06 选中前 5 个单元格，在属性面板上设置单元格内容水平对齐和垂直对齐方式均为“居中”，单元格高度为 50。

07 将光标定位在第一个单元格中，执行“插入”|“图像”命令，打开“选择文件”对话框。从对话框中选择预先制作好的导航按钮。然后单击“确定”按钮关闭对话框。用同样的方法插入其他 4 个导航按钮，此时的页面效果如图 13-6 所示。

接下来的步骤为导航按钮添加“交换图像”行为。当光标移到按钮上时，按钮上的文本颜色变为橙色。

图 13-5　插入 logo

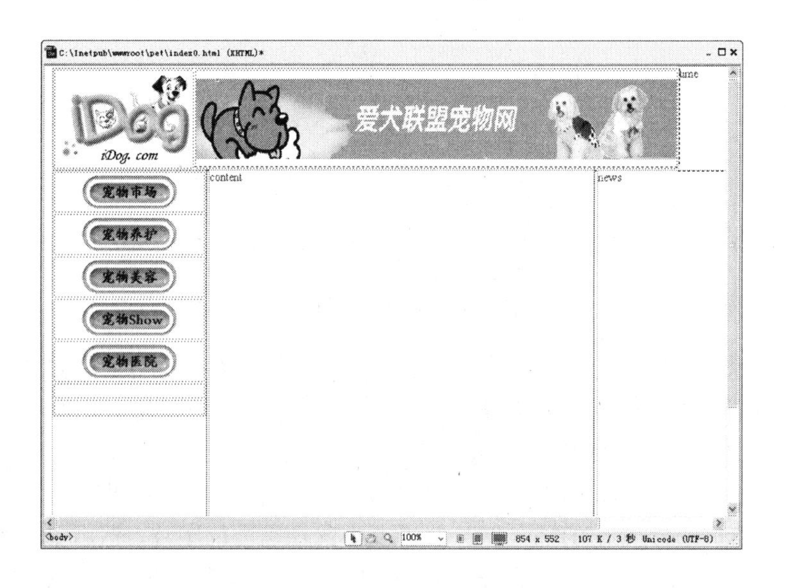

图 13-6　插入导航按钮后的效果

08 选中第一行单元格中的导航按钮，在属性面板上指定 ID 为“市场”，然后打开“行为”面板，单击“添加行为”按钮，在弹出的行为列表中选择“交换图像”行为，弹出“交换图像”对话框。单击“设定原始档为”文本框右侧的“浏览”按钮，选择要交换的图片，如图 13-7 所示。

单击“实时视图”按钮，即可预览交换图像行为效果，如图 13-8 所示。
同理，为其他 4 个按钮添加交换图像行为。

09 将光标定位在表格的第 6 行，单击“插入”/“常用”面板上的插入图片图标。在弹出的插入图片对话框中选择需要的图片，然后单击“确定”按钮完成图片插入。这时文件效果如图 13-9 所示。

交换图像

图像：
unnamed <img>
unnamed <img>
图像 "市场" 在 层 "navigator" *
图像 "养护" 在 层 "navigator"
图像 "美容" 在 层 "navigator"
图像 "show" 在 层 "navigator"
图像 "医院" 在 层 "navigator"

设定原始档为：images/宠物市场2.gif 浏览...

☑ 预先载入图像

☑ 鼠标滑开时恢复图像

确定 取消 帮助

图 13-7 “交换图像”对话框

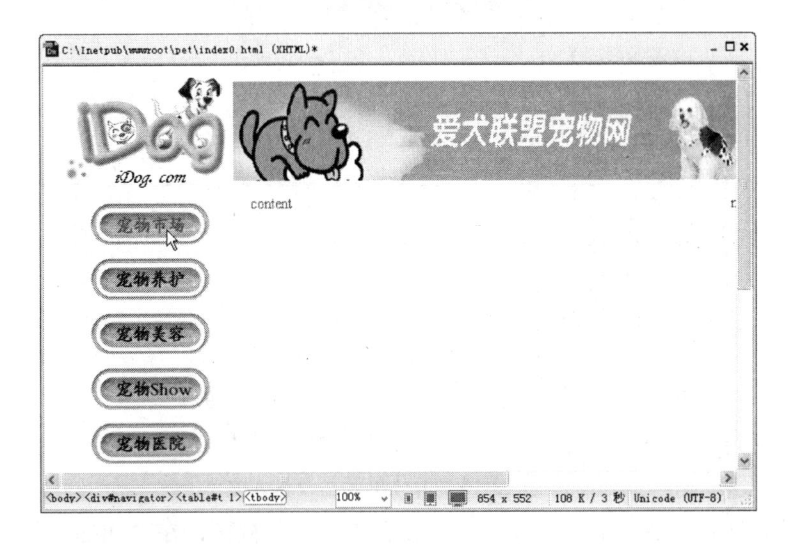

图 13-8 “交换图像”行为的效果

图 13-9 插入栏目图片

10 将光标定位在表格的第 7 行，单击右键，从上下文菜单中选择“表格”|“拆分单元格”命令，将单元格折分成 5 行。选中拆分后的单元格，设置单元格内容水平“左对齐”，垂直“居中”，单元格高度为 25。

11 在各单元格中输入文本。选中输入的文本，在属性面板上单击 HTML 按钮，然后单击“项目编号”按钮，为文本添加编号，此时文件效果如图 13-10 所示。

图 13-10 拆分单元格及输入文本

12 将光标置于 AP 元素 time 中，切换到“代码”视图，在中间插入如下 JavaScript 代码：

```
<script Language ="JavaScript">
    today=new Date();
    function initArray(){
    this.length=initArray.arguments.length
    for(var i=0;i<this.length;i++)
      this[i+1]=initArray.arguments[i]   }
    var d=new initArray(
     "星期日",
     "星期一",
     "星期二",
     "星期三",
     "星期四",
     "星期五",
     "星期六");
     document.write(today.getYear()," 年 ",today.getMonth()+1," 月 ",today.getDate()," 日
",
```

```
    d[today.getDay()+1] );
</script>
```

然后按 F12 功能键预览文档，如图 13-11 所示。

> **提示：** 使用 JavaScript 脚本，需熟悉 JavaScript，也可以到网上下载现成的 JavaScript 程序。

图 13-11　页面显示时间

13 在 AP 元素 content 中插入 3 行 2 列的表格，在属性面板上将其命名为 t_2，并将表格边框设置为 0，表格宽度为 100%。将光标定位在第一行一列的单元格中，执行“插入”/“表格”命令，嵌入一个 6 行 2 列的表格，在属性面板上将其命名为 t_3。

14 选中嵌入的表格 t_3 的第一行单元格，在属性面板中设置其背景颜色为#CCCCCC。同理，设置第三行和第五行单元格的背景颜色。

15 选中嵌套表格 t_3 中的所有单元格，设置高度为 30，单元格内容水平对齐方式为“左对齐”，垂直对齐方式为“居中”，并输入文本。然后在表格 t_2 第一行二列的单元格中插入宠物的图片，设置此单元格内容水平“居中对齐”，垂直“顶端”对齐。此时的页面效果如图 13-12 所示。

16 将光标定位在表格 t_2 第二行第一列单元格中，单击属性面板上的“拆分单元格”按钮，将此单元格拆分为两列。然后在拆分后的第一列单元格中输入文本，设置第二列单元格的背景颜色为#CCCCCC，并输入文本。

17 将光标定位在表格 t_2 第二行第二列单元格中，设置单元格内容水平和垂直对齐方式均为“居中”，并输入文本。

18 选定表格 t_2 第三行，单击右键，从上下菜单中选择“表格”|“合并单元格”命令，将第三行合并为一行。再次单击右键，选择“表格”|“拆分单元格”命令，将第三行拆分成两行。

19 选中拆分后的两行单元格，在属性面板上设置单元格内容水平和垂直对齐方式均为“居中”，然后在第一行中插入一条水平线，在第二行中输入版权信息。此时文档效果如图 13-13 所示。

图 13-12　嵌入表格并插入内容

图 13-13　合并单元格并输入内容

20 选中版权信息中的“爱犬联盟宠物网站”，在属性面板上的“链接”文本框中输入#。即单击此文本，返回页面顶端。

21 参照 AP 元素 navigator 的制作方法完成 AP 元素 news。至此，页面内容布局完成，效果如图 13-14 所示。

22 执行“窗口”|“AP 元素”命令，打开 AP 元素管理面板，取消选中“防止重叠”复选框，然后单击 AP 元素 content 左侧的眼睛图标，使之闭眼，隐藏该 AP 元素。

23 执行“插入”|“布局对象”|“AP Div”命令，在 AP 元素 content 原来的位置绘制一个与 content 大小一样的 AP 元素，给 AP 元素取名为 show。

24 执行“编辑”|“首选参数”菜单命令，在弹出的“首选参数”对话框中选择“AP元素”分类，勾选“嵌套，在 AP div 中创建以后嵌套”选项，然后单击“确定”按钮关闭对话框。

25 将光标定位在 AP 元素 show 中，单击“布局”插入面板上的“绘制 AP div”按钮，然后拖动光标绘制一个 AP 元素，后绘制的 AP 元素将嵌套在 AP 元素 show 内，在属性面板上将绘制的子 AP 元素命名为 pic1。

26 选择“插入”|“图像”命令，在 AP 元素 pic1 中插入图片，然后调整图片的大小。用同样的方法，绘制另一个子 AP 元素并插入图片，此时的页面效果如图 13-15 所示。

图 13-14 页面效果

图 13-15 嵌套 AP 元素后的效果

27 在 AP 元素 show 中嵌套一个 AP 元素，单击属性面板上的“居中对齐”按钮，然后选择“表单”插入面板上的“表单”按钮插入一张表单。

28 将光标定位在表单中，插入一个两行一列的表格，表格宽度为 300 像素，边框粗细为 0。选中表格，在属性面板上的“对齐”下拉列表中选择“居中对齐”。

29 将光标定位在第一行单元格中，设置单元格内容水平对齐方式和垂直对齐方式均为“居中”，然后在单元格中输入文本“参赛报名表”。在属性面板上的“目标规则”下拉列表中选择“新 CSS 规则”，然后单击“编辑规则”按钮，在弹出的“新建 CSS 规则”对话框中设置选择器类型为“类”，选择器名称为.fontstyle，单击“确定”按钮打开规则定义对话框。设置字体为“华文行楷”，字体大小为 24，且加粗。

30 将光标定位在第二行的单元格中，单击右键，执行“表格”|“拆分单元格”命令，将单元格折分成 8 行。选中拆分后的前 7 行单元格，在属性面板上设置水平对齐方式为“左对齐”，垂直对齐方式为“居中”，高度为 30。然后在单元格中插入文本、文本域和文本区域，如图 13-16 所示。

参赛报名表
主人姓名
联系电话
联系地址
宠物品种
宠物昵称
宠物性别
出生日期

图 13-16　插入表单对象

31 将第 8 行拆成两列，在第一列单元格中执行“插入”|“表单”|“按钮”命令，选中插入的按钮后，在属性面板中设置按钮名称为 submit，值为“提交”，动作为“提交表单”。

32 将光标定位在第二列单元格中，执行“插入”|“表单”|“按钮”命令，选中插入的按钮后，在属性面板中设置按钮名称为 reset，值为“重置”，动作为“重设表单”。

33 在最后一行表格中输入“注：请将宠物照片发送到”，然后选择“插入”|“电子邮件链接”命令，打开“电子邮件链接”对话框，在“文本”后输入“我们的邮箱”，然后键入邮箱地址，单击“确定”。

至此，AP 元素 Show 中的内容布局完成，此时的效果图如图 13-17 所示。将光标移动到“我们的邮箱”上时显示为手形，表明其为链接文字。

接下来的步骤用于显示/隐藏 AP 元素，并设置状态栏文本。

34 选中“宠物 Show”按钮，执行“窗口”|“行为”命令打开“行为”面板。单击“行为”面板上的按钮，在弹出菜单中执行“显示-隐藏元素”命令。在弹出对话框中选中 AP 元素“content”，单击“隐藏”，然后单击“确定”按钮。为刚绑定的行为选择 OnClick 事件。

图 13-17 “爱宠 Show”页面效果

35 选中“宠物 Show”按钮，单击“行为”面板上的 **+.** 按钮，在弹出菜单中执行“显示-隐藏元素”命令。在弹出对话框中选中 AP 元素“Show”，单击“显示”，然后单击“确定”按钮。为刚绑定的行为选择 OnClick 事件。

36 选中“宠物市场”按钮，执行“窗口”|“行为”命令打开行为面板。单击行为面板上的 **+.** 按钮，在弹出菜单中执行“显示-隐藏元素”命令。在弹出对话框中选中 AP 元素“content”，单击“显示”，然后单击“确定”按钮，为刚绑定的行为选择 OnClick 事件。

37 选中“宠物市场”按钮，单击行为面板上的 **+.** 按钮，在弹出菜单中执行“显示-隐藏元素”命令。在弹出对话框中选中 AP 元素“Show”，单击“隐藏”，然后单击“确定”按钮，为刚绑定的行为选择 OnClick 事件。

38 选中“宠物市场”按钮，单击行为面板上的 **+.** 按钮，在弹出菜单中执行“设置文本”|“设置状态栏文本”命令。在弹出对话框中键入消息内容“欢迎光临 iDog 宠物市场!”。然后单击“确定”按钮，为刚绑定的行为选择 OnMouseOver 事件。

39 选中“宠物 Show”按钮，单击行为面板上的 **+.** 按钮，在弹出菜单中执行“设置文本”|“设置状态栏文本”命令。在弹出对话框中键入消息内容“欢迎参加至 IN 狗狗 Show 选美大赛!”，然后单击“确定”按钮，为刚绑定的行为选择 OnMouseOver 事件。

40 重复以上步骤处理其他按钮。

> **提示：** 可以把已经编辑好的 AP 元素隐藏起来，以方便当前 AP 元素的编辑。

41 选中 AP 元素 logo 中的图像，单击行为面板上的 **+.** 按钮，在弹出菜单中执行“设置文本”|“设置状态栏文本”命令，在弹出对话框中输入“欢迎光临 iDog 爱犬联盟宠物

网！”。然后单击“确定”按钮，为刚绑定的行为选择 OnLoad 事件。

42 在 AP 元素面板中，将 AP 元素 content 设为显示，隐藏 AP 元素 Show。

至此，网站首页和“宠物 Show”对应的页面制作完成。保存文件之后按 F12 键可以在浏览器中预览页面效果。读者可以参照本例的制作步骤完成其他导航按钮对应的链接页面。

13.4 制作其他页

其他页与第一页制作方法相似。为了节省时间，可以先打开第一页，然后另存为一个副本，在上面修改就行了。具体当作一个练习请读者自行完成。

13.5 思考题

本综合实例中，若同时显示叠加在一起的两个 AP 元素，则两个 AP 元素中的文字会叠加在一起显示造成混乱，在此情况下是否有办法可以只显示位于上面的 AP 元素中的文字？

第14章 企业网站设计综合实例

本综合实例将详细介绍在Dreamweaver CS6中制作一个信息发布型企业网站的具体步骤。信息发布型企业网站以企业宣传为主题，本章主要介绍这类网站的规划、产品的展示以及网站测试等方面的知识。主要知识点包括使用表格进行页面布局，创建 CSS 规则设置单元格的背景图像等。

- 网站策划的一般方法
- 使用表格布局页面
- 创建 CSS 规则设置单元格的背景图像

14.1 实例介绍

在互联网络高速发展的今天，网站正成为各类机构进行形象展示、信息发布、业务拓展、客户服务、内部沟通的重要阵地。根据企业网站的功能分类，可以将企业网站分为两种基本形式：信息发布型网站和电子商务型网站。

信息发布型企业网站，顾名思义，这种网站相当于在线版的产品宣传册，功能简单，内容单一，其特点是造价很低，维护也简单，往往在企业网络营销的初期采用。目前信息发布型企业网站仍然是大多数中小型企业网站的主流形式。

随着企业经营对网络营销功能需求的增加，这种简单的信息发布型企业网站就无法满足经营需要了，电子商务型网站应运而生。电子商务型网站主要面向供应商、客户或者企业产品（服务）的消费群体，以提供某种直属于企业业务范围的服务或交易、或者为业务服务的服务或者交易为主。由于行业特色和企业投入的深度广度的不同，其电子商务化程度可能处于从比较初级的服务支持、产品列表到比较高级的网上支付的其中某一阶段。例如网上银行、网上酒店等。

本综合实例是制作一个信息发布型企业网站，主要用于产品展示，如图 14-1 所示。

图 14-1　网站首页

单击导航栏上的“手机鉴赏”，即可打开对应的产品展示页面，如图 14-2 所示。

图 14-2　手机鉴赏展示页面

14.2　网站策划

产品是企业的命脉，将产品通过网站展示出来是企业网站建设永恒的主题。不同行业、不同规模的企业，其网站上的产品展示方式或手法各有不同，千变万化。在网站策划中，如何将企业的产品展示规划好，是该网站策划能否符合企业实际，得到企业认同的重要内容。

14.2.1 确定网站色彩

无论是平面设计，还是网页设计，色彩永远是最重要的一环。当我们距离显示屏较远的时候，看到的不是优美的版式或者美丽的图片，而是网页的色彩。

本网站展示的产品是时尚的数码产品，其中包括DC、MP4、手机等。在整个色谱里，橙色是最耀眼的色彩，给人以华贵而温暖、兴奋而热烈的感觉，也是令人振奋的颜色，具有健康、活力、勇敢自由等象征意义。在网页颜色里，橙色适用于视觉要求较高的时尚网站，属于尊贵、庄重的颜色。因此，本实例的网站色彩主要以橙黄色为主。

14.2.2 网站主要功能页面

尽管每个企业网站规模不同，表现形式各有特色，但从经营的实质上来说，都想达到为企业或产品做宣传的目的，因此企业网站又有许多共性的东西。信息发布型企业网站应该包括以下主要功能页面。

1．网站首页

首页是一个网站的门面，也是最重要的一页。人们都将首页作为体现公司形象的重中之重，也是网站所有信息的归类目录或分类缩影，如图14-1所示。

2．公司概况

公司概况包括公司背景、发展历史、主要业绩及组织结构等，让访问者对公司的情况有一个概括的了解。

3．产品目录

该栏目主要提供公司产品和服务的目录，方便顾客在网上查看。根据需要决定这些资料的详简程度，或者配以图片、视频和音频等。但在公布有关技术资料时应注意保密，避免为竞争对手所利用，造成不必要的损失。

4．产品常识

提供公司最近的一些发展动态与决策的变化，以及提供公司产品的鉴赏与需求信息，便于客户更深入地了解公司和产品信息，对开展网络营销会起到推动作用。

5．联系信息

网站上应该提供足够详尽的联系信息，除了公司的地址、电话、传真、邮政编码、网管Email地址等基本信息之外，最好能详细地列出客户或者业务伙伴可能需要联系的具体部门的联系方式。

对于有分支机构的企业，同时还应当有各地分支机构的联系方式，在为用户提供方便的同时，也起到了对各地业务的支持作用。

当然，上述基本信息仅仅是企业网站应该关注的基本内容，并非每个企业网站都必须涉及。同时也有部分内容并没有罗列进去，WEB 设计人员在建站时要根据具体情况作具体分析。在规划设计一个具体网站时，应主要考虑企业本身的目标以决定网站功能导向，让企业上网成为整体战略的一个有机组成部分，让网站真正成为有效的品牌宣传阵地、有效的营销工具和有效的网上销售场所。

14.3 准备工作

在正式制作网页之前，还有一些准备工作要做，例如收集资料、处理网页图像效果、建立站点等。

网页制作中有许多产品图像需要处理，图像的外形能使页面的气氛发生变化，并直接影响浏览者的兴趣。一般而言，方形稳定、严肃，三角形锐利，圆形或曲线柔软亲切，退底图及一些不规则或不带边框的图像活泼。处理网页图像比较简单，一般只需要调整一下图像的亮度/对比度、裁剪图像大小和优化图像质量既可。有时再加上一定的效果（如边框、阴影等），使得图像有种立体的感觉。有关图像处理的具体方法，读者可以参阅图像处理软件的相关资料，本章不作详细介绍。

处理完本网站所需图片的图像效果之后，就可以在 Dreamweaver 中创建站点，开始制作网页了。

14.4 使用表格布局网页

在本书前面的章节中提到网页布局有三种方式，分别是表格布局、DIV+CSS 布局和框架布局。为了方便更多的初学者掌握网页内容的编排，本实例将采用表格布局方式进行操作。

14.4.1 制作网站首页

当浏览者登陆到一个网站时，看到的第一个页面就是该网站的首页。首页是一个网站的第一页，也是最重要的一页。所以在制作首页的时候一般都利用精美的图片、动画等手段，力求体现完美的公司形象。

01 新建一个 HTML 页面，命名为 index.html。执行“修改”|“页面属性”命令，打开“页面属性”对话框，设置文本大小为 12，文本颜色为#666。“链接颜色”为#00F，“已访问链接”为#600，“活动链接”为#F30，且“始终无下划线”。

02 将光标置于空白页面处，执行“插入”/“表格”菜单命令，插入一个 1 行 1 列的表格，宽度为 100%，边框粗细为 0。在属性面板中将其命名为 table1，“填充”和“间距”均为 0，对齐方式为“居中对齐”。

03 将光标置于表格内，单击属性面板上的 CSS 按钮，然后在“目标规则”下拉列表中选择“新 CSS 规则”，单击“编辑规则”按钮打开“新建 CSS 规则”对话框。在“选择器类型”下拉列表中选择“类”，在“选择器名称”文本框中输入.background1，然后单击“确定”按钮打开对应的规则定义对话框。

04 在对话框左侧的分类列表中选择“背景”，然后单击“浏览”按钮，在打开的对话框中选择 images/002.gif，单击“确定”按钮插入图像，调整单元格高度为 336，如图 14-3 所示。

05 将光标置于表格内，设置水平对齐方式为“居中对齐”，垂直对齐方式为“顶端”，执行“插入”/“表格”菜单命令，插入一个 1 行 3 列、宽度为 760 像素的表格，然后在属性面板上的“对齐”下拉列表中选择“居中对齐”，如图 14-4 所示。

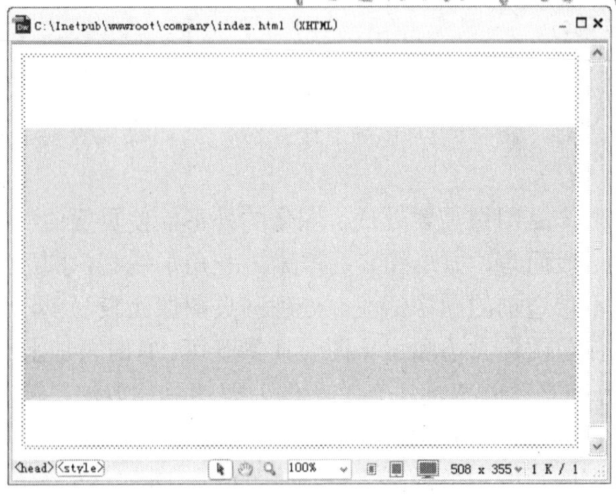

图 14-3　插入表格及背景图像

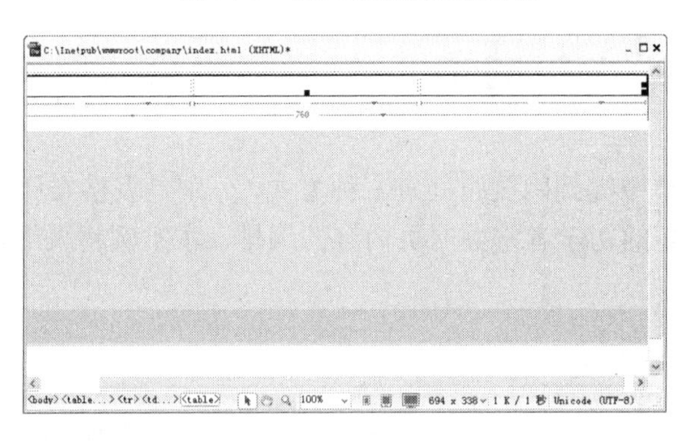

图 14-4　插入 1 行 3 列的表格

06 将光标置于表格的第 1 列，设置单元格内容水平对齐方式为“右对齐”，垂直对齐方式为“顶端”，执行“插入”/“图像”命令，在打开的对话框中选择图像 images/zhubao_2.jpg；同样设置第 3 列单元格内容水平“左对齐”，垂直“顶端”对齐，然后插入图像 images/zhubao_4.jpg，插入图像后的页面效果如图 14-5 所示。

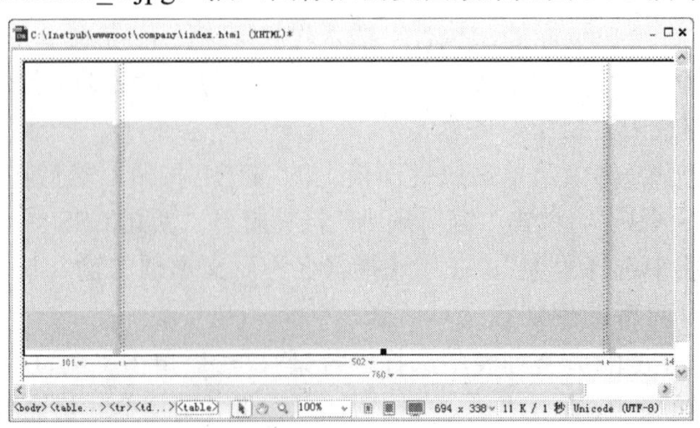

图 14-5　插入图像

07 将光标置于表格的第 2 列，设置单元格内容水平“居中对齐”，垂直“顶端”对齐，执行“插入”/“表格”命令，在第 2 列的单元格中嵌套一个 3 行 1 列、宽度为 744 像素的表格，并在属性面板上将其命名为 table2，“填充”和“间距”均为 0。然后将光标位于表格第 1 行内，设置单元格内容水平“居中对齐”，垂直“顶端”对齐，插入图像 images/zhubao_3.jpg，此时的页面效果如图 14-6 所示。

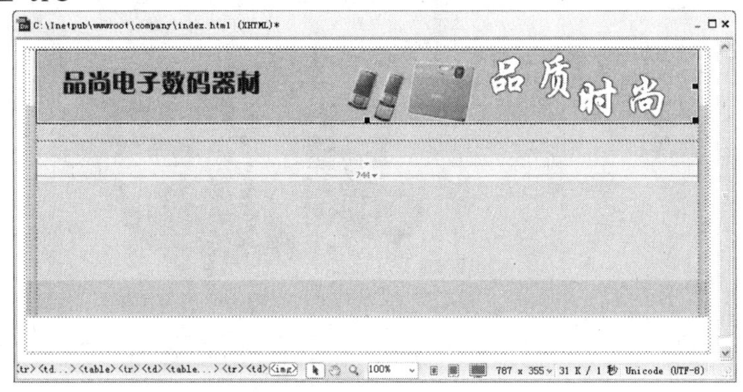

图 14-6 插入表格及图像

08 同样将光标位于表格的第 2 行内，执行“插入”/“图像”菜单命令，在打开的对话框中选择 GIF 动画文件 images/2.gif，然后单击“确定”按钮插入图像文件，如图 14-7 所示。

图 14-7 插入 GIF 动画

09 将光标置于表格的第 3 行内，执行“插入”/“表格”命令，嵌套一个宽度为 744 像素、1 行 6 列的表格，“填充”和“间距”均为 0，如图 14-8 所示。

图 14-8 插入 1 行 6 列表格

10 选中所有单元格，设置单元格内容水平“居中对齐”，垂直“居中”对齐，将光标置于每一个单元格内，插入相应的导航图像，如图 14-9 所示。

图 14-9 插入导航图像

11 将光标置于此表格的下方，插入一个 1 行 1 列的表格，然后在属性面板上将“高”度设置为 6，并且设置背景颜色为#b0b0b0，如图 14-10 所示。

图 14-10 添加背景颜色

12 将光标置于 table1 的下方，执行“插入”/“表格”命令，插入一个 3 行 2 列，宽度为 744 像素的表格，然后在属性面板上将其命名为 table3，“对齐”方式为“居中对齐”。选中表格第 2 列的 3 个单元格，在“属性”面板中单击“合并单元格”按钮将其合并，如图 14-11 所示。

图 14-11 合并单元格

13 将光标置于表格第 1 行左边单元格内，设置单元格内容水平“左对齐”，垂直“顶端”对齐，执行“插入”/“表格”命令，嵌套一个 3 行 2 列的表格，宽度为 98%，“填充”和“间距”均为 0；将光标置于嵌套表格的第 2 行，选中左右单元格将其合并，然后设置单元格内容水平“左对齐”，垂直“居中”对齐，并且插入图像 images/zhubao_23.jpg，如图 14-12 所示。

图 14-12 合并单元格及插入图像

14 将光标置于嵌套表格第 3 行的左边单元格内，设置单元格内容水平“左对齐”，垂直“顶端”对齐，插入图像 images/005.gif；光标位于右边单元格内，设置单元格内容水平“居中对齐”，垂直“顶端”对齐，嵌套一个 1 行 1 列、宽度为 98%的表格，并输入相关的文字信息，如图 14-13 所示。

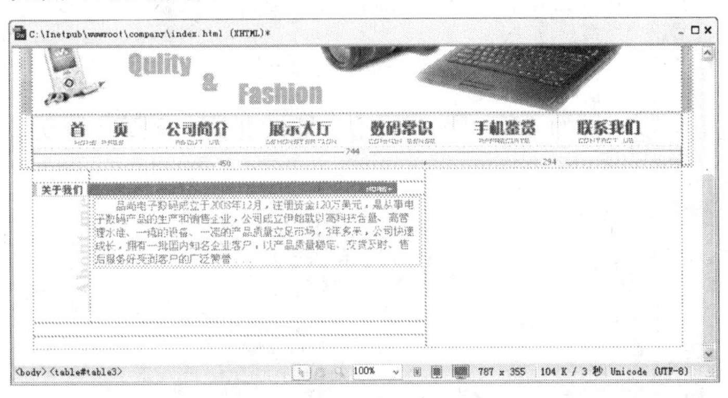

图 14-13 插入图像及输入文字信息

15 将光标置于 table3 第 2 行左边的单元格内，设置单元格内容水平“左对齐”，垂直“顶端”对齐，执行“插入”/“表格”命令，插入一个 3 行 4 列的表格，“间距”为 5、宽度为 98%。然后选中第 1 行的每个单元格将其合并，设置单元格内容水平“左对齐”，垂直“顶端”对齐，并且插入图像 images/zhubao_26.jpg，如图 14-14 所示。

16 将光标置于表格第 2 行的第 1 列单元格内，设置单元格内容水平和垂直对齐方式均为“居中”，执行“插入”/“图像”命令，选择图像 images/001.jpg，单击“确定”即可插入。将光标位于第 2 列的单元格内，嵌套一个 2 行 1 列的表格，“填充”和“间距”均为 5，并输入相关的文字信息，如图 14-15 所示。

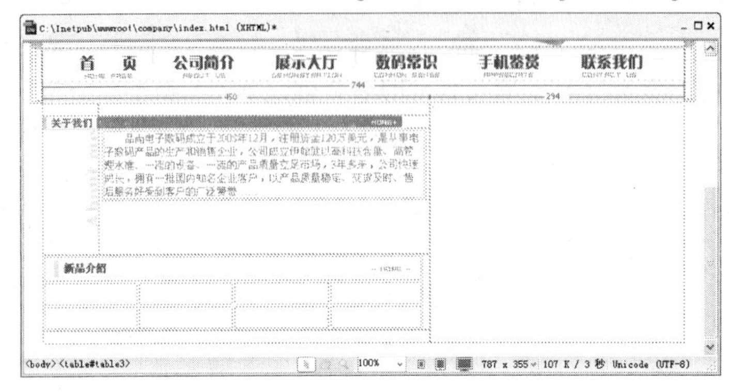

图 14-14　合并单元格及插入图像

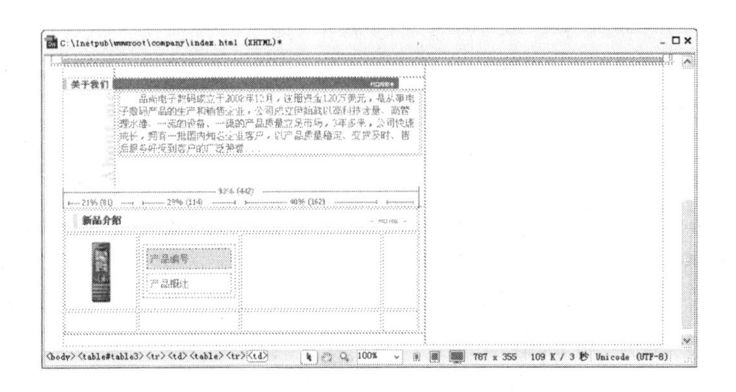

图 14-15　插入图像及输入文字

17 按照上一步同样的步骤，在单元格中插入其他产品图片及文本，页面效果如图 14-16 所示。

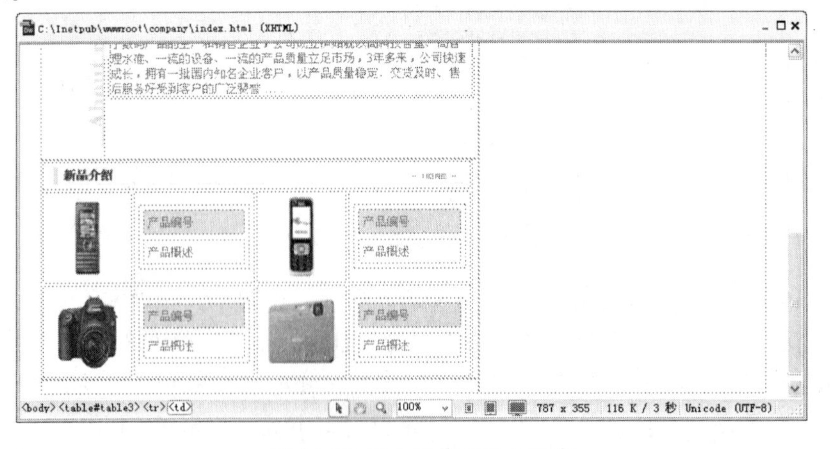

图 14-16 插入图像及输入文字

18 将光标置于 table3 第 3 行左边的单元格内，设置单元格内容水平“左对齐”，垂直“顶端”对齐，执行“插入”/“表格”命令，插入一个 2 行 4 列的表格，“填充”和“间距”均为 5。光标选中第 1 行的全部单元格并合并，在其中插入图像 images/zhubao_28.jpg，如图 14-17 所示。

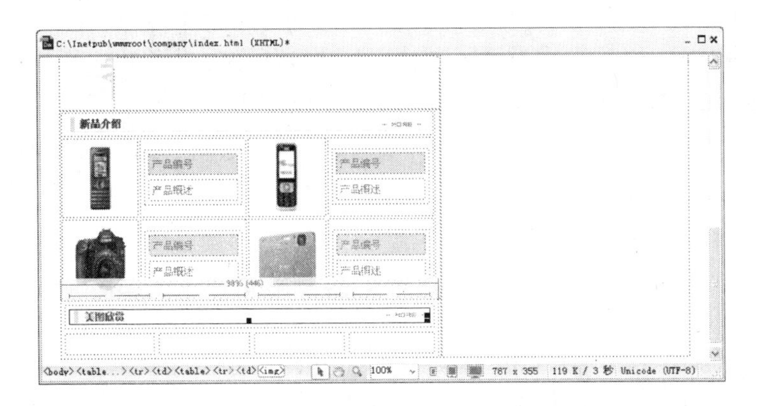

图 14-17 合并单元格及插入图像

19 将光标置于表格第 2 行的每一个单元格，设置单元格内容水平和垂直对齐方式均为“居中”，分别插入相关的图像，如图 14-18 所示。

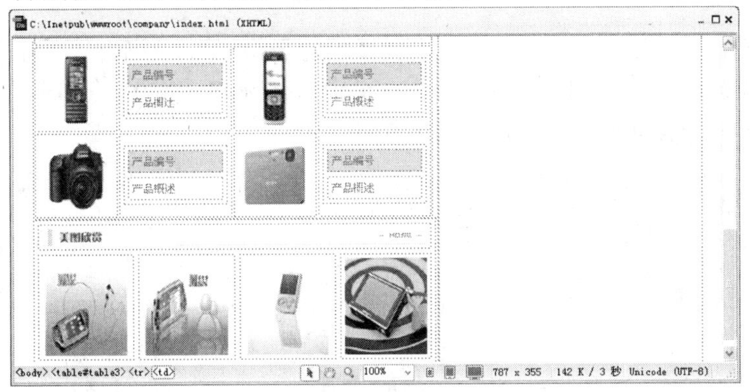

图 14-18 插入图像

20 将光标置于 table3 的第 2 列，设置单元格内容水平“右对齐”，垂直“底部”对齐，执行“插入”/“图像”命令，在打开的对话框中选择图像 images/zhubao_21.gif，单击“确定”按钮后插入，如图 14-19 所示。

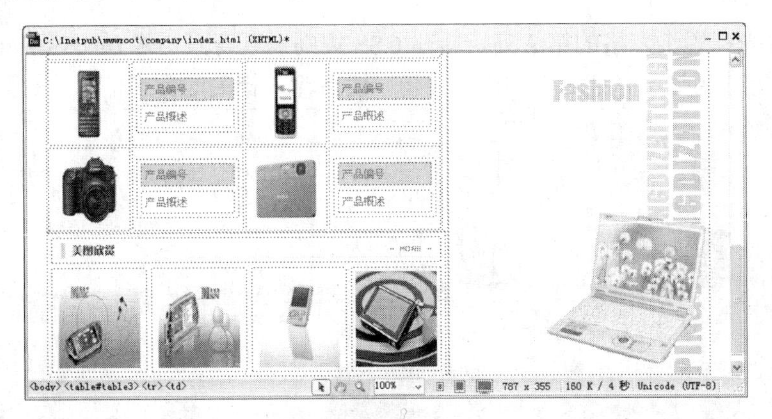

图 14-19 插入图像

21 将光标置于整个 table3 的下方，执行“插入”/“表格”命令，插入一个 1 行 1

列宽为100%的表格，对齐方式为“居中对齐”。将光标置于表格内，新建一个CSS规则，为表格设置背景图像images/003.gif，如图14-20所示。

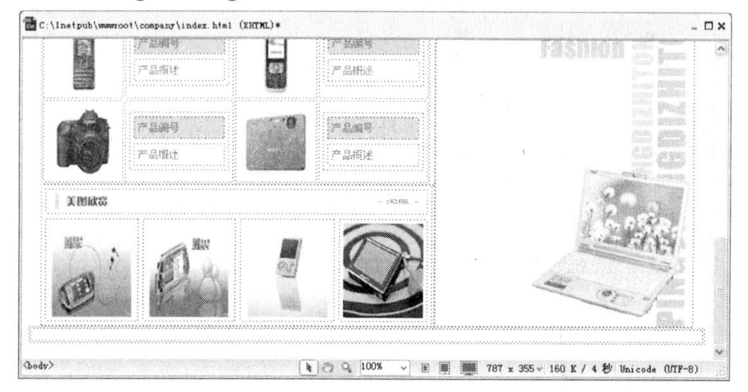

图14-20　插入表格及背景图像

22 将光标置于表格内，插入一个1行2列的表格，宽度为744像素，对齐方式为“居中对齐”。将光标位于第1列内，将背景颜色设置为#ffbe00，水平“左对齐”，垂直“居中”，然后插入图像images/004.gif，如图14-21所示。

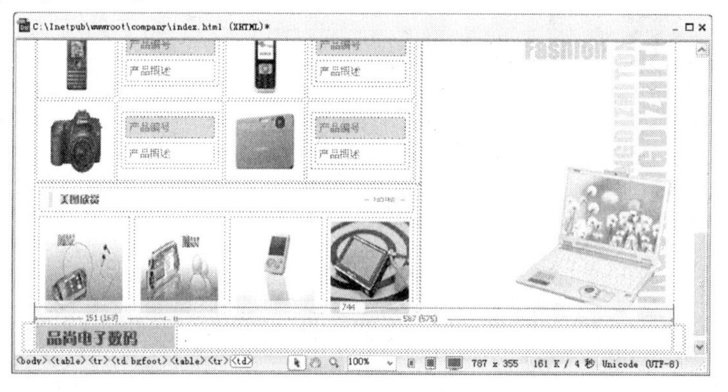

图14-21　插入图像

23 将光标置于表格的第2列，新建CSS规则设置背景图像images/zhubao_33.jpg，文本的对齐方式为居中，且文本颜色为白色，然后输入相关的文字信息，如图14-22所示。

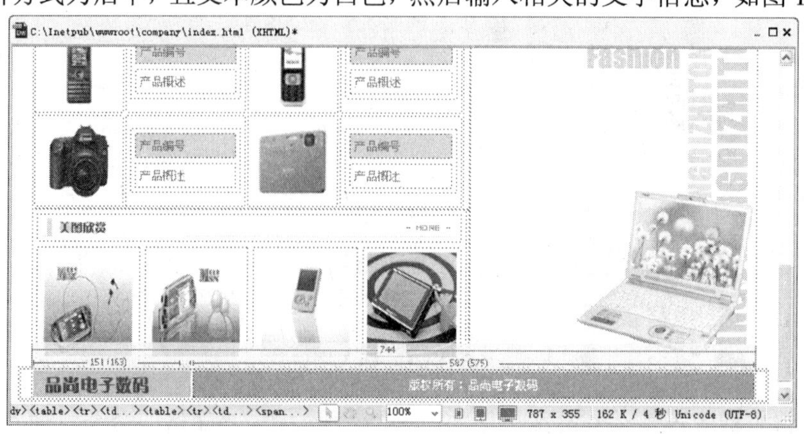

图 14-22　设置背景图像并输入文本

至此，整个页面制作完毕，最后效果如图 14-23 所示。

接下来为导航图片添加链接。默认情况下，为导航图片添加超级链接之后，在页面中预览时会显示图片边框，影响美观。以下步骤新建规则去掉边框。

24 打开“CSS 样式”面板，单击“新建 CSS 规则”按钮新建一个 CSS 规则，选择器类型选择“类”，选择器名称为.imgborder，规则定义位置选择“新建样式表”，单击“确定”按钮在打开的对话框中指定样式表名称为 imgborder。

25 单击“保存”按钮打开规则定义对话框，选择“边框”分类，设置边框类型为 none、宽度为 0px，然后单击“确定”按钮关闭对话框。

26 选中导航图片“首页”，在属性面板上的“类”下拉列表中选择样式 imgborder。

27 按照上一步的方法，为其他导航图片应用样式。然后保存文件。

图 14-23　整个页面效果

14.4.2 制作手机展示页面

网站首页制作完成后，进入二级页面的设计与编排。二级页面的设计与首页的设计方法相同，主要是把握色彩，使之与首页的风格与色彩保持统一。

制作手机鉴赏页面的操作步骤如下：

01 新建一个空白的 HTML 文档，保存为 jianshang.html。

02 执行“修改”/“页面属性”命令，在打开的“页面属性”对话框中设置字体大小为 12 像素，文本颜色为#666，左边距、上边距等都为 0。“链接颜色”为#00F，“已访问链接”为#600，“活动链接”为#F30，且“始终无下划线”。

03 执行“插入”/“表格”命令，在页面中插入一个 1 行 1 列、宽为 100%、边框为 0、“间距”和“填充”均为 0 的表格，对齐方式为“居中对齐”。

04 将光标定位在新表格的单元格中，在属性面板中设置单元格的高为 221，单元格内容的水平对齐方式为“居中对齐”，垂直对齐方式为“顶端”，然后新建 CSS 规则将单元格的背景图像设置为 image/006.gif。效果如图 14-24 所示。

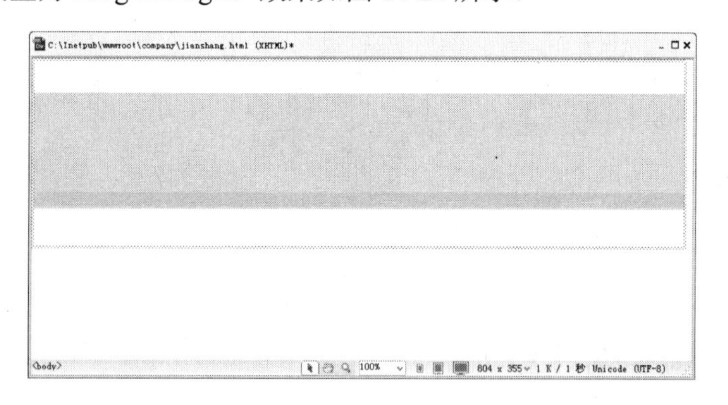

图 14-24 插入单元格背景图像

05 执行“插入”/“表格”命令，在单元格中嵌入一个 1 行 3 列,、宽为 760 像素、边距和间距均为 0 的表格。

06 设置新表格的第 1 个单元格内容水平“右对齐”，垂直“顶端”对齐，宽度为 8px；设置第 3 个单元格内容水平“左对齐”，垂直“顶端”，宽为 8px；然后将图像 image/008.gif 与 image/007.gif 分别插入到这两个单元格中，效果如图 14-25 所示。

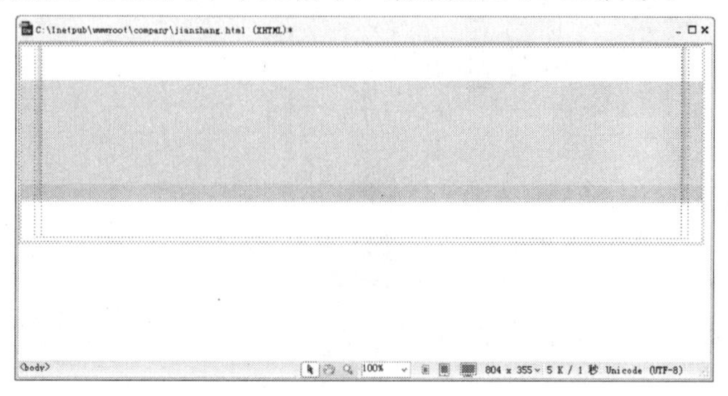

图 14-25 表格嵌套

07 将光标定位在中间的单元格里，在属性面板中设置水平“居中对齐”，垂直“顶端”，并执行“插入”/“表格”命令，将一个4行1列、宽为100%、“间距”和“填充”均为0的表格嵌入该单元格中。

08 将光标移至新表格的第1个单元格中，设置单元格内容水平“居中对齐”，垂直“顶端”对齐，执行“插入”/“图像”命令，将图像 image/006.jpg 插入到单元格中，如图14-26所示。

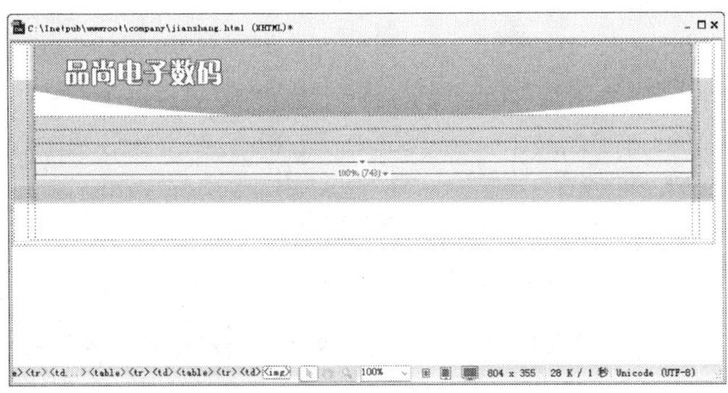

图 14-26 插入图像

09 将光标移至新表格的第2个单元格中，执行“插入”/“图像”命令，将GIF动画 image/3.gif 插入到单元格中，效果如图14-27所示。

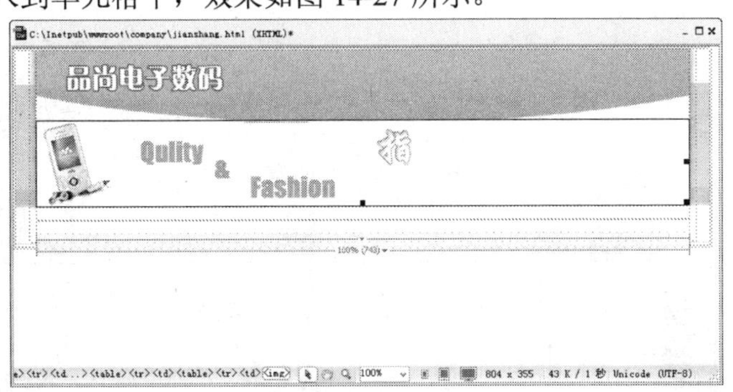

图 14-27 插入 GIF 动画

10 将光标移至新表格的第3行单元格，执行“插入”/“表格”命令，将一个1行6列、宽100%、“间距”和“填充”均为0的表格插入到该单元格中。选中所有单元格，在属性面板上设置单元格内容水平“居中对齐”，垂直“居中”对齐。

11 将光标定位在第1个单元格中，执行“插入”/“图像”命令，将图像 image/zhubao_11.jpg 插入到该单元格中，效果如图14-28所示。

12 使用同样的方法将其他的导航图像插入到其余单元格中，效果如图14-29所示。

13 将光标移至最后一行单元格，在属性面板中设置背景颜色为#b0b0b0、高为6px。然后切换到“代码”视图中，删除单元格中的空格符，如图14-30所示。

14 在属性面板上单击“刷新”按钮，然后切换到“设计”视图中，此时的页面效果如图14-31所示。

15 将光标移至表格底部，执行“插入”/“表格”命令，在页面中插入一个1行2列、宽为744的表格。选中该表格，在属性面板中设置对齐方式为“居中对齐”。

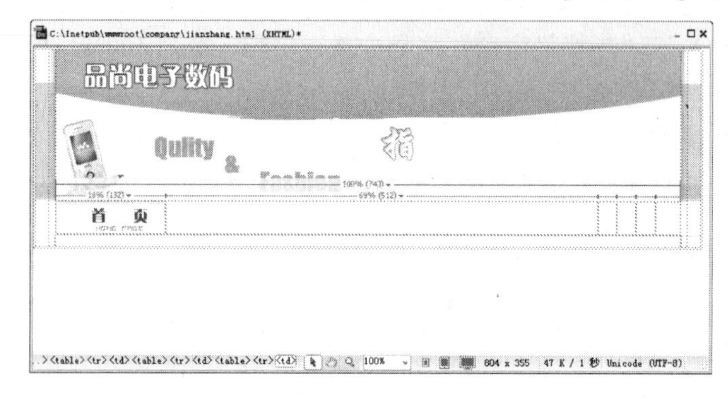

图 14-28 插入图像

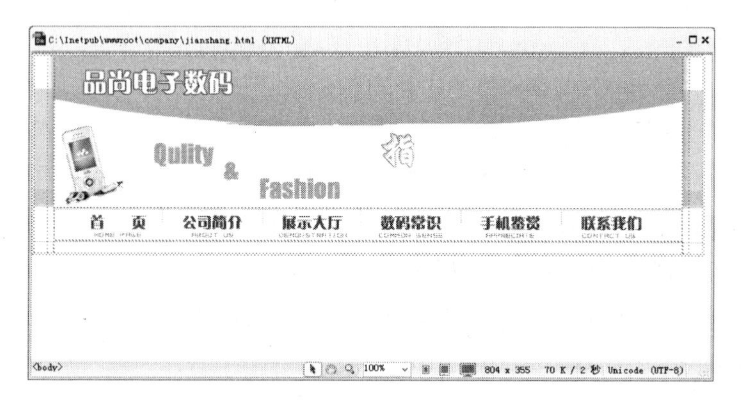

图 14-29 页面效果

图 14-30 删除空格符

图 14-31 页面效果

16 将光标定位在新表格的第1列单元格中，在属性面板上设置单元格宽为193，高为490，“水平”对齐方式为“左对齐”，“垂直”对齐方式为“顶端”。执行“插入”/“表格”命令，在单元格中插入一个3行1列、宽为100%的表格。效果如图14-32所示。

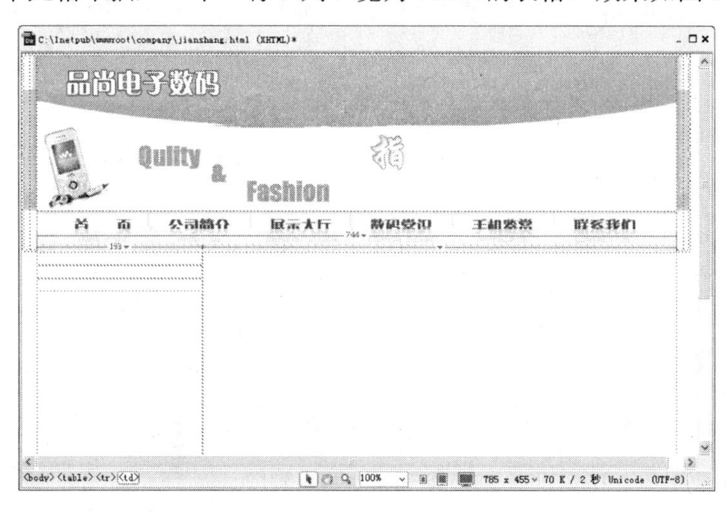

图14-32　插入表格

17 选定当前表格中的所有单元格，在属性面板上设置单元格的背景颜色为#FFCE3F。

18 将光标定位在新表格的第1行单元格中，设置单元格内容水平“左对齐”，垂直“顶端”对齐，执行“插入”/“表格”命令，插入一个1行1列、宽为178像素的表格。

19 将光标定位在第1个单元格中，执行“插入”/“图像”命令，将图像image/01.jpg插入到该单元格中。效果如图14-33所示。

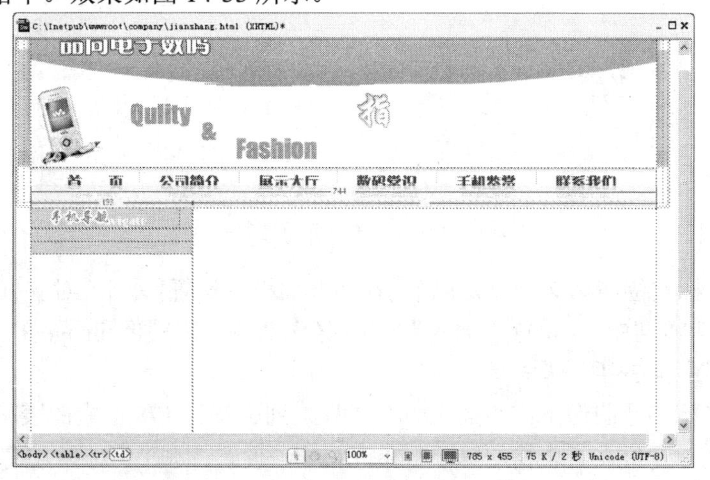

图14-33　插入图像

20 将光标定位在新表格的下方，执行“插入”/“表格”命令，插入一个1行1列、宽为178像素的表格，然后在属性面板上设置新表格的背景颜色为白色。

21 将光标定位在新表格的单元格中，设置单元格内容水平“左对齐”，垂直“顶端”对齐，执行“插入”/“表格”命令，插入一个8行2列、宽为82%的表格。选中嵌套表格第 1 列的所有单元格，在属性面板上设置高为 25、宽为 10%。效果如图 14-34 所示。

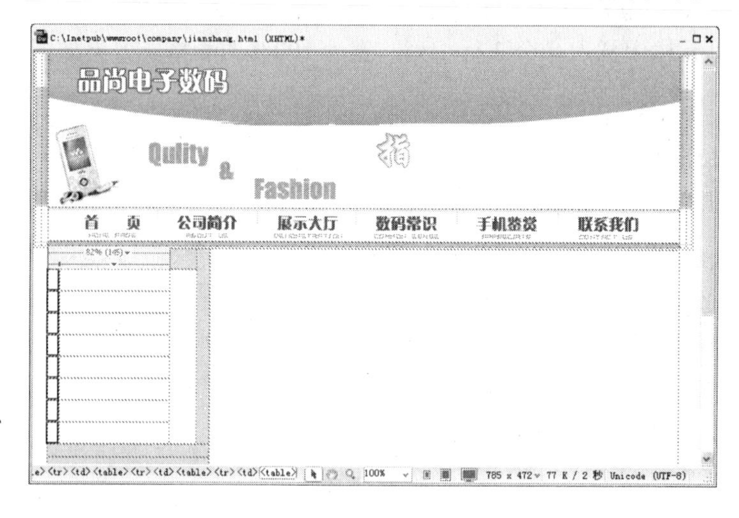

图 14-34　嵌套表格

22 选中嵌套表格第二列所有的单元格，设置单元格内容水平“左对齐”，垂直“居中”对齐，然后在单元格中输入导航文字链接，效果如图 14-35 所示。

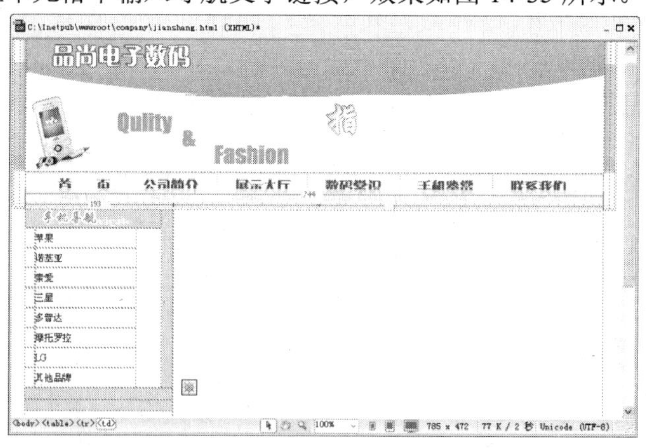

图 14-35　页面效果

23 将光标定位在第 2 行单元格中，在属性面板中设置“水平”对齐方式为“左对齐”，垂直对齐水平为“居中”。执行“插入”/“图像”命令，将图像 image/02.jpg 插入到单元格中，效果如图 14-36 所示。

24 将光标移至图像下方，插入一个 3 行 1 列、宽为 178 像素的表格。

25 将光标定位在新表格的第 1 行单元格中，设置“水平”对齐方式为“居中对齐”，“垂直”对齐方式为“底部”，执行“插入”/“图像”命令，将图像 image/03.gif 插入到单元格中。

26 使用同样的方法设置新表格第 3 个单元格的水平对齐方式为“居中对齐”，垂直对齐方式为“顶端”，将图像 image/04.gif 插入到单元格中，效果如图 14-37 所示。

27 将光标定位在第 2 行单元格中，在属性面板中设置其背景颜色为#FFFFFF，“水平”对齐方式为“居中对齐”，“垂直”对齐方式为“居中”。然后执行“插入”/“图像”

命令，将图像 image/1007.gif 插入到该单元格中，效果如图 14-38 所示。

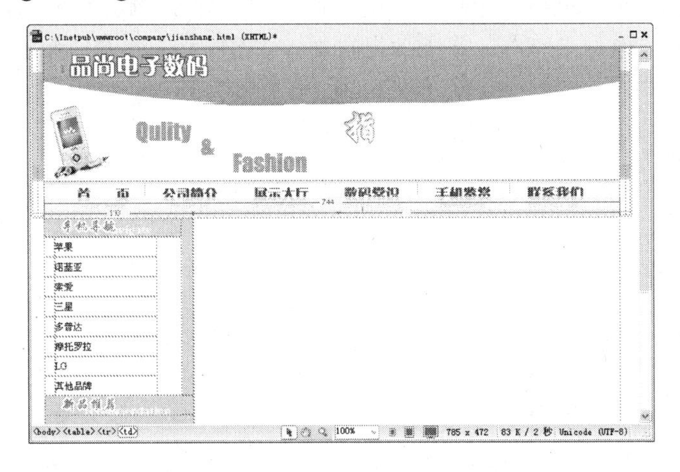

图 14-36　插入图像

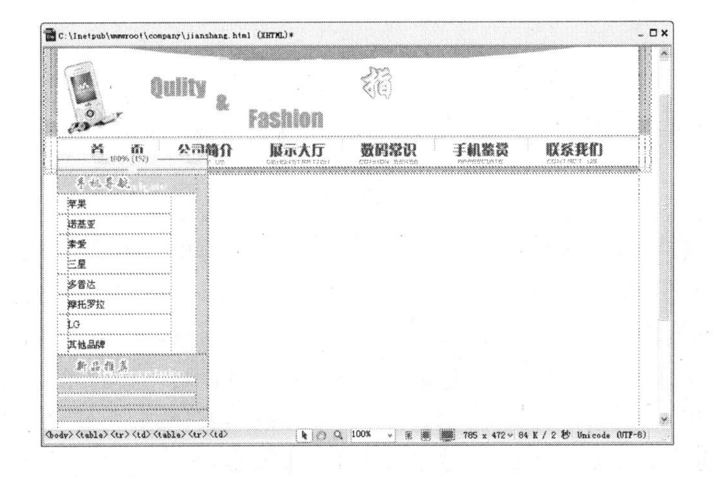

图 14-37　页面效果

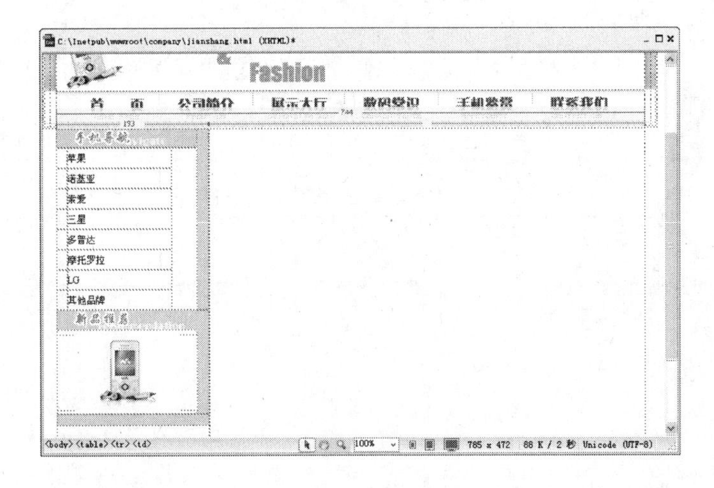

图 14-38　插入图像

28 将光标定位在最后 1 个单元格中，设置水平对齐方式为“右对齐”，垂直对齐方式为“顶端”。然后执行“插入”/“图像”命令。将图像 image/911.jpg 插入到该单元格中，效果如图 14-39 所示。

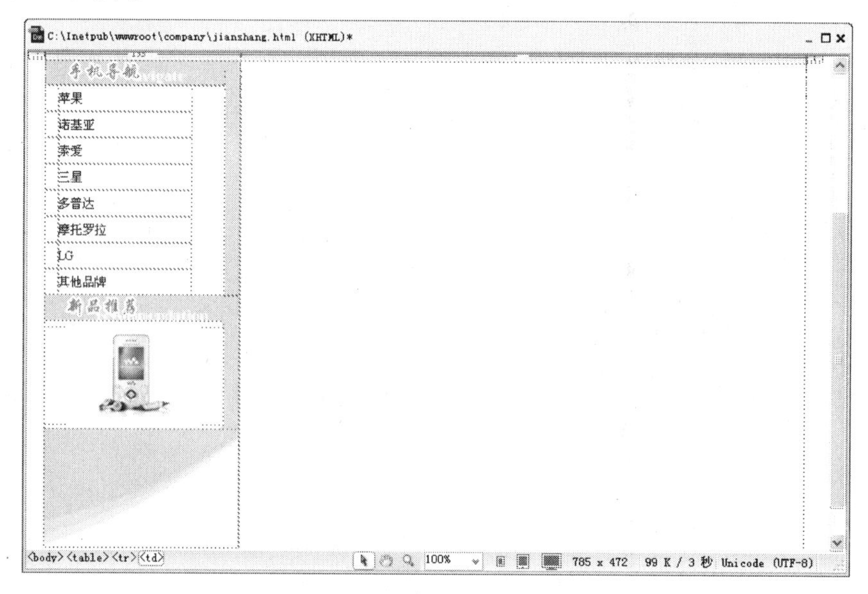

图 14-39　插入图像

29 将光标定位在右侧的单元格中，在属性面板中设置水平对齐方式为“居中对齐”，垂直对齐方式为“顶端”。执行“插入”/“表格”命令，将一个 2 行 1 列、宽为 100%的表格插入到该单元格中。

30 将光标移至新表格的第 1 行单元格中，在属性面板中设置单元格“水平”对齐方式为“居中对齐”，“垂直”对齐方式为“底部”，高为 42。然后新建一个 CSS 规则，定义单元格背景图像为 image/1718.gif。效果如图 14-40 所示。

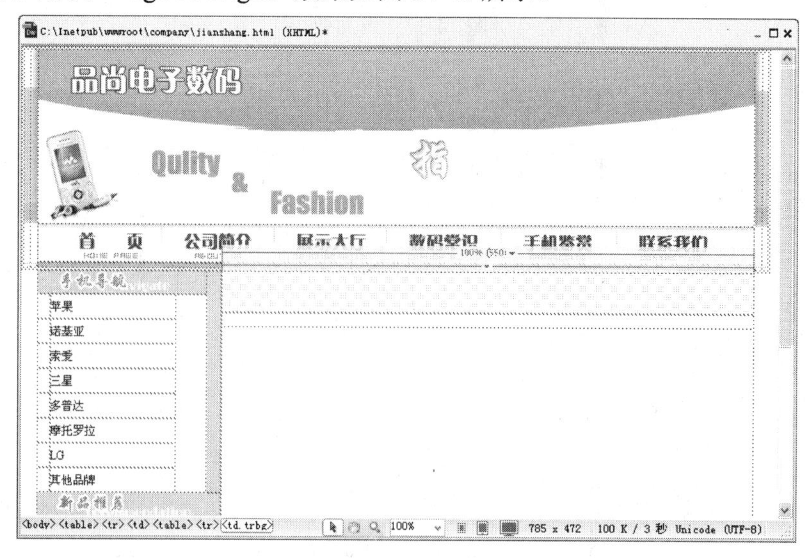

图 14-40　插入背景图像

31 执行“插入”/“表格”命令，将一个1行1列、宽为518像素的表格插入到单元格中。

32 将光标定位在新表格的单元格中，在属性面板中设置高为21，然后新建CSS规则定义背景图像为image/1.jpg，文字颜色为#F60。效果如图14-41所示。

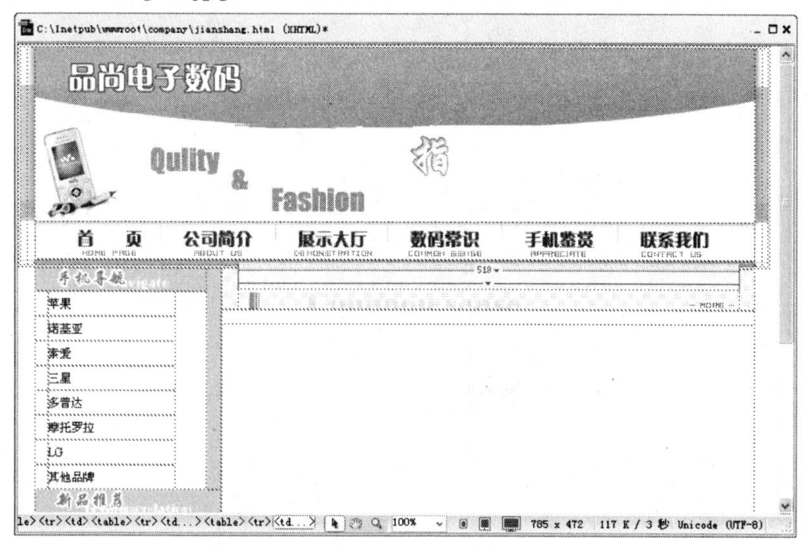

图 14-41 页面效果

33 将光标定位在第2行的单元格中，设置单元格内容水平“居中对齐”，垂直“顶端”对齐，然后执行“插入”/“表格”命令，将一个3行3列、宽为96%的表格插入到单元格中。

34 选中新插入的表格，在属性面板中设置“间距”为5。效果如图14-42所示。

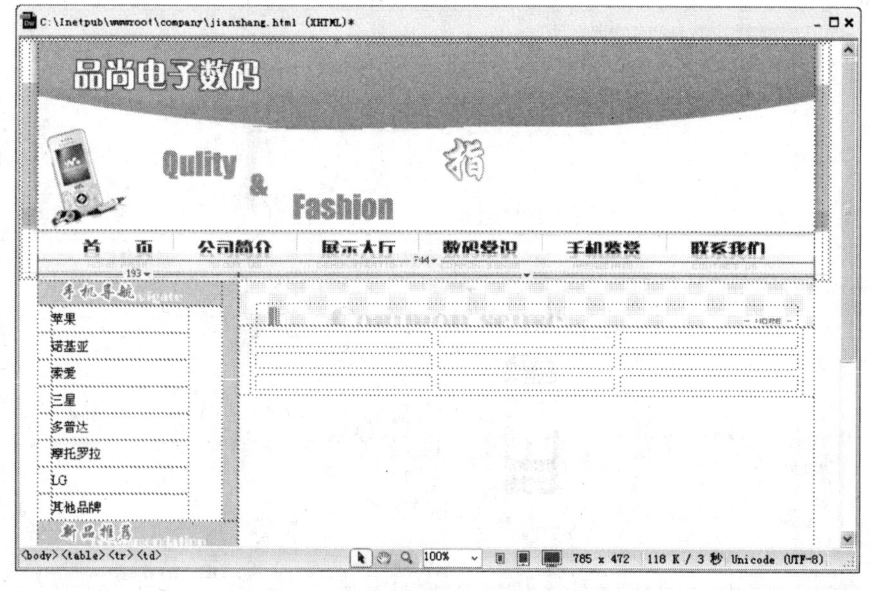

图 14-42 插入表格

35 选中新表格第1列的前2个单元格，在属性面板中点击按钮合并单元格。设置合并的单元格宽为32%，水平和垂直对齐方式为“居中”。然后执行“插入”/“图像”命令，将图像image/101.jpg插入到单元格中，效果如图14-43所示。

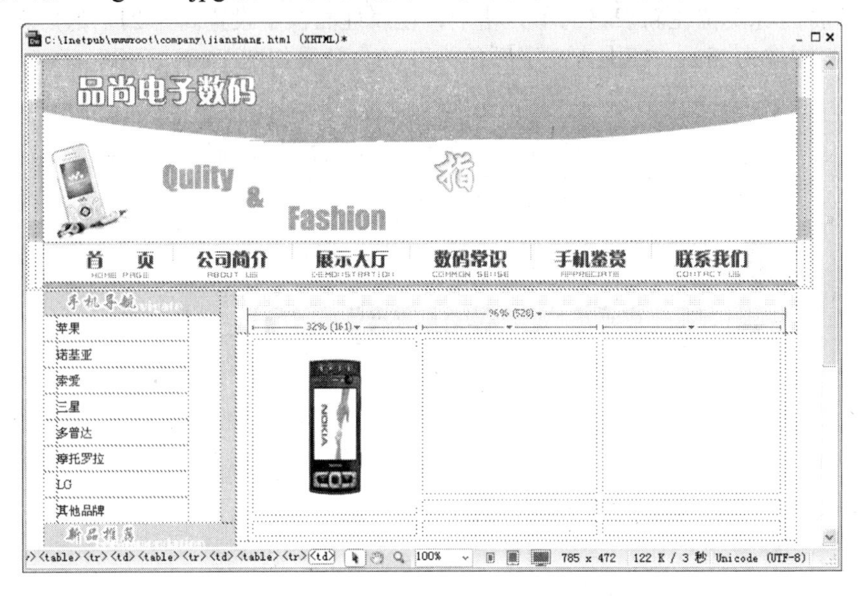

图14-43　合并单元格

36 设置第1行第2列的单元格内容水平对齐方式为“左对齐”，第3列单元格水平对齐方式为“右对齐”，然后输入相应的文本。

37 选中第2行的第2列单元格及第3列单元格，单击属性面板中的按钮合并单元格。设置单元格内容水平对齐方式为“左对齐”，垂直对齐方式为“顶端”，然后在合并的单元格内输入手机说明文字，效果如图14-44所示。

图14-44　页面效果

38 使用同样的方法，合并第3行的3个单元格，并在合并后的单元格中插入一个1

行 1 列、宽为 98%的表格。选中表格，在属性面板中设置“对齐”方式为“居中对齐”。

39 将光标移至新表格的单元格中，在属性面板中设置“高”为 1，并新建 CSS 规则定义背景图像为 image/1005.gif。然后切换到“代码”视图中，删除该单元格中的空格符，如图 14-45 所示。单击属性面板上的“刷新”按钮，返回“设计”视图。

图 14-45 删除空格符

40 选中插入了图片和文本的表格并复制，将光标置于表格右侧，然后按下 Shift + Enter 键，单击鼠标右键，在弹出的快捷菜单中选择“粘贴”命令。重复粘贴命令，此时的页面效果如图 14-46 所示。

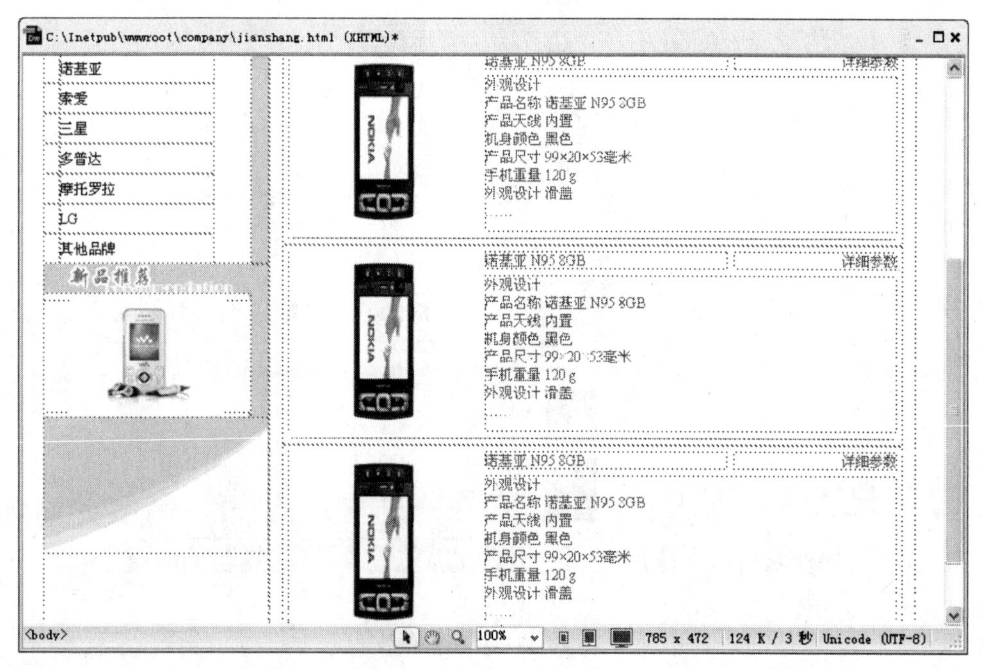

图 14-46 页面效果

41 修改粘贴所得单元格中的图片和文本。

42 将光标定位到文档底部，执行“插入”/“表格”命令，在页面底部插入一个1行1列、宽为100%的表格。将光标定位在新表格的单元格中，在属性面板中设置“高”为34，水平对齐方式为“居中对齐”，然后新建一个CSS规则设置表格的背景图像为image/003.gif。

43 执行“插入”/“表格”命令，将一个1行2列、宽为744像素的表格插入到该单元格中。设置第1个单元格的宽为193，背景颜色为#FFBE00，水平对齐方式为“左对齐”，垂直对齐方式为“底部”，并在单元格中插入图像image/004.gif。

44 选中第二个单元格，新建CSS规则设置第2个单元格的背景图像为image/zhubao_33.jpg，文字颜色为#FFFFFF，文本居中，然后加入版权声明文字。

至此页面制作基本完成，此时的页面整体效果如图14-47所示。

图14-47　页面整体效果

接下来为导航图片添加链接。在上一节制作首页时，已定义了图片边框样式，接下来的步骤将样式表 imgborder.css 链接到当前页面。

45 打开“CSS 样式”面板，单击“附加样式表”按钮打开“链接外部样式表”对话框。

46 单击“文件/URL”文本框右侧的“浏览”按钮，找到上一节定义的样式表文件 imgborder.css。其他保留默认设置，然后单击“确定”按钮关闭对话框。

47 选中导航图片“首页”，在属性面板上的“类”下拉列表中选择样式 imgborder。按照上一步的方法，为其他导航图片应用样式。然后保存文件。

14.5 思考题

1. 在图 14-30 和图 14-45 中，如果不删除单元格中的空格符，对页面的布局会有什么影响？

2. 重新定义 CSS 样式，更改页面导航栏的背景颜色或图像，对页面应用新的配色方案。